EVOLUÇÃO BIOLÓGICA

atualizações na linha
do tempo da Teoria
da Evolução

Silmara Terezinha Pires Cordeiro

O selo DIALÓGICA da Editora InterSaberes faz referência às publicações que privilegiam uma linguagem na qual o autor dialoga com o leitor por meio de recursos textuais e visuais, o que torna o conteúdo muito mais dinâmico. São livros que criam um ambiente de interação com o leitor – seu universo cultural, social e de elaboração de conhecimentos –, possibilitando um real processo de interlocução para que a comunicação se efetive.

Conselho editorial
- Dr. Ivo José Both (presidente)
- Drª Elena Godoy
- Dr. Neri dos Santos
- Dr. Ulf Gregor Baranow

Editora-chefe
- Lindsay Azambuja

Gerente editorial
- Ariadne Nunes Wenger

Preparação de originais
- Juliana Fortunato

Edição de texto
- Guilherme Conde Moura Pereira
- Floresval Nunes Moreira Junior

Capa
- Iná Trigo (design)
- Golden Shrimp/Shutterstock (imagem)

Projeto gráfico
- Iná Trigo

Diagramação
- Rafael Ramos Zanellato

Equipe de design
- Iná Trigo
- Sílvio Gabriel Spannenberg

Iconografia
- Sandra Lopis da Silveira
- Regina Claudia Cruz Prestes

Rua Clara Vendramin, 58 | Mossunguê
CEP 81200-170 | Curitiba | PR | Brasil
Fone: (41) 2106-4170
www.intersaberes.com
editora@editoraintersaberes.com.br

1ª edição, 2020.
Foi feito o depósito legal.
Informamos que é de inteira responsabilidade da autora a emissão de conceitos.
Nenhuma parte desta publicação poderá ser reproduzida por qualquer meio ou forma sem a prévia autorização da Editora InterSaberes.
A violação dos direitos autorais é crime estabelecido na Lei n. 9.610/1998 e punido pelo art. 184 do Código Penal.

Dados Internacionais de Catalogação na Publicação (CIP)
(Câmara Brasileira do Livro, SP, Brasil)

Cordeiro, Silmara Terezinha Pires
  Evolução biológica: atualizações na linha do tempo da teoria da evolução/Silmara Terezinha Pires Cordeiro. Curitiba: InterSaberes, 2020. (Série Biologia em Foco)

  Bibliografia.
  ISBN 978-65-5517-629-2

  1. Biologia 2. Evolução 3. Evolução (Biologia) I. Título II. Série.

20-35963   CDD-576.8

Índices para catálogo sistemático:
1. Evolução: Biologia   576.8
        Maria Alice Ferreira – Bibliotecária – CRB-8/7964

SUMÁRIO

6   Dedicatória
7   Agradecimentos
8   Princípio da vida
10 Como aproveitar ao máximo este organismo
14 Introdução

Capítulo 1
16 História do pensamento evolutivo
18 1.1 Pré-darwinismo
23 1.2 Darwinismo
33 1.3 Neodarwinismo, Teoria ou Síntese Moderna da Evolução
38 1.4 Proposta de reformulação para a evolução biológica: a Síntese Ampliada

Capítulo 2
62 A construção da teoria de Darwin
63 2.1 Origens e bases da Teoria da Evolução de Darwin
69 2.2 Primordial
73 2.3 Modificação
81 2.4 Especiação
92 2.5 Gradualismo
97 2.6 Discussão sobre a seleção natural de Charles Darwin

Capítulo 3

115 Fatores que influenciam a variação genética das populações

116   3.1 Fatores geradores da variabilidade genética
117   3.2 Mutação
135   3.3 Deriva genética e fluxo gênico
138   3.4 Teorema de Hardy-Weinberg
139   3.5 Método de cálculo das frequências gênica e genotípica nas populações

Capítulo 4

154 Macroevolução e evolução molecular

156   4.1 Origem da vida e o ancestral de todas as formas de vida atuais
168   4.2 Grandes transições evolutivas
188   4.3 Coevolução e dinâmica das interações interespecíficas
195   4.4 Reconstruções filogenéticas

Capítulo 5

208 Evidências da evolução biológica

209   5.1 Fósseis como evidência da evolução
215   5.2 Tipos de fósseis
219   5.3 Atividade prática sobre a formação dos fósseis
224   5.4 Determinação da idade dos fósseis
238   5.5 Anatomia comparada e semelhanças genéticas como evidências evolutivas

Capítulo 6
256 Evolução humana
259 6.1 Origem dos grandes grupos de primatas
265 6.2 Fósseis humanos
276 6.3 Origem e evolução do gênero *Homo*
283 6.4 A espécie humana moderna

315 Diagnóstico
318 Glossário
324 Acervo genético
339 Bibliotheca Botanica
341 Respostas
348 Sobre a autora

DEDICATÓRIA

In memoriam, a meus pais, Antônio e Lenita.

AGRADECIMENTOS

Agradeço à minha filha, Andressa, pelo carinho e pelo apoio incondicional durante todo o trabalho e ao meu neto, Angello, pelo carinho e companheirismo.

'PRINCÍPIO DA VIDA

As dúvidas sobre a origem dos seres vivos devem ter surgido ao mesmo tempo que nos demos conta de nossa individualidade, talvez até mesmo em conjunto com o desenvolvimento cognitivo do cérebro, ainda nos primórdios da humanidade. Seu estudo iniciou-se muito antes dos filósofos e sua origem pode ter ocorrido no momento em que os humanos começaram a observar o funcionamento do mundo, possivelmente quando iniciaram a domesticação de animais, tentaram entender como funcionava o ciclo reprodutivo e lançaram as primeiras sementes ao solo para observar sua germinação e seu crescimento. Conhecer o ciclo da vida está intrinsecamente ligado à compreensão da evolução dos seres vivos. A evolução biológica é um fato que pode e deve ser questionado, mas devemos sempre considerar as evidências científicas.

Compreender as teorias evolutivas permite o entendimento da biologia como ciência que estuda a vida. Parafraseando Theodosius Dobzhansky (1973), não é possível compreender a "vida" sem que os meandros evolutivos sejam esmiuçados, pois as interpretações de todas as linhas de pesquisa biológica estão permeadas pela Teoria da Evolução.

Esta obra é um compilado de informações históricas com uma revisão de diversos estudos que apoiam a teoria evolutiva. Não se trata de um trabalho definitivo sobre o tema, mas pode ser considerado um estudo preliminar para um primeiro contato com a Teoria da Evolução Biológica. Nesse sentido, oferece um apanhado das principais ideias científicas acerca do tema e discute as principais polêmicas presentes na construção desse pensamento, sendo um passo na jornada do conhecimento sobre a evolução das espécies.

COMO APROVEITAR AO MÁXIMO ESTE ORGANISMO

Empregamos nesta obra recursos que visam enriquecer seu aprendizado, facilitar a compreensão dos conteúdos e tornar a leitura mais dinâmica. Conheça a seguir cada uma dessas ferramentas e saiba como elas estão distribuídas no decorrer deste livro para bem aproveitá-las.

Estrutura da matéria

Logo na abertura do capítulo, informamos os temas de estudo e os objetivos de aprendizagem que serão nele abrangidos, fazendo considerações preliminares sobre as temáticas em foco.

Prescrições da autora

Para ampliar seu repertório, indicamos conteúdos de diferentes naturezas que ensejam a reflexão sobre os assuntos estudados e contribuem para seu processo de aprendizagem.

Síntese proteica

Ao final de cada capítulo, relacionamos as principais informações nele abordadas a fim de que você avalie as conclusões a que chegou, confirmando-as ou redefinindo-as.

Rede neural

Apresentamos estas questões objetivas para que você verifique o grau de assimilação dos conceitos examinados, motivando-se a progredir em seus estudos.

Biologia da mente

Aqui apresentamos questões que aproximam conhecimentos teóricos e práticos a fim de que você analise criticamente determinado assunto.

Bibliotheca Botanica

Nesta seção, comentamos algumas obras de referência para o estudo dos temas examinados ao longo do livro.

BIBLIOTHECA BOTANICA

FREEMAN, S.; HERRON, J. C. **Análise evolutiva**. 4. ed. Porto Alegre: Artmed, 2009.

O livro analisa as principais pesquisas sobre os mecanismos da evolução biológica, desde as teorias da origem da vida até a origem do homem moderno, apresentando os dados geológicos obtidos por meio dos instrumentos da época, abrangendo as grandes mudanças geológicas e ambientais, as grandes extinções e um detalhado relatório de registros fósseis. Contém a classificação biológica e filogênica, as análises evolutivas da genética mendeliana e genômica moderna. Trata-se de uma obra completa sobre a história da vida no planeta Terra.

HARTL, D. L. **Princípios de genética de populações**. 3. ed. Ribeirão Preto: Funpec, 2008.

A obra permite compreender a importância da genética para diversos campos das ciências biológicas, entre eles a evolução, o melhoramento agropecuário, a conservação da biodiversidade, a genética médica e a genômica. Trata da variação genética e fenotípica, da organização da variação genética, do cruzamento aleatório, do princípio de Hardy-Weinberg, da deriva genética aleatória, da mutação e da teoria neutra, da seleção darwiniana, do endocruzamento, da subdivisão populacional e da migração, da genética de populações molecular, da genética quantitativa evolutiva, da genômica populacional, da evolução do tamanho e da composição de genomas, dos padrões de polimorfismo no genoma e da genética de populações humanas.

INTRODUÇÃO

Neste livro, serão trabalhados temas relacionados à evolução biológica, também conhecida como biologia evolutiva. Os assuntos foram divididos didaticamente em seis partes.

No Capítulo 1, abordaremos conteúdos relacionados à história do pensamento evolutivo, iniciando com os conceitos pré-darwinistas, passando pelas ideias de Charles Darwin, hoje conhecidas como darwinismo. Em seguida, trataremos da Síntese Moderna da Evolução, que procurou conciliar a seleção natural proposta por Darwin com a teoria de Gregor Mendel sobre a hereditariedade. Ainda, exploraremos os estudos sobre a genética de populações e discutiremos a Síntese Ampliada da Evolução, proposta teórica que tem a intenção de estabelecer as conexões entre a teoria evolutiva por seleção natural atrelada a conceitos da genética clássica, como gene e mutação, e os conceitos da genética de populações, como deriva genética e migração. Nessa parte, discutiremos a sistematização descrita por Ceschim, Oliveira e Caldeira (2016). Finalizando, há uma sugestão de leitura: *A origem das espécies*, de Charles Darwin.

No Capítulo 2, procuraremos esclarecer a teoria de Darwin, suas ideias evolutivas, como foi a expedição científica a bordo do Beagle e quais foram as evidências que o levaram a propor a seleção natural como motor da evolução das espécies. Trataremos, ainda, dos conceitos de ancestralidade comum, modificação, especiação e gradualismo.

No Capítulo 3, discutiremos os fatores geradores da variabilidade genética: a mutação, a deriva genética e o fluxo gênico. Na sequência, procuraremos esclarecer o Teorema de Hardy-Weinberg, finalizando com alguns exercícios sobre a frequência gênica nas populações.

No Capítulo 4, trataremos de temas relacionados à macroevolução e à evolução molecular, iniciando com as hipóteses e as principais evidências da origem da vida e do ancestral de todas as formas de vida atuais, passando pelas grandes transições evolutivas. Em seguida, explicaremos a coevolução e a dinâmica das interações interespecíficas e reconstruções filogenéticas, encerrando com a estrutura e a dinâmica evolutiva dos genes e dos genomas.

No Capítulo 5, discutiremos as evidências da evolução biológica, começando pelos fósseis, descrevendo os tipos existentes e explicando como é feita sua datação, a determinação da sua idade. Trataremos da anatomia comparada e das semelhanças genéticas, finalizando com uma proposta de atividade prática e lúdica com o objetivo de melhor compreender o processo de formação dos fósseis.

No Capítulo 6, abordaremos temas relacionados à evolução humana, iniciando com a origem dos grandes grupos de primatas, apresentando e descrevendo os fósseis encontrados até o momento relacionados aos humanos. Em seguida, exporemos as principais hipóteses sobre a origem e a evolução do gênero *Homo* e a espécie humana moderna. Finalizaremos com algumas reflexões sobre textos de divulgação científica sobre evolução humana e cultural.

CAPÍTULO 1

HISTÓRIA DO PENSAMENTO EVOLUTIVO,

Estrutura da matéria

Neste capítulo, convidamos você para um passeio histórico para conhecer as ideias evolutivas pré-darwinistas, analisando as principais teorias evolutivas e suas influências no contexto atual, além de analisarmos as teorias sobre a ocorrência de modificações nos seres vivos que foram percursoras dos estudos de Charles Darwin (1809-1882), que, com suas observações de campo e seus estudos teóricos, propôs a Teoria da Evolução por seleção natural, atualmente conhecida como darwinismo.

Após a análise da teoria de Darwin, poderemos compreender como os novos estudos sanaram alguns pontos falhos dessa ideia, propiciando o surgimento da Síntese Moderna da Evolução, que demonstrou os fatores que permitem a ocorrência das diferenças em uma mesma espécie. Conheceremos, ainda, a proposta da Síntese Ampliada da Evolução, que propõe a construção de conexões entre conceitos de diversas áreas de estudo que vão desde a genética tradicional, a genética de populações, a epigenia, a biologia do desenvolvimento e a ecologia até as áreas humanísticas.

Encerrando o capítulo, sugerimos a leitura do livro *A origem das espécies*, de Charles Darwin, que permitirá um contato mais aprofundado com as ideias do autor, uma vez que apresenta uma descrição detalhada de seus estudos de campo e o referencial teórico utilizado na fundamentação e na elaboração da teoria de evolução por seleção natural.

 Introdução

A elaboração de uma teoria científica é realizada em etapas, nas quais ocorrem avanços e recuos, hipóteses são levantadas e descartadas; e, diante de novas evidências, uma teoria pode ser revista. Tratando-se de conhecimentos científicos, todas as evidências devem ser testadas e esmiuçadas, de modo que esse trabalho nunca termina, existem pausas e o ciclo se reinicia.

Os avanços em ciência e tecnologia dependem de novas pesquisas, novos testes, novos parâmetros; por vezes, hipóteses abandonadas são reintroduzidas em um novo contexto, reavaliadas, algumas validadas e outras suprimidas novamente.

Para que possamos compreender a complexa teia de pensamentos que convergem na estruturação da Teoria da Evolução Biológica proposta por Darwin, será necessário recapitularmos as primeiras ideias sobre o tema, começando pelos registros mais antigos de que se tem conhecimento, no período chamado de *pré-darwinismo*.

1.1 Pré-darwinismo

Segundo Ridley (2007), o avô de Darwin, Erasmus Darwin (1731-1802), era simpático às ideias evolucionistas, assim como o naturalista francês Pierre Louis Moreau de **Maupertuis** (1698-1759) e o filósofo Denis **Diderot** (1713-1784), porém nenhum deles conseguiu elaborar uma teoria que sintetizasse esse pensamento de maneira convincente, explicando o porquê de as espécies mudarem ao longo do tempo. Seu interesse estava na possibilidade de transformação de uma espécie em outra, contudo faltava uma explicação satisfatória.

A discussão sobre as modificações ocorridas em animais e plantas teve início na Grécia Antiga, com o filósofo Platão (Ridley, 2007). Séculos mais tarde, naturalistas e outros estudiosos contribuíram com a reflexão sobre a possibilidade de que os seres vivos tenham passado por um processo de evolução (Quadro 1.1).

Quadro 1.1 – Histórico resumido sobre o processo de evolução

Platão, filósofo grego (Grécia Antiga)	Propôs que as características adquiridas por um indivíduo durante sua vida poderiam ser transmitidas a seus descendentes.
Maupertuis, naturalista, francês (séculos XVII e XVIII)	Pensou nas possibilidades de uma espécie transformar-se em outra, o que na época era conhecido como fenômeno de transmutação.
Jean-Baptiste Lamarck (1744-1829)	Defendia que as características adquiridas seriam transmitidas dos pais para os filhos (ideia inicial de Platão) e que todas as espécies, até mesmo a humana, poderiam ter se originado de outras.
Georges Cuvier (1769-1832)	Embora adotasse o fixismo (ideia contraria à evolução), postulou que algumas espécies haviam se extinguido.
Charles Lyell (1797-1875)	Apresentou ideias sobre as derivas continentais, impulsionando os estudos sobre a evolução das espécies.

Fonte: Elaborado com base em Ridley, 2007, p. 30-31.

Um dos pioneiros na discussão da evolução biológica foi **Platão**, que propôs a herança dos **caracteres adquiridos**. Mais tarde, **Jean-Baptiste Lamarck** (1744-1829) utilizou essa mesma ideia quando sugeriu que os caracteres adquiridos pelos indivíduos progenitores, durante a vida, poderiam ser herdados por sua prole, em um processo de contínua evolução, tornando esse conceito uma das premissas da Teoria da Evolução Biológica de herança lamarckiana (Darwin, 2004; Ridley, 2007).

Ridley (2007) afirma que personalidades influentes dos séculos XVII e XVIII, como Maupertuis e Diderot, chegaram a fazer especulações sobre a possibilidade de transformação de espécies. O principal trabalho de Lamarck foi a publicação do livro **Philosophie Zoologique** (1809), por coincidência publicado no ano de nascimento de Darwin. Em 1815, lançou **Histoire naturelle des animaux sans vertèbres**, no qual defende a tese de que todas as espécies, até mesmo a humana, originam-se de outras (Darwin, 2004).

Figura 1.1 – Jean-Baptiste Lamarck

Morphart Creation/Shutterstock

Na visão de Ridley (2007, p. 31), segundo o livro *Philosophie Zoologique*, em que Lamarck expôs seus argumentos sobre as modificações ocorridas, "as espécies mudam ao longo do tempo e transformam-se em outras espécies", porém a maneira imaginada por ele de como "as espécies mudavam diferia de maneira importante das ideias de Darwin ou da moderna da evolução". Atualmente, os historiadores preferem utilizar a palavra *transformismo*, descrevendo as ideias lamarckianas, já que sua concepção difere do conceito de transformação utilizado por Darwin.

Ridley (2007) também afirma que, para Lamarck, as linhagens persistiam, modificando-se de uma para outra, enquanto para Darwin elas se ramificavam. Para o naturalista francês, o principal mecanismo era uma força interna, um tipo de sistema que agia no interior do organismo, levando-o a produzir uma prole que iria se diferenciando de si, com pequenas alterações, até que "estaria visivelmente transformada, talvez o suficiente, para tomar-se uma nova espécie" (Ridley, 2007, p. 31).

Para o autor (Ridley, 2007), Lamarck era um estudioso da biologia, mas se interessava por química e meteorologia, ainda que suas contribuições nesses campos não tenham obtido o reconhecimento almejado. Em 1809, ele acreditava na existência de uma conspiração de silêncio contra suas ideias: "Os meteorologistas ignoravam o seu sistema de previsão do tempo, os químicos ignoravam o seu sistema químico e, quando o seu *Philosophie Zoologique* foi finalmente publicado, Cuvier assegurou-se de que ele também fosse saudado com silêncio" (Ridley, 2007, p. 32).

Ao que parece, Lamarck não era um homem de muitos amigos devido a sua personalidade difícil, tendo como principal rival o anatomista **Georges Cuvier** (1769-1832), que se colocou contra suas ideias e adotou o fixismo (Ridley, 2007). Este correspondia à ideia mais aceita na época, defendendo que tanto o planeta Terra quanto os seres vivos foram criados por um ser superior em um evento único e permaneceram sem modificações desde então.

Ridley (2007) afirma que, na metade do século XIX, os profissionais da biologia e da geologia aceitavam o fixismo e, ironicamente, os críticos de Lamarck, aliados de Cuvier, possivelmente divulgaram seu trabalho. Embora tenham adotado várias táticas para ofuscar suas ideias, seu trabalho tornou-se conhecido graças a uma discussão crítica feita pelo geólogo britânico **Charles Lyell** (1797-1875) em seu livro *Princípios de Geologia* (1830-1833), no qual o criticou – embora o lamarckismo não fosse a principal questão da obra, que trata essencialmente de geologia, discorrendo sobre o movimento das placas tectônicas e da deriva continental.

Figura 1.2 – Placas tectônicas, também chamadas de placas litosféricas, cuja movimentação está relacionada à Teoria da Deriva Continental

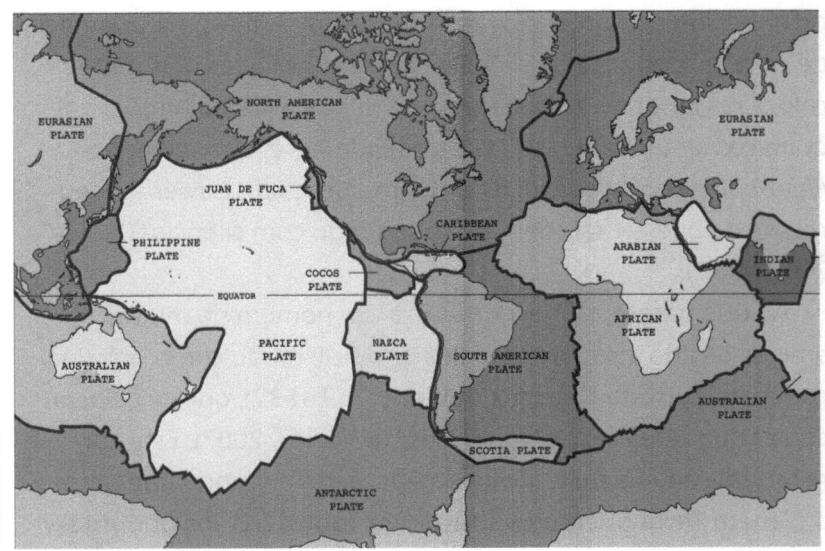

As ideias de fixismo ganharam ainda mais força com a publicação de *Principles of Geology*, que exerceu grande influência sobre os biólogos, reafirmando as ideias do movimento: "Foi pelo menos em parte devido a uma reação contra Lamarck que Cuvier e sua escola adotaram a ideia da fixidez de espécies e a tornaram uma ortodoxia entre biólogos profissionais" (Ridley, 2007, p. 32).

Ridley (2007, p. 32) explica que a escola de anatomia de Cuvier fez estudos anatômicos de animais em diversos planos "de acordo com os quais os diferentes tipos de organismos eram concebidos. Desse modo, Cuvier estabeleceu que o reino animal possuía quatro ramos principais [...]: vertebrados, articulados, moluscos e radiados." Os principais grupos do reino animal reconhecidos hoje pela biologia são um pouco diferentes dessa proposta. Além disso, Cuvier declarava que algumas espécies de animais já haviam se extinguido, algo que contrariava as ideias de Lamarck.

Para Darwin, o trabalho de Lamarck deveria ser reconhecido por, "em primeiro lugar, ter despertado a atenção da humanidade para a probabilidade de que modificações, tanto inorgânicas, quanto orgânicas, fossem o resultado de leis e não de intervenções milagrosas" (Darwin, 2004, p. 16). Portanto, ele abriu a possibilidade de discussão e de posterior entendimento das "leis" que regem a evolução biológica.

1.2 Darwinismo

Antes de falarmos sobre o darwinismo, é interessante conhecermos o contexto do surgimento das ideias e as motivações que levaram Darwin a compilar pensamentos evolucionistas já existentes. Suas conclusões foram obtidas por meio de um longo estudo e de observações minuciosas da natureza, que o levaram à formulação de sua Teoria da Evolução Biológica.

Figura 1.3 – Representação de Charles Darwin sentado sobre uma tartaruga gigante da Ilha de Galápagos escrevendo suas anotações com o navio Beagle ao fundo

Trigueiro (2015) resume alguns fatos da vida do naturalista inglês. Este nasceu em 12 de fevereiro de 1809, em Shrewsbury, na Inglaterra, filho de Robert Waring Darwin, que, além de médico, tinha imóveis de aluguel e outros negócios, e Suzana Wedgwood, herdeira das porcelanas Wedgwood, que morreu quando Darwin tinha 8 anos de idade. Ele estudou em um internato dos 9 aos 16 anos, quando foi mandado para Edimburgo, na Escócia, para continuar os estudos.

Os planos eram de que ele se formasse em medicina como era tradição da família, porém Darwin mudou seus planos e convenceu o pai a mandá-lo para Cambridge para estudar teologia, pois planejava exercer o sacerdócio na Igreja Anglicana. Algo mudou novamente seus planos: o encontro com John Henslow (1796-1861), que mais tarde o indicaria para a expedição no navio Beagle (Trigueiro, 2015).

Bizzo (1991) descreve que, após examinar os manuscritos originais de Darwin, acreditava que ele escreveu suas primeiras ideias sobre o evolucionismo de modo inicialmente disperso em cadernos de anotação provavelmente a partir de 1837. Ridley (2007), porém, afirma que há evidências de que seu interesse pelo assunto se iniciou muito antes, durante a graduação em Ciências Naturais, em Cambridge. Darwin era contemporâneo de Lamarck, que deve ter sido uma das influências de sua obra, assim como a experiência adquirida durante a viagem pelo mundo como naturalista, a bordo do navio Beagle, de 1832 a 1837.

Segundo Ridley (2007), durante a viagem, Darwin impressionou-se ao encontrar emas na América do Sul, aves parecidas com as avestruzes. Talvez, as observações de toda essa variedade o levaram a cogitar a ideia de mudanças nas espécies. As expedições exploratórias eram uma constante na época e tinham como principal objetivo recolher amostras geológicas, arqueológicas e biológicas dos locais visitados. O HMS Beagle (Figura 1.4), que recebeu esse nome em alusão à raça de cães, era um navio do tipo fragata, apelidado de caixão flutuante.

Figura 1.4 – Reprodução frontal do HMS Beagle, de R.T. Pritchett

R. T. Pritchett/Wkimedia

No livro *Viagem de um naturalista ao redor do mundo*, de Charles Darwin, existe uma descrição de seu encontro com os tentilhões. Ao comparar os tordos coletados, percebeu que as aves da Ilha Charles (Canadá) eram da mesma espécie, *Mimus trifasciatus*, então continuou avaliando as aves das ilhas Albemarle, James e Chatam e concluiu que eram todas do gênero *Mimus*, porém pertencentes a espécies diferentes. No caso de Albemarle, tratava-se de *Mimus parvulus*, enquanto, nas outras duas ilhas, de *Mimus melanotis*. Para ter certeza em relação a essa classificação, solicitou que fossem catalogadas por ornitólogos que apontaram que os espécimes das ilhas James e Chatam poderiam ser duas variedades da mesma espécie em vez de duas espécies diferentes, contrariando as conclusões anteriores.

Passou, assim, para a análise dos tentilhões e percebeu que

Infelizmente a maioria dos espécimes do grupo de tentilhões foi misturada, mas tenho fortes razões para suspeitar que algumas das espécies do subgrupo *Geopiza* [sic] são restritas a ilhas separadas. Se as diferentes ilhas têm seus *Geospizas* típicos, isso pode ajudar a explicar o expressivo número de espécies desse subgrupo nesse pequeno arquipélago e, como uma provável consequência desse número a série perfeitamente graduada do tamanho de seus bicos. Duas espécies do subgrupo *Cactornis* e duas do *Camarhynchus* foram obtidas no arquipélago e, dos numerosos espécimes desses dois subgrupos abatidos por quatro coletores na ilha James, descobrimos que todos pertencem a uma espécie de cada, enquanto que os numerosos espécimes abatidos na ilha Chatham ou Charles (pois os dois conjuntos estavam misturados) pertenciam todos a duas outras espécies. Dessa forma, é quase certo que essas ilhas possuem suas espécies respectivas desses dois subgrupos. Essa lei de distribuição parece não se manter ao tratar-se de conchas terrestres. Na minha pequena coleção de insetos, o sr. Waterhouse ressalta que aqueles que foram etiquetados com sua localidade, nenhuma era comum a duas das ilhas. (Darwin, 2008, p. 243-244)

Os tentilhões do gênero *Geospiza*, descritos anteriormente, podem ser vistos na Figura 1.5.

Figura 1.5 – Pássaros de Darwin ou tentilhões de Galápagos

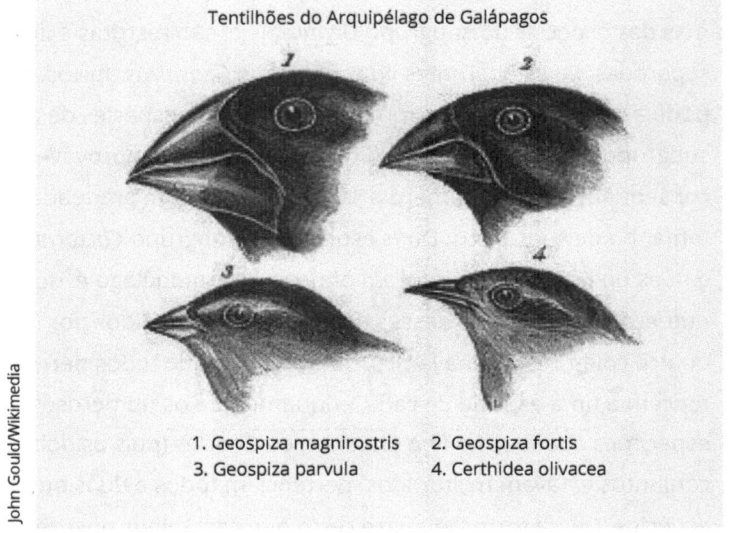

De acordo com Ridley (2007), a fase decisiva da carreira de Darwin ocorreu durante os anos seguintes (1837-1838) à expedição de 5 anos a bordo do Beagle. Em meio ao processo de catalogar a coleção de pássaros das Ilhas Galápagos, ele percebeu que não tinha registrado a ilha correspondente à coleta de cada espécime, pois havia variação entre as características de cada tentilhão, de ilha para ilha. No princípio, ele supunha que todos os tentilhões de Galápagos pertenciam a uma única espécie, mas as variações encontradas deixaram claro que cada ilha tinha sua própria e distinta espécie de tentilhão: "Daí, foi fácil imaginar que todos haviam evoluído de um ancestral comum!" (Ridley, 2007, p. 33).

O próximo passo de Darwin, segundo Ridley (2007), após perceber que as espécies poderiam se modificar, foi formular uma teoria que pudesse explicar como isso acontece. O biólogo era metódico, anotava todas as ideias em cadernos e por muito tempo estudou diversas teorias, até mesmo as de Lamarck:

> Os cadernos de notas de Darwin desse período ainda existem. Eles revelam como ele considerou várias ideias, inclusive o lamarckismo, mas rejeitou-as porque todas elas falhavam em explicar um fato crucial – a adaptação. A sua teoria teria que explicar não somente porque as espécies mudam, mas também por que elas são bem-adaptadas à vida. (Ridley, 2007, p. 33)

Considerando as ideias lamarckistas, era possível especular que a ação das condições ambientais poderia explicar inúmeros casos de adaptação de organismos a seus hábitos de vida (Ridley, 2007). Como exemplo, podemos citar o pica-pau, que obtém seu alimento diretamente da madeira, perfurando-a e consumindo as larvas de insetos que se encontram em período de metamorfose nesses locais; e a rã arborícola, que, como o próprio nome sugere, vive em árvores. Podem ser citadas, ainda, as sementes que, para se espalharem, têm ganchos ou plumas, adaptações que permitem a colonização de ambientes por dispersão pelo vento ou transporte por animais dispersores de sementes.

Para Ridley (2007), faltava uma explicação para tais adaptações. Darwin pretendia esclarecer não só como as espécies mudam, mas também por que elas são adaptadas ao modo de vida. E acabou encontrando uma solução durante a leitura do livro *Ensaio sobre o princípio da população* (1798), de Thomas Malthus (1766-1834). Darwin teve acesso a esse material em outubro de 1838, aproximadamente 15 meses após iniciar seu trabalho de sistematização das espécies coletadas ao redor do mundo. Realizou essa leitura por divertimento e descobriu a proposição de Malthus de que a luta pela sobrevivência entre as espécies exerce controle sobre o crescimento ou a redução das populações biológicas.

Em suas pesquisas, Darwin utilizou representantes tanto do reino vegetal quanto do reino animal, apanhando espécimes de seres vivos e os inspecionando para descobrir seus hábitos de vida. Por meio dessas observações, concluiu que existia uma competição, uma "luta pela sobrevivência" (Darwin, 1859), que fazia as espécies "melhor adaptadas" terem uma prole maior e aumentarem sua frequência na população ao longo das gerações.

Ridley (2007) afirma que Darwin percebeu que, caso esses fatores essenciais estivessem presentes, essas variáveis positivas teriam tendência à preservação, enquanto as consideradas desfavoráveis poderiam desaparecer, criando uma nova espécie. Darwin considerou que um *habitat* está sujeito a mudanças climáticas, e esses descendentes estariam de certa maneira mais aptos a sobreviver, no que Darwin chamou de "uma teoria pela qual trabalhar" (Ridley, 2007; Browne, 2007).

Orientado pelos estudos de Malthus e de Lamarck, e ainda sob a influência das ideias de seu avô Erasmus Darwin, de Lyell e de outros autores da geologia, Darwin analisou as derivas continentais (Mapa 1.1) e, finalmente, deu início ao processo de sistematizar e, muitas vezes, descartar concepções acerca desse tema para construir a Teoria da Evolução Biológica com base na seleção natural (Darwin, 1859; Ridley, 2007; Browne, 2007).

Darwin continuou esse trabalho, adequando os fatos a um referencial teórico e prosseguindo na elaboração de suas teorias durante 20 anos, sem, no entanto, torná-las públicas, até receber uma carta de um naturalista britânico que, fazendo pesquisas independentes, "havia chegado a uma ideia bastante similar à da seleção natural de Darwin." (Ridley, 2007, p. 34). Esse jovem era Alfred Russel Wallace (1823-1913). Ao perceber que ele tinha uma ideia em relação à seleção natural semelhante à sua, Darwin ficou confuso e recorreu a seu amigo Lyell a fim de se aconselhar.

Figura 1.6 – Edição de 1859 do livro *A origem das espécies*, de Charles Darwin

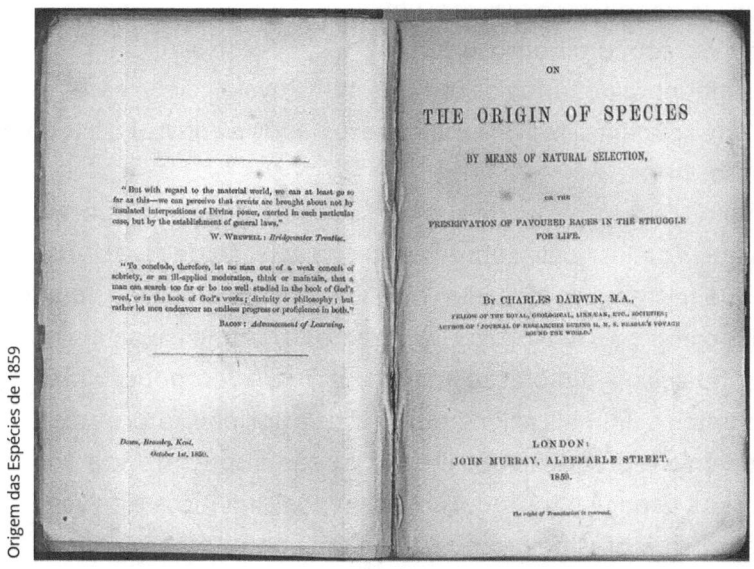

Para solucionar esse impasse, que poderia ser mal interpretado, Lyell e Joseph Dalton Hooker (1817-1911) "arranjaram o anúncio simultâneo das ideias de Darwin e de Wallace na Linnean Society de Londres, em 1858. Darwin já estava então escrevendo um resumo de todas as suas descobertas: esse resumo é o clássico científico *On the Origin of Species* (*Sobre a Origem das Espécies*)" (Ridley, 2007, p. 34).

1.2.1 Sugestão de leitura: *A origem das espécies*, de Charles Darwin

Darwin publicou o livro *Sobre a origem das espécies* em 1859, título alterado em 1872 para *A origem das espécies*, dando início a uma revolução no campo da biologia que permanece até hoje. A obra foi reconhecida em 2015, em pesquisa publicada pelo jornal britânico *Independent* (Laddaran, 2015), como a mais influente de todos os tempos. Em 2017, foi novamente agraciada, dessa vez com um honroso terceiro lugar como livro científico mais influente de todos os tempos pela Royal Society, associação que reúne muitos dos mais prestigiados cientistas de todo o mundo.

No terceiro capítulo de sua obra, Darwin discorreu sobre a influência da luta pela sobrevivência na seleção de características que tornem um indivíduo mais bem adaptado a seu *habitat*. Assim como ocorre a progressão geométrica que causa aumento da população, a adaptação ao clima facilita a reprodução rápida de plantas e animais aclimatados. Já os principais fatores que reduzem a reprodução dos indivíduos são a concorrência por recursos, espaço e reprodução, os efeitos climáticos e as vantagens protetoras de fazer parte de uma população grande. Darwin também refletiu sobre as complexas relações entre todos os animais e entre todas as plantas, expondo a luta pela sobrevivência interespecífica e intraespecífica dos seres vivos, finalizando com as relações entre os organismos. No mesmo livro são discutidos a variabilidade de características individuais e a organização dos seres em estado selvagem, ou seja, na natureza.

1.3 Neodarwinismo, Teoria ou Síntese Moderna da Evolução

Uma releitura da seleção natural foi possibilitada com as pesquisas de Gregor Mendel (1822-1884) aliadas a outras sobre genética das populações. Os principais responsáveis por esse trabalho foram os pesquisadores independentes Ronald Fisher (1890-1962), J. B. S. Haldane (1892-1964) e Sewall Wright (1889-1988), cuja síntese "estabeleceu o que é conhecido como *neodarwinismo*, teoria sintética da evolução ou síntese moderna" (Ridley, 2007, p. 38).

Finalmente, a teoria de Darwin encontrou uma fundamentação testada sobre uma teoria da hereditariedade capaz de alicerçar a teoria evolutiva, ainda que essa nova síntese devesse demonstrar os fatores que fazem as espécies diferentes entre si, explicando a variabilidade, de modo a conciliar a hereditariedade, proposta por Mendel, e as variações que ocorrem de maneira contínua em populações reais, defendida pelos biometristas. "Essa conciliação foi conseguida por vários autores em muitos estágios, mas nesse contexto, um artigo de 1918, de R. A. Fisher, foi particularmente importante. Fisher demonstrou que todos os resultados conhecidos pelos biometristas poderiam ser derivados de princípios mendelianos" (Ridley, 2007, p. 38).

Ridley (2007) afirma que, em seus trabalhos sobre a genética de populações, Fisher, Haldane e Wright procuraram demonstrar que a seleção natural poderia ocorrer obedecendo a leis matemáticas com variáveis que pudessem ser medidas e às leis da herança mendeliana, sem nenhum outro processo, descartando as ideias de herança de caracteres adquiridos e das macromutações. Com base nessas observações, "Wright publicou um longo artigo sobre evolução em populações mendelianas (*Evolution in Mendelian populations*) em 1931" (Ridley, 2007, p. 39), além de um tratado de quatro volumes (1968-1978) no fim de sua carreira. Ridley (2007, p. 39) cita outros trabalhos sobre esse tema:

> Fisher publicou seu livro *The Genetical Theory of Natural Selection* (*A Teoria Genética da Seleção Natural*), em 1930. Haldane publicou um livro mais popular, *The Causes of Evolution* (*As Causas da Evolução*), em 1932; ele continha um longo apêndice sob o título de "*A mathematical theory of artificial and natural selection*" (*Uma teoria matemática da seleção natural e artificial*), resumindo uma série de artigos publicados a partir de 1918.

Essa conciliação entre as teorias da genética mendeliana e da evolução darwiniana abriu caminho para o avanço nas pesquisas em biologia, "logo inspirou novas pesquisas genéticas a campo e em laboratório" (Ridley, 2007, p. 39). Logo após fixar residência nos Estados Unidos, em 1927, o russo Theodosius Dobzhansky (1900-1975) foi o pioneiro nas pesquisas sobre a evolução de populações de *Drosophila* (Figura 1.7), a mosca-da-fruta ou mosca-do-vinagre, como também é popularmente conhecida.

Figura 1.7 – Mosca-da-fruta (*Drosophila melanogaster*), um dos modelos mais utilizados em pesquisas

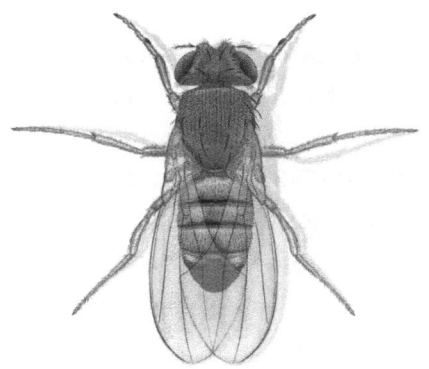

Outros trabalhos seguiram por essas novas linhas de pesquisa, como o do "geneticista [...] russo Sergei Chetverikov, (1880-1959), que possuía um importante laboratório em Moscou até ser preso, em 1929", e teve grande influência sobre Dobzhansky, que, após a imigração, passou a trabalhar com suas próprias ideias. O principal livro deste, com a colaboração de Wright, "*Genetics and the Origin of Species* (Genética e a Origem das Espécies), foi publicado inicialmente em 1937, e as suas edições sucessivas (até 1970 [com novo título]) estão entre os livros mais influentes da síntese moderna" (Ridley, 2007, p. 39).

"E. B. Ford (1901-1988) começou, na década de 1920, um programa comparado de pesquisa na Inglaterra" (Ridley, 2007, p. 39), no qual estudou a seleção natural em populações, dedicando-se a investigações com mariposas, nomeando essa linha de pesquisa como *genética ecológica*. Depois, publicou um resumo de suas pesquisas, intitulado *Ecological Genetics* (1964); posteriormente, o estudo sobre melanismo na mariposa *Biston betularia*, feito por Bernard Kettlewell (1907-1979), tornou-se o trabalho mais famoso sobre esse tema (Ridley, 2007).

A especiação até então era explicada por meio de macromutações ou pela herança de caracteres adquiridos, algo que foi abandonado após a publicação da Teoria Sintética da Evolução, embora existissem críticos, como Guy Coburn Robson (1888-1945) e Owain Richards (1901-1984), que não aceitavam nem as teorias de Mendel nem as de Darwin; ou, então, como Richard Goldschmidt (1878-1958), que argumentava "que a especiação era produzida por macromutações e não pela seleção de pequenas variações" (Ridley, 2007, p. 40).

Ridley (2007) explica que, não obstante a publicação de Ernst Mayr (1904-2005) *Systematics and the Origin of Species* (1942) tenha se tornado um clássico, escrito como uma crítica à publicação de *Material Basis of Evolution* (1940), de Goldschmidt, a argumentação utilizada para refutá-lo foi a Síntese Moderna. Ambos os autores cresceram na Alemanha e emigraram para os Estados Unidos, porém Goldschmidt já tinha 58 anos e uma carreira sólida na Alemanha nazista e Mayr, que emigrou em 1930, ainda era um jovem pesquisador.

Outras publicações importantes foram chamadas de *nova sistemática*, como o livro editado por Julian Huxley (1940) e o trabalho de George Gaylord Simpson (1902-1984) *Tempo and Mode in Evolution* (1944). Na época, os paleontologistas insistiam em explicar o processo evolutivo em fósseis pela ortogenética, segundo a qual uma espécie poderia evoluir de maneira direcionada por forças internas inexplicáveis. Essa ideia estava ligada ao trabalho de Lamarck, no período do século XIX que ficou conhecido como "eclipse de Darwin".

Figura 1.8 – Exemplo de filogenia: árvore filogenética atualizada em 2006 com os diferentes grupos monofiléticos conhecidos de angiospermas e as relações entre eles

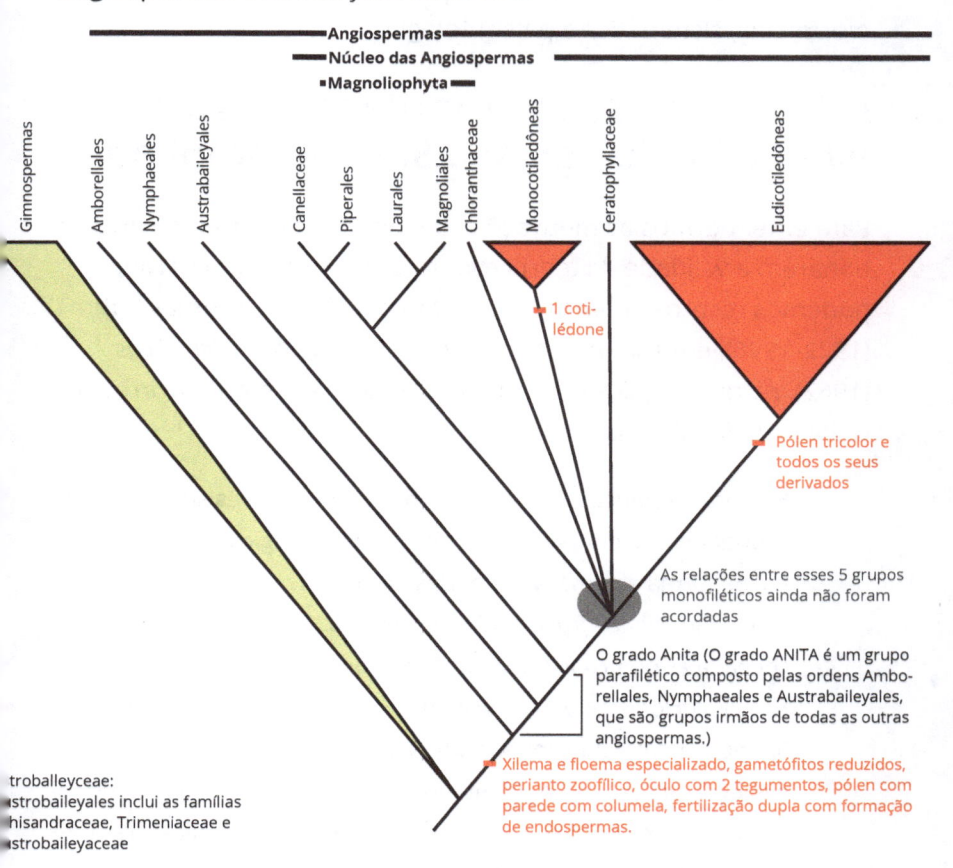

- Angiospermas
- Núcleo das Angiospermas
- Magnoliophyta

Gimnospermas | Amborellales | Nymphaeales | Australbaileyales | Canellaceae | Piperales | Laurales | Magnoliales | Chloranthaceae | Monocotiledôneas | Ceratophyllaceae | Eudicotiledôneas

- 1 cotilédone
- Pólen tricolor e todos os seus derivados
- As relações entre esses 5 grupos monofiléticos ainda não foram acordadas
- O grado Anita (O grado ANITA é um grupo parafilético composto pelas ordens Amborellales, Nymphaeales e Australbaileyales, que são grupos irmãos de todas as outras angiospermas.)
- Xilema e floema especializado, gametófitos reduzidos, perianto zoofílico, óculo com 2 tegumentos, pólen com parede com columela, fertilização dupla com formação de endospermas.

troballeyceae: strobaileyales inclui as famílias hisandraceae, Trimeniaceae e strobaileyaceae

Mais tarde, os mecanismos da genética de populações foram reconhecidos, e os trabalhos de Fisher, Haldane e Wright tiveram papel decisivo para que, em meados dos anos 1940, a Teoria Sintética alcançasse todas as áreas biológicas. Os membros do "comitê para problemas comuns à genética, à sistemática e à paleontologia" (Ridley, 2007, p. 42), reunidos em 1947 em Princeton, entraram em um consenso sobre as teorias de Mendel e Darwin, uma decisão unanime dos 30 participantes, o que uniu pesquisadores proeminentes da época em genética, morfologia, sistemática e paleontologia.

1.4 Proposta de reformulação para a evolução biológica: a Síntese Ampliada

Para entendermos as motivações de tantos teóricos ainda questionarem a validade da teoria evolutiva proposta por Darwin, podemos recorrer a um trecho do físico e filósofo Thomas Kuhn (1922-1996), em sua obra *A estrutura das revoluções científicas* (1962), na qual explica o sentimento da época em que ocorreu a revolução darwiniana:

> Embora a evolução, como tal, tenha encontrado resistência, especialmente por parte de muitos grupos religiosos, essa não foi, de forma alguma, a maior das dificuldades encontradas pelos darwinistas. Tal dificuldade brotava de uma ideia muito chegada às do próprio Darwin. Todas as "bem conhecidas" teorias evolucionistas pré-darwinianas – as de Lamarck, Chambers, Spencer e dos Nathurphilosophen alemães – consideravam a evolução um processo orientado para um objetivo. A "ideia" de homem, bem como as da flora e fauna contemporâneas, eram pensadas como existentes desde a primeira criação da vida, presentes talvez na mente divina. Essa ideia ou plano fornecera a direção e o impulso para todo o processo de evolução. Cada novo estágio do desenvolvimento da evolução era uma realização mais perfeita de um plano presente desde o início. Para muitos, a abolição dessa espécie de evolução teleológica foi a

mais significativa e a menos aceitável das sugestões de Darwin. (Kuhn, 2006, p. 216)

Podemos perceber que mesmo a Teoria Sintética ou Neodarwiniana não deu conta de acalmar essas inquietações que persistem até hoje em movimentos criacionistas. Estes defendem que os seres vivos, assim como tudo o que existe no universo, foram criados de uma única vez por um criador (Deus). Nas ciências, são representados pelo movimento do **design inteligente**, corrente de pensamento que procura contestar as ideias de Darwin para tentar comprovar que a vida evoluiu por influência de um ser superior, e não por leis mecânicas da natureza na biologia. A ideia teleológica de que cada ser vivo (ou órgão) tem um propósito que deve ser comprovado cientificamente ainda tem muitos adeptos, e nesse caso a leitura de Kuhn está mais atual que nunca. No trecho a seguir, veremos que as discussões propostas na época (1962) acontecem hoje nas mais diversas áreas da biologia:

> *A Origem das Espécies* não reconheceu nenhum objetivo posto de antemão por Deus ou pela natureza. Ao invés disso, a seleção natural, operando em um meio ambiente dado e com os organismos reais disponíveis, era a responsável pelo surgimento gradual, mas regular, de organismos mais elaborados, mais articulados e muito mais especializados. Mesmo órgãos tão maravilhosamente adaptados como a mão e o olho humanos – órgãos cuja estrutura fornecera no passado argumentos poderosos em favor da existência de um artífice supremo e de um plano prévio – eram produtos de um processo que avançava com regularidade desde um início primitivo, sem, contudo, dirigir-se a nenhum objetivo. A crença de que a seleção natural, resultando

de simples competição entre organismos que lutam pela sobrevivência, teria produzido o homem juntamente com os animais e plantas superiores era o aspecto mais difícil e mais perturbador da teoria de Darwin. O que poderiam significar "evolução", "desenvolvimento" e "progresso" na ausência de um objetivo especificado? Para muitas pessoas, tais termos adquiriram subitamente um caráter contraditório. (Kuhn, 2006, p. 216-217)

A ciência progrediu, mas ainda não temos um consenso que possa responder às dúvidas consideradas por Kuhn como "perturbadoras". Entre 1950 e 2008, houve um enorme avanço nas mais diversas linhas de pesquisa da biologia. Nesse sentido, vários teóricos da história da ciência discutem a necessidade de um novo arcabouço teórico. Uma dessas linhas discute e defende a necessidade de uma nova Síntese Ampliada ou Estendida para a evolução biológica. Poderemos conhecer o tema pela descrição feita no artigo de Beatriz Ceschim, Thais Benetti de Oliveira e Ana Maria de Andrade Caldeira, intitulado "Teoria Sintética e Síntese Estendida: uma discussão epistemológica sobre articulações e afastamentos entre essas teorias", publicado em 2008. Um artigo similar, de autoria de Oliveira e Caldeira (2013), desenvolvido no Grupo de Pesquisas em Epistemologia da Biologia (GPEB), defende que

> Os estudos em Biologia englobam uma ampla gama de fenômenos os quais perpassam desde os níveis molecular e celular, até os níveis das populações, dos ecossistemas e da biosfera, constituindo-se, portanto, por fenômenos integrados, complexos e dinâmicos (Meglhioratti, et al., 2008). Não podemos mais atribuir univocidade ao processo de transcrição, por exemplo. Sabemos que a linearidade processual de que uma sequência de

nucleotídeos determina uma proteína específica não é mais suficiente, uma vez que essa atividade é co-depende [sic] de vários outros fatores metabólicos e regulatórios e ainda das condições ambientais (temperatura, alimentação, ph), as quais também podem afetar a atividade genética e, portanto, a expressão dos genes.

Dessa forma, os processos biológicos decorrem de uma pluralidade de relações causais. A Teoria Sintética é genecêntrica e foca o poder explicativo-causal da evolução apenas na seleção natural. Para essa, a seleção natural constitui um mecanismo suficiente para explicar tanto a micro quanto a macroevolução, sendo necessário apenas o complemento de mecanismos que expliquem a separação de populações e a interrupção do fluxo gênico, para dar conta da origem de novas espécies. (Oliveira; Caldeira, 2013, p. 3)

Ambos os materiais abrangem um amplo leque de pesquisas publicadas na área que procuram explicar essa diversidade, apontando quatro linhas teóricas principais: teoria de construção do nicho, viés do desenvolvimento, plasticidade fenotípica e herança inclusiva (Ceschim; Oliveira; Caldeira, 2016). Essas pesquisas se baseiam em recentes descobertas sobre diversos ramos da biologia que englobam, por exemplo, os genes reguladores e as descobertas "da genômica ambiental, da geogenômica, da simbiose do desenvolvimento, de influências ambientais sobre o fenótipo e de influências do organismo no ambiente" (Ceschim; Oliveira; Caldeira, 2016, p. 13). Tais informações acrescentam instrumentos que podem explicar e mesmo ajudar a reestruturar a interpretação dos fenômenos evolutivos que já são consenso na comunidade científica.

A Síntese Estendida foi desenvolvida por um grupo de pesquisadores de diversas nacionalidades, como Kevin Laland, Blake Matthews e Marcus W. Feldman, autores do artigo *An Introduction to Niche Construction Theory* (Uma introdução à teoria da construção de nicho, em tradução livre), no qual explicam esse conceito:

> Embora a ocorrência de construção de nicho não seja contestada (seu reconhecimento remonta a livros clássicos de Darwin sobre minhocas e corais), a perspectiva de construção de nicho, no entanto, permanece controversa. Pesquisadores diferem sobre até que ponto a construção de nicho requer mudanças na teoria evolutiva (por exemplo, comparar Laland et al. 2014 a Wray et al. 2014). Em particular, a alegação de que a construção de nicho é um processo evolutivo e uma fonte de adaptação gerou controvérsia [...]. As divergências dos autores refletem uma disputa mais ampla dentro da teoria evolucionista sobre se a síntese neodarwiniana precisa de reformulação, bem como diferentes usos de alguns termos-chave (por exemplo, processo evolutivo). (Laland; Matthews; Feldman, 2016, p. 195-196, tradução nossa)

Ceschim, Oliveira e Caldeira (2016, p. 12-13) afirmam que "a Síntese Estendida da evolução proporciona contribuições relevantes que podem reestruturar o pensamento evolutivo referente à ênfase atribuída ao mecanismo de seleção natural na produção ou retenção da diversidade orgânica". A primeira impressão é de que existe uma harmonia entre todos os autores e um consenso científico, algo que não se pode comprovar consultando outros teóricos e artigos originais citados. Até mesmo na identificação das linhas teóricas propostas é possível notar a falta de consenso entre os diversos defensores da Síntese Estendida ou Ampliada e sua contraposição aos biólogos tradicionais, como Richard Dawkins. Laland, Matthews e Feldman (2016, p. 193, tradução nossa) afirmam que

> A construção de nicho tem uma semelhança superficial com o conceito de Richard Dawkins (1982) do "fenótipo estendido", embora na prática o último seja um conceito mais restrito. Para Dawkins, fenótipos estendidos são adaptações expressas fora do corpo do indivíduo cujos genes fundamentam uma característica construtiva. Claramente, há sobreposição entre esses conceitos; artefatos de animais são exemplos de construção de nicho e fenótipos estendidos.

Com isso, observa-se a interposição teórica entre os termos *fenótipo estendido* e *construção de nicho* e percebe-se a discordância do biólogo inglês Richard Dawkins (1941-) em relação a essas definições. Vejamos a definição de fenótipo estendido proposta no glossário de seu livro *The Extended Phenotype*, publicado em 1982: "Fenótipo estendido: Todos os efeitos de um gene sobre o mundo [...]. Na prática, é conveniente limitar 'fenótipo estendido' para os casos em que os efeitos influenciam as chances de sobrevivência do gene, positiva ou negativamente" (Dawkins, 1982, p. 286, tradução nossa).

Para o autor (Dawkins, 1982), a interação ambiental influencia a expressão fenotípica, o que ele define como fenótipo estendido, algo que para os defensores da Síntese Estendida é interpretado como construção de nicho. Laland, Matthews e Feldman, citados por Ceschim, Oliveira e Caldeira (2016), tomaram como exemplo uma ave que constrói o ninho criando condições de seleção, pois este passa a ser defendido e zelado. Nesse caso, os pássaros passam a depositar seus ovos após criarem condições que acelerem a adaptação modificando as condições ambientais passariam a beneficiar tanto os indivíduos que construíram o ninho quanto a prole gerada por eles.

Para os defensores da teoria da construção de nicho, as interações ecológicas e seus efeitos modificadores do ambiente influiriam mutuamente na adaptação tanto dos pais quanto da prole. Então, mesmo que esses seres vivos passem pelo processo de seleção natural, "a evolução mediada por construção de nicho pode levar a uma adaptação mais rápida do que a evolução por seleção de condições ambientais não previamente modificadas" (Ceschim; Oliveira; Caldeira, 2016, p. 20). As autoras tomam ainda como exemplo desse tipo de interação as relações antrópicas:

> A domesticação de plantas e animais pelo homem pode ser interpretada como um modelo que exemplifica muito adequadamente a teoria da construção do nicho. As paisagens modificadas pela queima, terraplanagem e aragem para melhoria do rendimento das plantações continuam a moldar o ambiente seletivo das populações descendentes, evocando respostas adaptativas, porque promovem às plantas maior sucesso nesses ambientes. (Ceschim; Oliveira; Caldeira, 2016, p. 20)

Essas adaptações e modificações vêm ocorrendo durante milhares de anos. Os humanos, ao longo de gerações, repassam conhecimentos como a domesticação e transmitem culturalmente comportamentos adquiridos. Segundo Ceschim, Oliveira e Caldeira (2016, p. 20) – com base nos estudos de Zeder –, desse modo a transmissão de conhecimentos e comportamentos acaba por desempenhar "um papel central na transmissão de herança ecológica que impulsiona a trajetória evolutiva dos seres humanos". Ainda,

> Serão constantemente escolhidos animais dóceis e produtivos, mas que fora de ambientes antropogênicos sofreriam com vulnerabilidade à predação e na competição por parceiros. As plantas são escolhidas segundo a produtividade correspondente à resposta plástica para as modificações do solo, mas que, distante de locais artificialmente tratados, poderiam não ser devidamente estimuladas ambientalmente e estariam em desvantagem competitiva com outros indivíduos. Sendo assim, pode-se dizer que a construção do nicho humano estende consequências evolutivas para muitas espécies, mas principalmente para a própria espécie humana. (Ceschim; Oliveira; Caldeira, 2016, p. 20-21)

As consequências dessas alterações causadas pelos humanos, nos fatores bióticos ou abióticos, perpassam nossa própria descendência e a dos demais seres vivos que dividem conosco o planeta Terra. "As modificações ambientais que humanos realizaram certamente foram as causas de diversos 'desvios' de trajetórias seletivas para o homem e para outras espécies" (Ceschim; Oliveira; Caldeira, 2016, p. 21). Podemos notar a similitude entre os conceitos de construção de nicho e de fenótipo estendido, algo que se repete quando confrontamos os conceitos de viés do desenvolvimento e de evo-devo ou biologia do desenvolvimento, conhecida anteriormente como ontogenia ou recapitulação.

No artigo *Aproximação epistemológica à biologia evolutiva do desenvolvimento*, publicado em 2018, o pesquisador argentino Gustavo Caponi, que, embora seja um defensor da evo-devo, concorda apenas parcialmente com a revisão da concepção filosófica:

> Não acredito, entretanto, que essa revisão da concepção (filosófica) herdada da biologia evolutiva à que estou me referindo, implique [sic] que esta deva ser condenada totalmente. Uma revisão pode não exigir outra coisa que um ajuste em determinados detalhes e uma melhor elucidação de alguns problemas fundamentais que agora, à luz dos novos desenvolvimentos teóricos, já não parecem tão claros. Embora as mudanças teóricas sejam muito importantes e, à primeira vista, totalmente contrárias a essa imagem recebida, acredito que o que nos espera é uma ampliação, e não um abandono, da dita imagem. (Caponi, 2018, p. 285)

Ainda sobre a biologia do desenvolvimento, Ceschim, Oliveira e Caldeira (2016, p. 21) afirmam, com base em Brakefield, que a Teoria Sintética Estendida é algo que poderia "influenciar o ritmo e a direção da evolução e, portanto, tornar-se refletido nos padrões de biodiversidade" e que "As restrições e padrões ontogenéticos incidem sobre a variação fenotípica, pois limitam e direcionam a morfologia dos organismos". É possível confrontar as ideias de Caponi (2018) com as de Ceschim, Oliveira e Caldeira, (2016, p. 13). Estas ressaltam que "os conhecimentos sustentados pela Eco-Evo-Devo [Biologia evolutiva do desenvolvimento] não são meros acréscimos ou conhecimentos 'complementares', pois têm atuações sistêmicas", advogando a necessidade de uma reinterpretação e uma nova articulação. Caponi, por sua vez, (2018, p. 285) sustenta que

> Analogamente a como os desenvolvimentos da evo-devo não implicam um questionamento, e sim uma complementação, da teoria da seleção natural, a revisão da concepção epistemológica herdada da biologia evolutiva, embora imprescindível, pode não

exigir mais do que uma elucidação adicional: uma análise um pouco mais precisa e abrangente dos pressupostos e objetivos fundamentais da ciência da evolução.

A concepção epistemológica, nesse caso, seria modificada, ressignificando diversos temas tradicionais da biologia. Podemos perceber que ainda não há um consenso entre a comunidade científica sobre a real necessidade de uma Síntese Estendida. Nicholas A. Levis e David W. Pfennig, no artigo *Evaluating "Plasticity-First" Evolution in Nature: Key Criteria and Empirical Approaches* (Avaliando a evolução "plasticidade-primeiro" na natureza: critérios-chave e aproximações empíricas, em tradução livre), publicado em 2016, definem que "Plasticidade fenotípica [é] a capacidade de um organismo para alterar seu comportamento, sua morfologia e/ou sua fisiologia em resposta a mudanças nas condições ambientais; às vezes usado como sinônimo de plasticidade do desenvolvimento" (Levis; Pfennig, 2016, p. 564, tradução nossa).

A definição de plasticidade fenotípica proposta por Levis e Pfennig (2016) pode ser relacionada com "*soft-inheritance* ou herança suave, termo cunhado por Mayr (1980) para se referir à herança de variações fenotípicas não-genômicas, ou em outras palavras, a transmissão de caracteres adquiridos" (Reversi, 2015, p. 15). Avaliando esse ponto da proposta de uma nova síntese, percebemos que há uma incongruência ao planejar uma Síntese Estendida, sendo que, para o neodarwinismo, o "gene" seria responsável por esse tipo de herança; e, mesmo que variações ocorressem, seriam facilmente explicáveis pela regulação gênica.

Tais discussões remontam às pesquisas realizadas por Baldwin e publicadas na obra "'*Development and Evolution*' [...], que discutia assuntos como hereditariedade, transmissão de caracteres adquiridos, o papel da determinação interna e do ambiente nos indivíduos e o paralelismo entre o desenvolvimento ontológico e filogenético" (Reversi, 2015, p. 70-71):

> Baldwin, diante da falta de uma teoria geral na psicologia que lhe permitisse encontrar uma base para suas descobertas empíricas, passa a estudar a correlação dos dados em psicologia com aqueles em biologia, por meio de experimentos com destros e canhotos, percepção de cores, sugestionamento, imitação, fala, entre outros. Tais experimentos permitiram a ele encontrar correlações nas teorias biológicas da recapitulação, acomodação e crescimento, assim Baldwin empreendeu um movimento dialético não somente entre o empirismo realista e o racionalismo teórico, como também entre a psicologia e a biologia. (Reversi, 2015, p. 70)

Embora Ceschim, Oliveira e Caldeira (2016, p. 13) reafirmem que "o pensamento evolutivo contemporâneo não representa uma negação ou ruptura com prestígio conceitual dos últimos quadros teóricos da biologia evolutiva", a discussão sobre essa transdisciplinaridade entre a biologia e a psicologia se repete em diversas outras áreas e visa unificar o conhecimento. Ainda assim, a necessidade de unificação de campos tão distintos carece de amplos debates e nem sempre encontrará um consenso entre os teóricos.

Essas discussões são antigas, perpassam diversas áreas além e aquém da biologia e ainda não estão finalizadas. Mesmo que futuramente a proposta de Síntese Estendida seja aceita, ainda não há consenso sequer quanto às definições conceituais. Além disso, precisamos considerar que um dos principais autores citados no artigo apresenta suas dúvidas sobre essa necessidade de reformulação:

> Pigliucci (2007) questiona a necessidade de uma síntese evolutiva estendida, chegando à conclusão de que apesar de não podermos ignorar as questões emergentes relacionadas à biologia evolutiva, a biologia como ciência não possui uma estrutura como a proposta pelo filósofo da ciência Thomas Kuhn e dificilmente passará por uma revolução kuhniana, fazendo uma previsão de que haverá uma extensão gradual do corpo conceitual evolutivo por meio de um desenvolvimento complexo sobre seus predecessores (darwinismo, neodarwinismo, e a própria Síntese Moderna). (Reversi, 2015, p. 16-17)

A revolução kuhniana está ligada a Kuhn e a seu livro *A estrutura das revoluções científicas*, já comentados. Na Figura 1.9, esquematizamos a Síntese Ampliada, abrangendo os principais conceitos propostos por seus autores.

Figura 1.9 – Linhas teóricas agregadas à Teoria Sintética da Evolução

Conceitos agregados à Teoria Sintética (1920-1950) pela Propostas de Síntese Ampliada (2008)

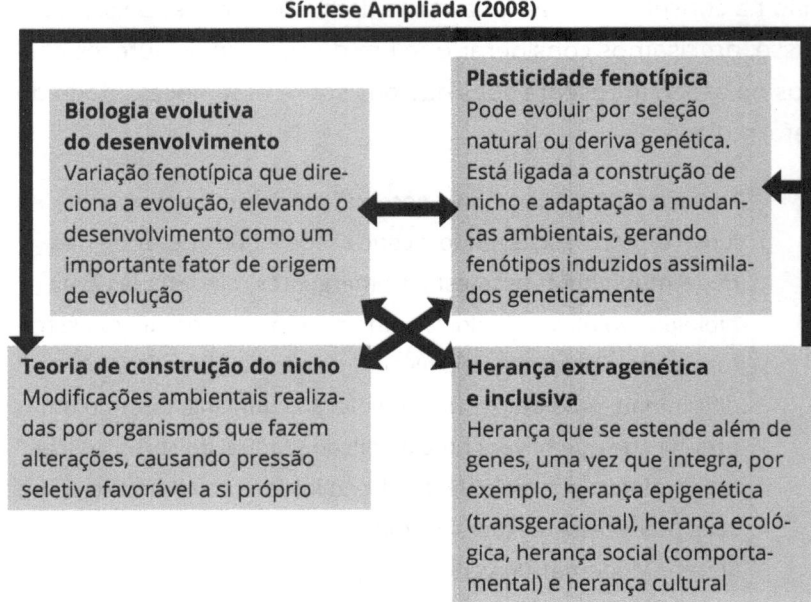

Biologia evolutiva do desenvolvimento
Variação fenotípica que direciona a evolução, elevando o desenvolvimento como um importante fator de origem de evolução

Plasticidade fenotípica
Pode evoluir por seleção natural ou deriva genética. Está ligada a construção de nicho e adaptação a mudanças ambientais, gerando fenótipos induzidos assimilados geneticamente

Teoria de construção do nicho
Modificações ambientais realizadas por organismos que fazem alterações, causando pressão seletiva favorável a si próprio

Herança extragenética e inclusiva
Herança que se estende além de genes, uma vez que integra, por exemplo, herança epigenética (transgeracional), herança ecológica, herança social (comportamental) e herança cultural

Fonte: Elaborado com base em Ceschim; Oliveira; Caldeira, 2016.

Ceschim, Oliveira e Caldeira (2016) salientam que esses conceitos passam a ser ressignificados com o viés da Síntese Ampliada, considerando a complexidade dessa nova sistematização para facilitar o entendimento de alguns conceitos agregados à Teoria Sintética Ampliada. Nesse caso, inclui-se o que é chamado de herança extragenética, um tipo que não é transmitido geneticamente, como as heranças culturais e sociais, um exemplo poderia ser o aprendizado. As autoras propõem, ainda, que os fatores epigênicos (regulação gênica) e a herança ecológica – que inclui, por exemplo, a habilidade de construir um ninho ou outro abrigo – sejam considerados fatores hereditários.

Como exemplo de herança social, Francis (2015, p. 50) aponta

> a maternidade deficiente [que] tende a se perpetuar num círculo vicioso. A boa maternidade, pelo contrário, tende a se perpetuar num círculo virtuoso, de geração em geração. Trata-se de uma forma de herança social mediada por processos epigenéticos. Embora a maior parte das pesquisas sobre a herança social de base materna tenha sido feita com roedores, há evidências substanciais da ocorrência de processos similares em primatas, incluindo o homem. Nos macacos *Rhesus*, a espécie estudada por Harlow, a rejeição e as agressões maternas sofridas durante os três primeiros meses causa diversas patologias cerebrais e comportamentais, incluindo alterações da reação ao estresse.

Nessa perspectiva, Ceschim, Oliveira e Caldeira (2016) afirmam que, na herança inclusiva, os caracteres adquiridos também desempenham papéis evolutivos por contribuírem com a origem de variantes fenotípicas. O que poderia ser considerado um resgate de conceitos lamarckianos, porém, são incluídos processos que não eram conhecidos na época de Lamarck, como a metilação de ADN ou DNA (ácido desoxirribonucleico), um mecanismo de regulação dos genes contidos nos cromossomos. Este consiste na adição de um grupo metila ao DNA, que acaba inibindo a expressão desse gene: é como se o grupo metila desligasse esse gene e a metilação fosse mantida mesmo após a célula passar pelo processo de divisão.

As ideias propostas foram resgatadas do século XIX, sendo a elas agregados novos conhecimentos. percebemos isso no trabalho de Massimo Pigliucci e Gerd B. Müller, que, ao editarem, em 2010, a obra *Evolution, the Extended Synthesis*, incluíram os primórdios das ideias defendidas hoje na proposta de Síntese Ampliada, reconhecendo o período conhecido como "eclipse", termo cunhado por Huxley:

> várias alternativas de mecanismos evolutivos foram propostas na época, incluindo o renascimento da herança de tipo lamarckiano (com a qual o próprio Darwin tinha flertado), a chamada ortogênese (tendências macroevolutivas dirigidas por forças armadas) e o saltacionismo, a ideia de que a mudança evolutiva não é gradual, como assumido por Darwin, mas prossegue em grandes saltos. (Pigliucci; Müller, 2010, p. 5, tradução nossa)

Darwin afirma que a evolução ocorre pelo processo de seleção natural, não sendo orientada pela vontade do indivíduo (Ridley, 2007). Ao longo das leituras, pudemos notar que a teoria proposta por Darwin é permeada por alguns conceitos: ancestralidade comum, modificação, especiação, gradualismo e seleção natural. Essa visão tradicional sempre esteve em debate, e, para um biólogo, é muito difícil enxergar alguma novidade na Síntese Prolongada, pois esta propõe a alteração de fenótipos pelo ambiente ou por interações ambientais, algo que pode ser perfeitamente explicado pela ideia de fenótipo estendido de Dawkins. Para que pudéssemos considerar a herança de caracteres adquiridos, essas alterações deveriam ocorrer em nível de DNA, o que não é o caso, pois se trata de uma modificação da expressão dos genes sem que ocorram mutações.

Como reconhecido pelos autores que defendem a Síntese Prolongada,

> Uma interpretação tradicional para muitos biólogos evolucionistas, a pesquisa descrita acima não é vista como um desafio para a estrutura da explicação tradicional, o viés de desenvolvimento, plasticidade, herança não-genética, e construção de nicho são considerados consequências, mas não causas evolutivas [...]. Assim, enquanto esses fenômenos exigem explicações evolutivas, eles não constituem, por si próprios, uma explicação evolutiva para a diversidade e adaptação do organismo. (Laland et al., 2015, p. 4, tradução nossa)

Darwin admitiu que as conclusões de seu trabalho poderiam não ser a única ótica para visualizar a evolução biológica, sendo que, além da seleção natural, seria possível que outros agentes tenham contribuído para a modificação das espécies (Darwin, 2003). A proposta de uma Síntese Prolongada não é nova, e a união de estudiosos das mais diversas áreas tem dado ênfase a essa narrativa.

Laland et al. (2015), no artigo *The Extended Evolutionary Synthesis: its Structure, Assumptions and Predictions* (*A síntese evolutiva prolongada: sua estrutura, suposições e previsões*, em tradução livre), concluem que a síntese evolutiva estendida ou prolongada não chega a ser uma crise kuhniana, porém apresentam uma série de argumentos para justificar essa proposta, entre elas a aproximação com a ecologia e as áreas humanísticas do conhecimento. Citam, ainda, campos de pesquisas que seriam beneficiados, como a evolução do genoma, a transmissão de genes entre endossimbiontes, a produção de modelos matemáticos complexos por meio da ciência computacional e a possibilidade de analisar com esses modelos uma conexão entre memória e aprendizado e suas respectivas modelagens de genótipos e fenótipos. O artigo é finalizado com a seguinte afirmação:

> A EES [*The Extended Evolutionary Synthesis* ou a teoria da síntese estendida ou ampliada] será de valor ao reunir pesquisadores de diversos campos que compartilham da perspectiva do desenvolvimento ecológico. Esperamos que a biologia evolucionária entre agora em uma fase em que os valores da EES serão avaliados através de testes empíricos, pesquisa teórica e antecipamos que ela contribuirá construtivamente ao aprimoramento futuro da teoria evolutiva. (Laland et al., 2015, p. 10-11, tradução nossa)

É como se se antecipasse o avanço dos estudos das diversas áreas da biologia e os mecanismos biológicos que seriam descobertos, relembrando que, desde sua primeira publicação, em 1859, a Teoria da Evolução é sabatinada, questionada e testada. Superando as expectativas, ela sobrevive a esses testes e agrega novas evidências que até o momento reforçam as conclusões darwinianas.

Para finalizar, a Figura 1.9 tem as principais ideias sobre a evolução biológica discutidas até aqui, na intenção de aclarar o entendimento do leitor.

Figura 1.9 – Resumo histórico das ideias sobre a Teoria da Evolução Biológica

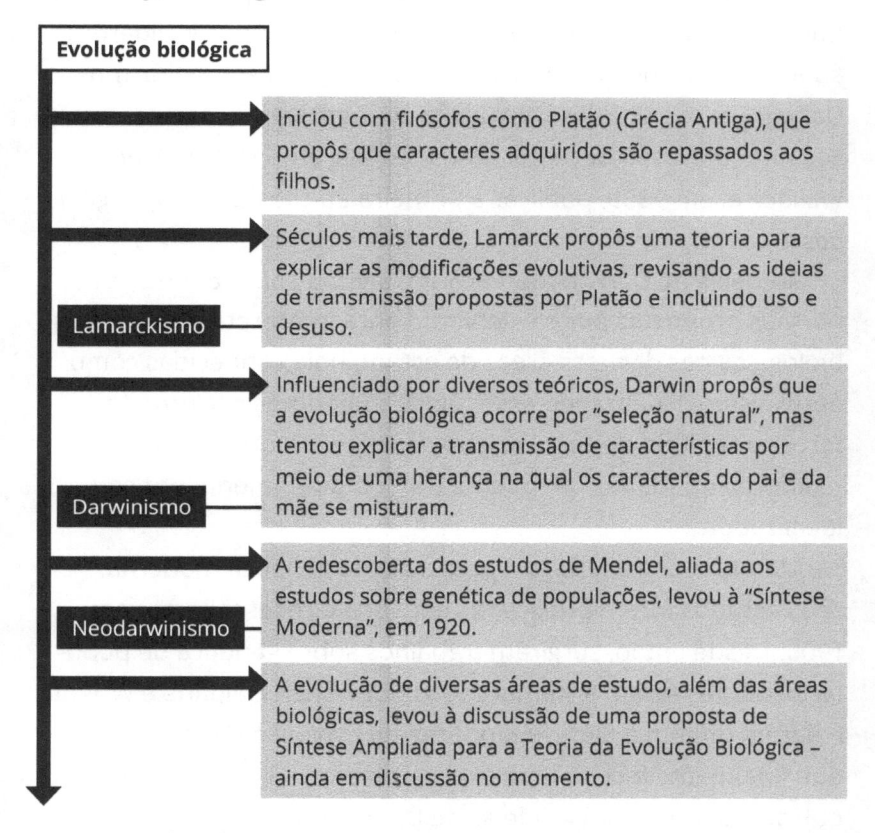

Evolução biológica

- Iniciou com filósofos como Platão (Grécia Antiga), que propôs que caracteres adquiridos são repassados aos filhos.
- **Lamarckismo** — Séculos mais tarde, Lamarck propôs uma teoria para explicar as modificações evolutivas, revisando as ideias de transmissão propostas por Platão e incluindo uso e desuso.
- **Darwinismo** — Influenciado por diversos teóricos, Darwin propôs que a evolução biológica ocorre por "seleção natural", mas tentou explicar a transmissão de características por meio de uma herança na qual os caracteres do pai e da mãe se misturam.
- **Neodarwinismo** — A redescoberta dos estudos de Mendel, aliada aos estudos sobre genética de populações, levou à "Síntese Moderna", em 1920.
- A evolução de diversas áreas de estudo, além das áreas biológicas, levou à discussão de uma proposta de Síntese Ampliada para a Teoria da Evolução Biológica – ainda em discussão no momento.

Fonte: Elaborado com base em Ridley, 2007; Ceschim; Oliveira; Caldeira, 2016.

Síntese proteica

Neste capítulo, conhecemos algumas concepções sobre a evolução biológica. Pontuamos que antes de Charles Darwin alguns pensadores apoiavam o fixismo, acreditando que os seres vivos foram criados de uma única vez por uma divindade e não evoluíam. Alguns, como Platão, discordavam e até tentavam explicar como essas alterações ocorriam para formar novas espécies. Nos séculos XVII e XVIII, Maupertuis e Diderot apoiavam o transmutacionismo (evolução), e mesmo Erasmus Darwin, avô de Charles Darwin, foi simpatizante, mas coube a seu neto a missão de expor essas teorias, em 1858, ao lado de Wallace e, em 1859, publicar a primeira edição do livro *A origem das espécies*.

As ideias de Darwin modificaram a visão sobre o tema, e as normas propostas por ele serviram para interpretar fenômenos biológicos nas diversas áreas de estudo hoje conhecidas como darwinismo. Finalizando esse tópico, sugerimos a leitura do terceiro capítulo de seu *A origem das espécies*, objetivando uma maior proximidade com o tema tratado diretamente por seu idealizador.

Mendel é considerado o percursor da genética moderna, seus estudos foram publicados em 1865 e redescobertos em 1900. Desde então, surgiram trabalhos sobre genética de populações. Estes foram sistematizados por Fisher, Haldane e Wright e deram origem à Síntese Moderna da Evolução (1920-1950), que finalmente incluiu uma explicação para a hereditariedade que se encaixou com as ideias de Darwin na teoria evolutiva, dando origem ao neodarwinismo.

Em 2008, pesquisadores como Pigliucci, Müller, Laland e Moczek propuseram uma sistematização incluindo outras áreas da biologia e das ciências humanas que, segundo eles, ficaram de fora na proposta neodarwiniana. Esses autores reivindicam reconhecimento para suas áreas de estudo e consideram que alguns temas poderiam ser mais bem explicados na visão da ecologia, ciência que estuda as interações entre os seres vivos e o ambiente; da epigenética, a área de estudo dos genes que regulam a produção de proteínas e enzimas por outros genes; e da biologia do desenvolvimento, responsável por estudar os fatores que regulam os genes durante o desenvolvimento embrionário. Existem discussões, ainda, nas áreas humanas, como na sociologia e na filosofia da ciência. Não há um consenso sobre essa proposta até o momento.

Prescrições da autora

DARWIN, C. R. **A origem das espécies**. Porto: Lello & Irmão, 2003.
Nessa obra, Darwin defende suas ideias sobre a evolução biológica por seleção natural. Além disso, discute a importância do *habitat* e da seleção reprodutiva nesse processo.

JABLONKA, E.; LAMB, M. J. **Evolução em quatro dimensões**: DNA, comportamento e a história da vida. São Paulo: Companhia das Letras, 2010.
O livro discute o neolamarckismo, uma corrente teórica que propõe que o neodarwinismo deva passar por uma readequação à luz de novas descobertas sobre a regulação gênica.

FRANCIS, R. **Epigenética**: como a ciência está revolucionando o que sabemos sobre hereditariedade. Rio de Janeiro: Zahar, 2015.
Esse trabalho explica a influência ambiental sobre o fenótipo dos indivíduos, indo além e explicando como esse mesmo ambiente interfere na regulação dos genes que podem ser "ligados" ou "desligados" sem modificar o DNA (código genético) e quais implicações na biologia e na medicina essas novas descobertas representam.

Rede neural

1. Sobre as principais teorias evolutivas elaboradas ao longo da história, assinale com V para verdadeiro e F para falso:

   ( ) Segundo o fixismo, as espécies foram criadas uma única vez e não passaram pelo processo de evolução.
   ( ) Cuvier e Ptolomeu são os autores da teoria cujas premissas básicas são o uso e o desuso e a transmissão de características adquiridas durante a vida.
   ( ) Platão e Hipócrates, filósofos gregos, propuseram a Teoria da Evolução por mutações.
   ( ) O darwinismo propõe que os seres vivos evoluíram por meio da seleção natural.
   ( ) O neodarwinismo inclui a genética mendeliana e o darwinismo.

   A V, V, V, F, F.
   B F, F, V, F, V.
   C V, F, F, V, V.
   D F, V, F, V, F.
   E F, V, V, F, F.

2. Quais são as principais teorias evolutivas que antecederam as ideias de Darwin?

   A Transmutação e mutação.
   B Lamarckismo e transmutação.
   C Fixismo e lamarckismo.
   D Simbolismo e parnasianismo.
   E Darwinismo e neodarwinismo.

3. Qual é a relevância do trabalho de Charles Darwin, considerando seus estudos de campo e suas observações, na construção da Teoria da Evolução por seleção natural?

   A O trabalho de Darwin é importante pois a observação de campo permitiu que ele criasse uma teoria bem-sucedida para explicar a transmissão de genes.
   B Seu trabalho não é relevante pois não é aplicável a nenhuma área das ciências.
   C Sua relevância está em ser uma síntese das ideias evolutivas de sua época, permeando todas as áreas da biologia, além de ter aplicações práticas na interpretação de experimentos de medicina, agricultura, biotecnologia e genômica.
   D Sua relevância está em explicar a genética mendeliana e propor soluções matemáticas.
   E Sua relevância está em explicar o uso e o desuso, além de ter feito experimentos com ratos em companhia de Erwin Schrödinger.

4. Qual é ou quais são a(s) fragilidade(s) da teoria darwiniana que justificaria(m) a proposta de uma nova síntese da teoria evolucionista? Classifique as alternativas como verdadeiras (V) ou falsas (F):

   ( ) Uma fragilidade da teoria darwiniana corresponde ao fato de não ter uma pesquisa de campo bem documentada.
   ( ) Podemos considerar uma fragilidade da teoria darwiniana o fato de não ter compatibilidade com a genética mendeliana.

( ) As fragilidades estão relacionadas às explicações sobre a transmissão de caraterísticas de pai para filho, usando erroneamente a teoria da mistura.
( ) A maior restrição da teoria de Darwin está no fato de que não poder ser testada.
( ) Não existem fragilidades nessa teoria.

A F, F, V, F, F.
B V, V, V, F, F.
C F, F, F, V, V.
D F, V, F, V, F.
E F, F, F, V, V.

5. A Síntese Estendida apresenta uma pluralidade de processos que explicam a diversidade biológica. Marque a alternativa **incorreta** na exposição de dois desses processos:

A Epigenética e nanobiologia.
B Plasticidade fenotípica e construção de nicho.
C Herança inclusiva e construção de nicho.
D Biologia do desenvolvimento e herança inclusiva.
E Construção de nicho e herança inclusiva.

Biologia da mente

Análise biológica

1. Explique a expressão "luta pela vida", usada por Charles Darwin no livro *A origem das espécies*, relacionando-a com as dificuldades da vida na sociedade humana.
2. Qual é sua opinião sobre a proposta de Síntese Ampliada para a evolução?

No laboratório

1. Faça um levantamento de dados bibliográficos sobre a produção de alimentos em comparação ao crescimento da população mundial. Produza uma resenha crítica sobre as ideias de Thomas Malthus expostas neste capítulo, relacionando-as com a realidade brasileira atual.

Sugestão de material para pesquisa:

GOODMAN, D.; SORJ, B.; WILKINSON, J. **Da lavoura às biotecnologias**: agricultura e indústria no sistema internacional. Rio de Janeiro: Centro Edelstein de Pesquisas Sociais, 2008. Disponível em: <http://books.scielo.org/id/zyp2j>. Acesso em: 20 maio 2020.

CARVALHO, J. A. M. de. **Crescimento populacional e estrutura demográfica no Brasil**. Texto para discussão n. 227. Belo Horizonte: UFMG/Cedeplar, 2004. Disponível em: <http://www.ufjf.br/ladem/files/2009/08/cresc-pop-e-estrutura-demografica-no-br.pdf>. Acesso em: 20 maio 2020.

CAPÍTULO 2

A CONSTRUÇÃO DA TEORIA DE DARWIN,

Estrutura da matéria

Neste capítulo, discutiremos os aspectos considerados essenciais na teoria darwiniana: os processos de modificação pelos quais o "ancestral comum" passou até que se diversificasse, originando a biodiversidade atual. Inúmeras pesquisas foram realizadas desde que Charles Darwin propôs a existência de um ser vivo considerado predecessor das diversas espécies, até que, segundo Trigueiro (2015), chegassem a propor a existência de LUCA (Primeiro Ancestral Comum, do inglês *Last Universal Common Ancestor*): "apelido carinhoso que os cientistas deram ao primeiro ser vivo, o precursor dos precursores, o pai de todos nós" (Trigueiro, 2015, p. 10).

Esse "precursor dos percursores" – como definido por Trigueiro (2015) –, que se assemelha ao que hoje conhecemos como bactéria, precisou passar por um processo conhecido atualmente como especiação, fazendo surgir novas espécies. Tal processo é permeado pela seleção de indivíduos mais adaptados a cada ambiente (seleção natural), que, por sua vez, está em contínua mudança (climática e geomorfológica), fazendo as diversas modificações moldarem-se de maneira lenta e gradual na evolução biológica (Darwin, 2003; Freeman; Herron, 2009; Trigueiro, 2015).

2.1 Origens e bases da Teoria da Evolução de Darwin

Por que devemos estudar a Teoria da Evolução? Com certeza você já se perguntou isso pelo menos uma vez durante esta leitura. Muitos pesquisadores tentaram responder a esse questionamento, e o próprio Darwin acreditava que "a compreensão da evolução pode ajudar nosso autoconhecimento". Em *A origem das espécies* (1859), ele escreveu: "A luz será lançada sobre a origem do homem e sua história" (Darwin, 2003).

Dobzhansky, citado por Freeman e Herron (2009, p. 3), apresentou uma nova visão para a evolução (mais especificamente para a biologia evolutiva): a Teoria da Evolução seria a base conceitual que sustenta todas as áreas da biologia atualmente. Ele assinalava: "Na biologia, nada faz sentido [...] exceto à luz da evolução". Atualmente, essa afirmação é extremamente relevante, justificando as pesquisas sobre a evolução de microrganismos selecionados positivamente e que acabam criando populações com resistência a antibióticos, insetos resistentes a inseticidas, entre outros inúmeros exemplos práticos de como a evolução acaba sendo um guia para que os pesquisadores compreendam os resultados de seus experimentos.

Ao aplicarmos um antibiótico, naturalmente existem algumas bactérias que já têm resistência aos compostos químicos envolvidos, mas, em razão da competição com as não resistentes por espaço e alimento, essas populações de cepas bacterianas resistentes estão sob controle. A partir do momento que se faz uso do antibiótico, as bactérias (não resistentes) são eliminadas, e as que sobrevivem (resistentes) se proliferam no ambiente. Esse é um exemplo clássico de seleção artificial (feita pelo homem), similar à seleção natural (realizada pela natureza).

Na Figura 2.1, podemos observar o que ocorre quando apenas os microrganismos resistentes sobrevivem ao uso de um antibiótico hipotético.

Figura 2.1 – Representação esquemática de como a resistência aos antibióticos é reforçada pela seleção natural

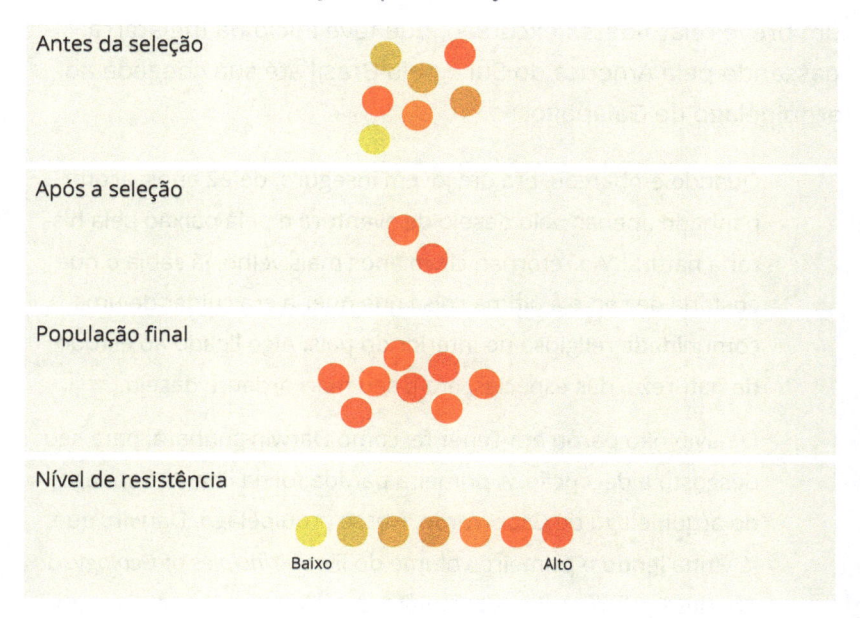

Antes da seleção

Após a seleção

População final

Nível de resistência
Baixo — Alto

Inicialmente, as bactérias apresentam cepas resistentes (vermelho claro e vermelho escuro) e pouco resistentes (amarelo e laranja) a um antibiótico hipotético, mas a competição por nutrientes mantém as duas populações em equilíbrio. No momento em que se faz uso do antibiótico, as bactérias naturalmente mais resistentes (vermelho claro e vermelho escuro) sobrevivem e se reproduzem devido a sua alta capacidade de reprodução, logo, temos grandes populações de bactérias resistentes.

Sobre a biodiversidade de espécies, Darwin afirmava que "certos fatos relativos à distribuição dos seres organizados que povoam este continente [América do Sul], impressionaram-me profundamente quando da minha viagem a bordo do navio

Beagle" e que estes "parecem lançar alguma luz sobre a origem das espécies" (Darwin, 2003, p. 14). Trigueiro (2015, p. 20) faz um breve relato dessa excursão, que teve início na Inglaterra, passando pela América do Sul e pelo Brasil até sua chegada ao arquipélago de Galápagos:

> Quando embarcou, era um jovem inseguro, de 22 anos, acompanhado apenas pelo desejo de aventura e pela paixão pela história natural. Ao retornar, cinco anos mais velho, já sabia o que gostaria de ser, e a última coisa que queria era cuidar de uma comunidade religiosa no interior do país. Algo ligado ao estudo da natureza, das espécies, era o seu mais ardente desejo.
>
> O navio não parou em Tenerife, como Darwin sonhara, para seu desgosto e decepção. A primeira parada foi na ilha de Santiago, do arquipélago de Cabo Verde. Nesse arquipélago, Darwin, que já vinha lendo o primeiro volume do livro *Principles of Geology*, de Charles Lyell, presente do capitão, decidiu que iria escrever um livro sobre a geologia do continente sul-americano.
>
> A segunda parada foi uma breve visita às ilhas brasileiras São Pedro e São Paulo. De lá, rumou direto a Salvador, onde desembarcou em fevereiro de 1832. O que mais lhe chamou a atenção ao chegar, além, é claro, da luxuriante floresta tropical brasileira, foi a escravidão. Ele ficou escandalizado e revoltado com o fato de existirem escravos no Brasil. A próxima parada, Rio de Janeiro, em abril de 1832. Lá, Darwin alugou um chalé "em uma bonita vila a cerca de seis quilômetros da cidade". Essa vila é, hoje, o bairro de Botafogo.
>
> Quando Darwin chegou às ilhas Galápagos, já conhecia as ideias da evolução (chamada de transmutação à época) por causa

das conversas que travara com Robert Grant, em Edimburgo, das leituras do livro de Lamarck e do avô, bem como a leitura que estava fazendo a bordo do Beagle do livro de geologia de Charles Lyell. Embora ciente dessas ideias, não revelou ter-se convencido de sua veracidade, mesmo após deixar aquelas ilhas.

Darwin anotou todos os fatos que encontrou sobre a evolução dos seres vivos, analisou-os cuidadosamente, produzindo com parcimônia um manuscrito durante 5 anos. Em 1844, publicou um resumo no formato de memórias, seguindo com esse trabalho até a publicação da obra completa, em 1859. Seu diário de bordo foi lançado com o título *Viagem de um naturalista à volta da Terra* (1865). Segundo nota de prefácio do próprio autor, "Este volume contém, em forma de diário, a história de nossa viagem e algumas breves observações acerca da história natural e da geologia, que, por seu caráter, me parecem capazes de interessar ao público" (Darwin, 2008, p. 6).

Além de carregar os equipamentos básicos de um naturalista, Darwin fazia essas incursões a pé ou no lombo de animais que eram os meios de locomoção disponíveis para desbravar os locais visitados. As "expedições" de hoje são muito diferentes, e os novos pesquisadores – ou como Wilson (2008) chama, "novos Darwins" – trabalham de modo muito distante da realidade que Darwin viveu:

> Esses pesquisadores são os Humboldts, os Darwins e outros naturalistas – exploradores de uma nova era. Trabalhando em laboratórios, felizmente livres de picadas de mosquitos e bolhas nos pés, eles avançam pelas regiões ainda não mapeadas, nos níveis inferiores da organização biológica. Seu objetivo não é criar princípios fundamentais, os quais tomam de empréstimo,

sobretudo da física e da química. Seu sucesso espetacular vem da tecnologia, inventada e aplicada com gênio criativo. (Wilson, 2008, p. 100)

Voltando ao passado, podemos imaginar a rotina de Darwin, a coleta de espécimes, a observação dos *habitat* e dos comportamentos dos seres vivos, além da leitura e das conversas com outros pesquisadores. Tudo isso o levou às conclusões que descreve na parte final da introdução de *A origem das espécies*:

> Estou plenamente convencido que as espécies não são imutáveis; estou convencido que as espécies que pertencem ao que chamamos o mesmo gênero derivam diretamente de qualquer outra espécie ordinariamente distinta, do mesmo modo que as variedades reconhecidas de uma espécie, seja qual for, derivam diretamente desta espécie; estou convencido, enfim, que a seleção natural tem desempenhado o principal papel na modificação das espécies, posto que outros agentes tenham nela partilhado igualmente. (Darwin, 2003, p. 21)

Segundo Freeman e Herron (2009, p. 39), com base em Mayr, os princípios da evolução biológica foram discutidos durante décadas, mas foi Darwin quem introduziu o conceito de ancestralidade comum. Definindo esse ser primordial, ele "convenceu a comunidade científica de sua veracidade – que as espécies da Terra são produtos de descendência com modificações, a partir de um ancestral comum". Ridley (2007) propõe como evidências da existência dessa ancestralidade o estudo do registro fóssil e a análise anatômica das semelhanças.

A seguir, discutiremos, além da gênese da evolução biológica, as evidências que surgem por meio do mapeamento genético, utilizando algoritmos de análise molecular de proteínas, como é o caso de LUCA, apresentado no livro *História da vida* (2015), de Edmac Trigueiro.

2.2 Primordial

Na teoria de Darwin, os seres vivos são interdependentes e compartilham um "ancestral em comum", sendo relacionados por sua descendência. Isso significa que os seres vivos apresentam relações genealógicas, similares às das árvores genealógicas familiares de humanos. Trigueiro (2015, p. 16) apresenta uma descrição atualizada para esse ancestral primordial:

> Através do processo de seleção natural, essa entidade replicadora, fundadora de toda a civilização, que chamamos de LUCA, evoluiu até chegar aos primeiros organismos assemelhados aos seres unicelulares procariontes de hoje, as bactérias (e as *archaea*), ou seja, a uma forma de vida mais evoluída, mas ainda bastante primitiva. Isso deve ter ocorrido entre 4 e 3,5 bilhões de anos atrás. A vida mais primitiva, portanto, estava a caminho há cerca de 4 bilhões de anos, obedecendo às regras da evolução pela seleção natural.

Weiss et al. (2016), pesquisadores do Instituto de Evolução Molecular da Universidade Heinrich-Heine Düsseldorf, na Alemanha, utilizaram um algoritmo chamado Markov Cluster Algorithm (MCL) e analisaram as proteínas presentes no genoma de 1.981 unicelulares procarióticos (bactérias e *archaeas*) pertencentes a 36 grupos taxonômicos que apresentavam um único ancestral comum em sua árvore filogenética, sendo, portanto, monofiléticos, para traçar um padrão para o modo de vida e o metabolismo celular de LUCA:

> As 355 filogenias identificam clostrídios e metanogênicos cujos estilos de vida modernos se assemelham ao da LUCA como basal entre seus respectivos domínios. LUCA habitava um ambiente geoquimicamente ativo rico em H_2, CO_2 e ferro. Os dados suportam a teoria de uma origem autotrófica da vida envolvendo a via de Wood-Ljungdahl em um ajuste hidrotermal. (Weiss et al., 2016, p. 1, tradução nossa)

Na discussão dos resultados, os autores afirmam, após análise do metabolismo de LUCA, que a vida parece ter surgido em aberturas hidrotermais. Além disso, pontuam que a presença de ferro, enxofre e metais de transição seriam evidências de um metabolismo antigo, sugerindo que as linhagens originárias das atuais bactérias e arqueobactérias eram autotróficas, dependiam do hidrogênio presentes nesses locais e utilizavam o gás carbônico como aceptor final (Weiss et al., 2016). Assim, diferenciavam-se de seres autotróficos fotossintetizantes, que são dependentes de oxigênio para serem o aceptor final do hidrogênio, formando água no fim do processo metabólico energético. Os pesquisadores descrevem que investigaram

> todos os clusters e as árvores filogenéticas para 6,1 milhões de genes codificadores de proteínas de genomas procarióticos sequenciados, a fim de reconstruir a ecologia microbiana de LUCA. Entre os 286.514 aglomerados de proteínas, foram identificadas 355 famílias de proteínas (± 0,1%) LUCA por critérios filogenéticos. (Weiss et al., 2016, p. 1, tradução nossa)

Darwin propôs a existência de um "progenota" ou primeiro ancestral, tal qual descrito na pesquisa. Na Figura 2.2, podemos observar uma árvore filogenética atualizada com a representação desse ancestral, segundo as pesquisas mais atuais sobre o tema.

Figura 2.2 – Árvore genealógica atualizada de LUCA, o primeiro ancestral comum

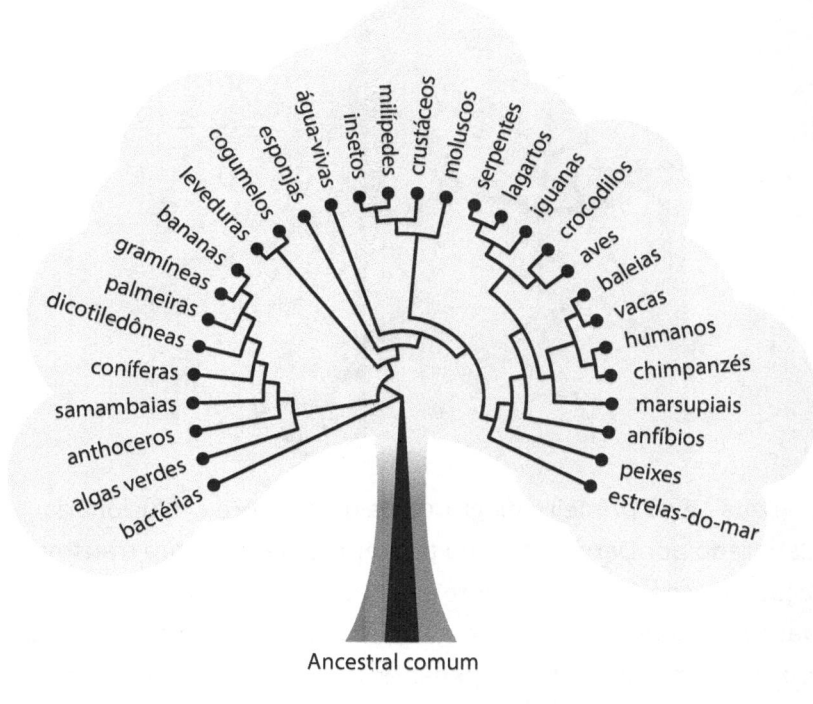

Ancestral comum

Zern Liew/Shutterstock

Segundo Freeman e Herron (2009), a invenção das árvores filogenéticas pode ser creditada a Darwin, sendo a única ilustração de seu livro um diagrama apresentando sua visão acerca da forma como as espécies se modificavam ao longo dos tempos. O desenho original (Figura 2.3) é similar a uma árvore com a raiz na parte inferior e os ramos na parte superior. Atualmente, pode-se encontrar tanto a versão darwiniana quanto a invertida.

Figura 2.3 – Esboço de uma árvore evolucionária, feito por Charles Darwin em 1837

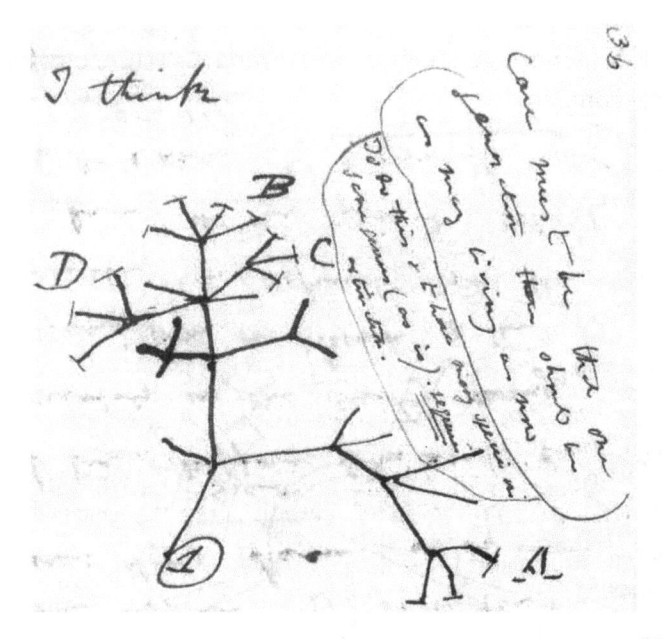

Trata-se do primeiro diagrama de uma árvore evolucionária elaborado por Darwin, em seu primeiro caderno sobre transmutação de espécies. Atualmente em exibição no Museu de História Natural de Manhattan, passou a fazer parte da obra *A origem das espécies*, livro que contém apenas essa ilustração, ao passo que as demais obras de Darwin são ricamente ilustradas, com mais de 1,4 mil imagens (Pombo; Pina, 2012).

2.3 Modificação

Podemos refletir sobre as relações evolutivas entre as espécies observando os recursos gráficos utilizados pelos evolucionistas para representar as genealogias (Freeman; Herron, 2009). Esses diagramas podem conter ilustrações de populações ou espécies se diversificando evolutivamente, sendo que a estrutura pode ser orientada de ambas as formas citadas e o angulo pode variar entre os ramos. Porém, deve-se dar a devida importância às ramificações: "os comprimentos dos ramos de uma determinada árvore são proporcionais à época ou à quantidade de mudanças genéticas que ocorreram desde que os táxons divergiram, está sendo fornecida uma escala, ou um eixo marcado" (Freeman; Herron, 2009, p. 52). Os táxons correspondem aos agrupamentos ou às taxas utilizadas na classificação biológica, dividindo os seres vivos, podem ser utilizados na separação diversos critérios, como as inúmeras semelhanças em sua anatomia estrutural e em seu desenvolvimento, muitas vezes sem relação com suas funções. Essas semelhanças só podem ser explicadas pelo viés da teoria evolutiva (Freeman; Herron, 2009).

Freeman e Herron (2009) afirmam que essas similitudes são arquétipos da homologia e certamente foram consideradas por Darwin, bem como por outros estudiosos, como Louis Agassiz (1807-1873), que figura entre os pesquisadores de "embriões de uma grande variedade de vertebrados [que] contêm algumas similaridades notáveis, especialmente no início do desenvolvimento" (Freeman; Herron, 2009, p. 55). Quando se fala de homologia, trata-se de órgãos homólogos, que apresentam a mesma origem embrionária e podem ter funções diferentes, como os membros dianteiros dos tetrápodes (anfíbios, répteis e mamíferos); no caos do estudo de embriões, refere-se ao primeiro estágio de desenvolvimento. Além disso, ainda existe a homologia em plantas:

> O próprio Darwin (1862) analisou a anatomia das flores de orquidáceas e mostrou que, embora tenham formas variáveis e atraiam polinizadores diversos, são construídas, realmente, com o mesmo conjunto de componentes. Como os membros anteriores dos vertebrados, as flores [...] têm as mesmas partes, nas mesmas posições relativas. (Freeman; Herron, 2009, p. 55)

A explicação de Darwin para essas semelhanças entre os seres vivos se dá pelo fato de terem um ancestral em comum. Os embriões apresentam similaridades "porque todos os vertebrados evoluíram do mesmo ancestral, e alguns estágios do desenvolvimento permaneceram similares, quando os répteis, as aves e os mamíferos se diversificaram ao longo do tempo". O mesmo ocorre com as orquídeas, que "compartilham um ancestral comum" (Freeman; Herron, 2009, p. 55). Um grande divulgador dos trabalhos de Darwin foi o alemão Ernst Haeckel (1834-1919), exímio desenhista, responsável pela gravura (Figura 2.4) do que ele chamou de *uma descrição metafórica* baseada na ideia de ancestral comum, conhecida como *A árvore da vida*. O "homem" está no topo da árvore, já que para o gravurista, como para muitos dos primeiros evolucionistas, os humanos eram considerados o auge da evolução.

Figura 2.4 – Versão inglesa da árvore de Haeckel, *The Evolution of Man* (1879)

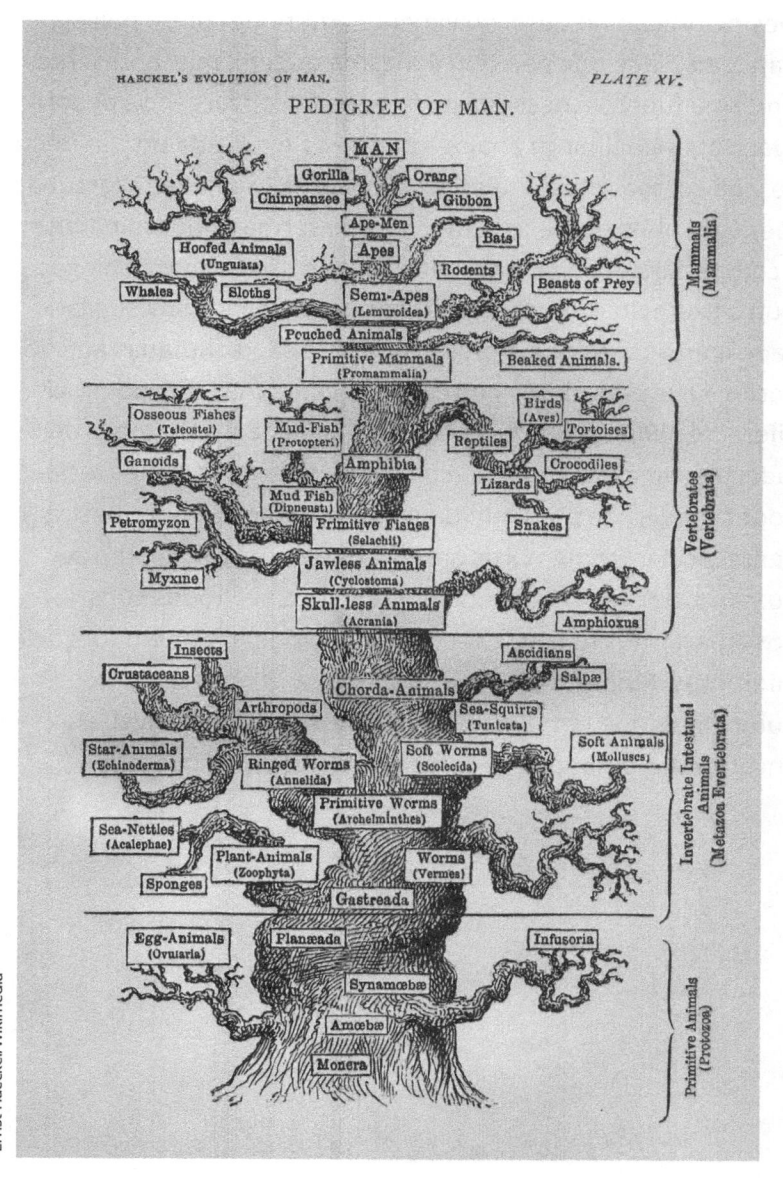

As semelhanças descritas por Darwin podem ser de dois tipos: homóloga e análoga. A homologia refere-se ao órgão de mesma origem no desenvolvimento embrionário; e a analogia trata de órgãos que não têm a mesma origem, mas apresentam a mesma função – nesse caso, fala-se em convergência adaptativa. Uma semelhança análoga pode "ser explicada por um modo de vida compartilhado" (Ridley, 2007, p. 78), por exemplo: tubarões, golfinhos e baleias têm o mesmo formato hidrodinâmico e compartilham hábitos de natação, que são formas análogas. Outro exemplo comum são as asas dos insetos e sua similaridade com as asas dos morcegos. Ambas são adaptadas ao voo, porém seus portadores pertencem a categorias taxonômicas diferentes (Ridley, 2007). Outra possibilidade é o membro pentadáctilo, uma pata ou mão com cinco dedos, "Todos os tetrápodes modernos possuem uma estrutura de membro básica pentadáctila. Os membros anteriores de uma ave, de um ser humano, de uma baleia e de um morcego são todos construídos a partir dos mesmos ossos, mesmo que executem funções diferentes" (Ridley, 2007, p. 79). Já "em nível molecular, existem homologias que têm a mais ampla distribuição possível: elas são encontradas em todos os seres vivos" (Ridley, 2007, p. 79).

Figura 2.5 – Homologia da mão para os membros anteriores (1870)

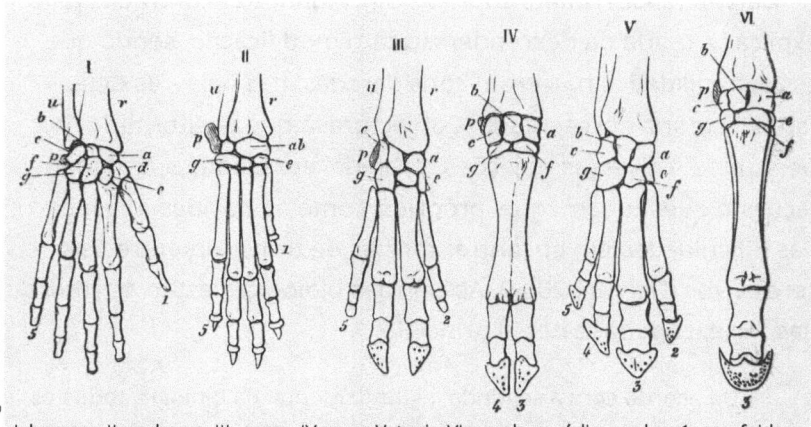

I: homem; II: cachorro; III: porco; IV: vaca; V: tapir; VI: cavalo. r: rádio; u: ulna; 1: escafoide; b: lunar; c: cuneiforme; d: trapézio; e: trapézio; f: magnum; g: pisiforme

Outro modelo, agora em vegetais, compreende as folhas e as brácteas florais que mantêm um formato similar. Essas evidências são um dos critérios utilizados para traçar as árvores genealógicas de plantas (Figura 2.6).

Figura 2.6 – Homologia em série em órgãos foliares: folha (esquerda) e sucessão de brácteas florais (direita) em *Helleborus foetidus*

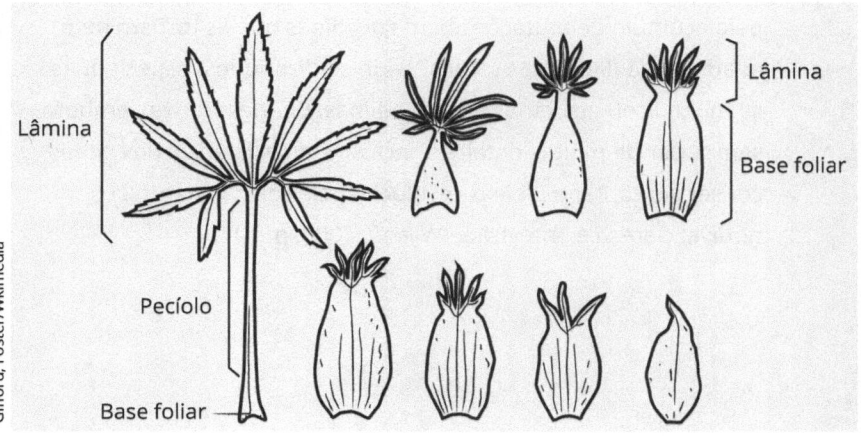

Darwin (2003) reflete sobre as dificuldades encontradas para explicar a teoria da descendência com modificação, sendo que essas fragilidades não eram consideradas, nas palavras dele, "fatais" à teoria apresentada. Conjecturava que o leitor teria "perguntas e diversas objeções" e, ainda, apresentava argumentações e questionamentos próprios, como as dúvidas a respeito das dificuldades em encontrar formas de transição entre os seres vivos (Darwin, 2004). As ciências biológicas estão estruturadas, hoje, com base nesse princípio:

> De acordo com a segunda lei fundamental da biologia, todos os processos biológicos, e todas as diferenças que distinguem as espécies, evoluíram por meio da seleção natural. De geração em geração ocorrem mutações raras, e aleatórias, no código do DNA. Quando essas mutações permitem ao indivíduo que as possui deixar uma prole maior na próxima geração, a espécie como um todo vai assumindo a forma mutante. Assim, a espécie evolui por intermédio da seleção natural. Quando uma espécie muda substancialmente em relação ao seu estado original, pode-se dizer que ela evoluiu formando uma nova espécie. Quando diferentes linhagens da mesma espécie divergem o suficiente uma da outra, pelo acúmulo de mutações bem-sucedidas que as tornam bem adaptadas a diferentes nichos, pode-se dizer que a espécie-mãe se multiplicou em várias espécies-filhas. Charles Darwin, embora sem saber de muitos detalhes, inclusive da existência dos genes, conseguiu captar a ideia da evolução pela seleção natural com notável clareza e antevisão. (Wilson, 2008, p. 101)

Darwin compartilha suas dúvidas em *A origem das espécies*: ainda sobre a formação de novas espécies, indagava acerca da ancestralidade do morcego, se teria surgido de outro animal modificado; questionava a utilidade da cauda da girafa, resultado da seleção natural da mesma maneira que "órgãos de estrutura tão maravilhosa quanto os olhos". Também discorria sobre a dificuldade de explicar o comportamento das abelhas e a esterilidade de alguns espécimes (Darwin, 2004).

Salvatico et al. (2014) explicam melhor os questionamentos sobre as modificações corpóreas abordadas por Darwin. Nesse caso, precisaríamos de leituras adicionais sobre história e filosofia da biologia, algo que não está nos objetivos desta obra. Então, consideramos a motivação para procurar a utilidade de uma estrutura como nos exemplos anteriores, para podermos saber um pouco sobre essas influências:

> Ao lidar com a oposição ideológica às teorias de Darwin, Ernst Mayr aponta três crenças leigas: uma crença na filosofia do essencialismo, uma crença na interpretação mecanicista dos processos causais da natureza que foram elaborados pelos físicos e uma crença nas causas finais propostas pela teleologia. Apesar dos fortes argumentos e da existência de evidências empíricas disponíveis contra essas posições, elas permanecem válidas, não apenas no campo científico, mas também no pensamento do senso comum. Cada uma dessas posições tem um núcleo central e um conjunto de ideias relacionadas. (Salvatico et al., 2014, p. 152, tradução nossa)

Considerando as mudanças morfológicas do ponto de vista puramente científico, podemos analisar os estudos dos anatomistas contemporâneos a Darwin que pesquisaram e descreveram estruturas corpóreas denominadas *estruturas vestigiais*. "Uma estrutura vestigial é uma versão rudimentar ou inútil de uma parte do corpo, que tem uma função importante em outra espécie muito relacionada" (Freeman; Herron, 2009, p. 42).

Um exemplo no corpo humano seria o "cóccix, um minúsculo osso remanescente da cauda". Outro exemplo seria o eriçamento dos pelos corporais, que ocorre de modo similar ao dos chipanzés, porém eles são peludos, o que confere a vantagem de se aquecer e aparentarem um tamanho maior, uma maneira de parecerem mais ameaçadores, o que não é nossa realidade, pois sem os pelo densos ficamos apenas com a pele arrepiada, essa constatação nos faz suspeitar que nossos ancestrais tinham pelagem. "Do mesmo modo, nossos pequenos ossos remanescentes da cauda indicam que nos originamos de ancestrais dotados de caudas" (Freeman; Herron, 2009, p. 42).

Darwin afirmava que todas as espécies descendem de formas anteriores e sofreram modificações. Caso isso seja verdade, deveriam existir registros fósseis de espécies "de transição", que apresentassem características intermediárias entre a população ancestral e seus descendentes, "espécies de transição que mostrassem uma mistura de características, com traços típicos da população ancestral e novos traços observados posteriormente nas descendentes" (Freeman; Herron, 2009, p. 46). Na época, havia poucos registros de fósseis de transição, fazendo que a explicação de Darwin precisasse ser muito bem fundamentada. Isso não seria necessário hoje, pois com o avanço das pesquisas em paleontologia, foram encontrados muitos desses *fósseis*.

Freeman e Herron (2009, p. 59), com base em Abouheif, Mindell e Meyer, afirmam que "muitos biólogos definem homologia como a semelhança devida à herança de características provenientes de um ancestral comum". Na atualidade, esse é o fundamento básico nas pesquisas biomédicas e nos testes de novas drogas medicamentosas. "Em outras palavras, grande parte das pesquisas biomédicas atuais baseia-se na pressuposição de que os humanos se relacionam com os demais organismos da Terra por descendência de um ancestral comum." Isso leva a crer que os avanços na cura e no controle de doenças podem ser considerados fortes evidências da evolução (Freeman; Herron, 2009, p. 59).

Ridley (2007) lembra que existe uma clara tentativa de relacionar as mudanças na sociedade, como ideias e instituições humanas, com o conceito de evolução, no sentido biológico, porém "essas histórias não apresentam um padrão de árvore, claramente ramificado, como a história da vida. Mudança e bipartição constituem dois dos principais temas da teoria evolutiva" (Ridley, 2007, p. 29).

2.4 Especiação

Uma espécie em seu sentido biológico corresponde a um conjunto de organismos que se reproduzem entre si gerando descendentes férteis. Assim, diferenciam-se de híbridos, que se originam de espécies diferentes, mas pertencentes ao mesmo gênero, como, por exemplo, o burro ou a mula, gerados pelo asno (*Equus asinus*) e pela égua (*Equus caballus*). Salvo raras exceções, os híbridos não são férteis. Os biólogos geralmente aceitam esse conceito que foi proposto inicialmente pelo biólogo evolucionista Ernst Mayr, "que define espécie como uma população de organismos naturais que se entrecruzam e estão isolados reprodutivamente de grupos semelhantes por características biológicas ou biogeográficas" (Colley; Fischer, 2013, p. 1676).

Considerando o exemplo, para que do cruzamento entre dois animais do gênero *Equus* surgisse uma nova espécie, os descendentes precisariam ser férteis e gerassem outros similares a eles, o que não ocorre. Se isso ocorresse, seria um caso de especiação do tipo simpátrica, em que ocorrem

> alterações cromossômicas, é observado com menos frequência na natureza, entre os animais (Rieseberg, 2001), quando comparada com a origem e evolução de vegetais silvestres e cultivados [...]. As alterações cromossômicas podem conduzir ao rearranjo do material genético do progenitor durante a meiose ou de um embrião durante a fertilização ou no início do desenvolvimento (Regateiro, 2003).
>
> No caso de animais, [...] essas alterações podem reduzir a fertilidade em híbridos heterozigotos e, portanto, muitos pesquisadores têm questionado qual seria o papel desempenhado por esse rearranjo na especiação de populações simpátricas (Rieseberg, 2001). Segundo um dos pontos de vista, essas alterações representam o mecanismo principal no curso da especiação (Wolfe, 2003). Opinião alternativa [sic], e também mais difundida, sugere que o acúmulo de diferenças cromossômicas entre populações favorece apenas ocasionalmente as especiações. (Colley; Fischer, 2013, p. 1683-1684)

Colley e Fischer (2013) afirmam que esse tipo de especiação ocorre com frequência em plantas (poliploidia: mais de dois conjuntos de cromossomos), mas é rara em animais (diploidia: apenas dois conjuntos de cromossomos, que na fecundação recebem um conjunto de cada um dos genitores). Considerando toda a biodiversidade existente, passa-se a questionar: como surgem as novas espécies? Quais são os mecanismos biológicos envolvidos nesse processo?

> Existem incontáveis milhões de espécies. A grande maioria permanece desconhecida para a ciência. Examinada em uma fatia do tempo, cada espécie é uma criação única: seu código genético foi construído por uma trajetória de uma complexidade quase inimaginável de mutações e de seleção natural que levou aos atuais traços que a definem.
>
> Cada espécie é um mundo em si. É uma parte única na Natureza. (Wilson, 2008, p. 91)

Para desvendar a "complexidade quase inimaginável" proposta por Wilson (2008), começaremos examinado o processo que leva ao surgimento de novas espécies, chamado de *especiação*. Segundo Ridley (2007), tal processo apresenta o significado de evolução do isolamento reprodutivo entre duas populações: uma população biológica é composta de indivíduos da mesma espécie e pode acumular variações, caso seja isolada geograficamente, passando a ser um grupo restrito com cruzamentos endogâmicos – obrigatoriamente com acasalamento entre parentes –, diferenciando-se em uma nova espécie, em um processo denominado *alopatria*. Esse novo grupo de indivíduos formaria uma nova população biológica e somente nesse caso se diferenciaria da originária:

> O tema especiação abrange praticamente todas as linhas de pesquisa dentro da biologia, além da geologia e paleontologia. Por isso é que a resposta à pergunta de Darwin sobre o 'mistério dos mistérios' vem sendo construída ao longo dos anos a partir da contribuição de pesquisadores especialistas de distintas áreas estimulados por novas descobertas científicas e tecnológicas. (Colley; Fischer, 2013, p. 1688-1689)

Apesar da complexidade do assunto, procuramos tratá-lo da maneira mais didática possível. A Figura 2.7 mostra um diagrama com as definições simplificadas para os tipos de especiação.

Figura 2.7 – Tipos de especiação

```
                    Especiação
                   ↙         ↘
   Simpatria: as espécies      Alopatria: as espécies
   diferenciam-se vivendo      diferenciam-se em
   no mesmo local              ambientes diferentes
```

Fonte: Elaborado com base em Ridley, 2007; Colley; Fischer, 2013.

Na Figura 2.8, podemos ver uma explicação bem mais didática para a **simpatia**, a **alopatria** e as outras variações, a **peripatria** e a **parapatria**, que, respectivamente, correspondem à especiação de uma espécie caso passe a habitar um local isolado ou migre para um *habitat* interconectado ou adjacente.

Figura 2.8 – Quatro tipos diferentes de especiação

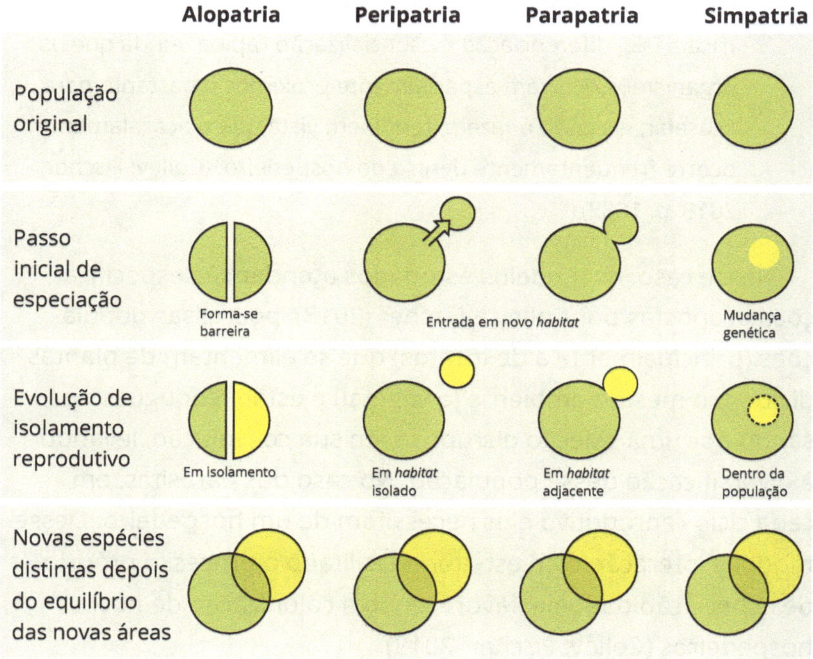

	Alopatria	Peripatria	Parapatria	Simpatria
População original				
Passo inicial de especiação	Forma-se barreira	Entrada em novo *habitat*		Mudança genética
Evolução de isolamento reprodutivo	Em isolamento	Em *habitat* isolado	Em *habitat* adjacente	Dentro da população
Novas espécies distintas depois do equilíbrio das novas áreas				

Colley e Fischer (2013) explicam que a especiação simpátrica ocorre quando uma nova espécie surge dentro de duas populações contíguas espacialmente (vivendo no mesmo *habitat*). Nessa perspectiva, discorrem sobre o acasalamento de parasitas e as interações inseto-planta:

> Thompson (1988) realizou uma revisão sobre a coevolução entre plantas e os processos ecológicos evolutivos de insetos fitófagos. Esses dados indicaram que a especiação simpátrica por seleção disruptiva pode ser comum para esse grupo de insetos, bem como em parasitas animais, os quais são altamente especializados em relação a plantas e hospedeiros (Rice, 1987; Rueffler et

al., 2006). Na teoria, a seleção para encontrar um novo hospedeiro poderia potencialmente conduzir uma população simpátrica a [sic] diferenciação e especialização rápida. Ainda que os organismos ocorram espacialmente próximos o bastante para acasalar, eles não o fazem, tendo em vista que o acasalamento ocorre frequentemente dentro do hospedeiro. (Colley; Fischer, 2013, p. 1682)

Nesse caso, os modelos estudados atendem às especificações propostas por Colley e Fischer (2013), pois essas populações (principalmente a de insetos) que se alimentam de plantas dividem o mesmo ambiente (o vegetal) e estão "contíguas", passando por uma seleção disruptiva em sua coevolução, levando à diversificação dessa população. No caso dos parasitas, em cada ciclo reprodutivo eles necessitam de um hospedeiro. Desse modo, a interação com este teria facilitado o processo próprio de especiação daquele, favorecendo a colonização de novos hospedeiros (Colley; Fischer, 2013).

Andrade (2010) descreve a especiação alopátrica como um processo no qual o fluxo genético não ocorre, e isso é uma resposta à separação geográfica. A consequência direta é que essa subpopulação passa "por processos independentes de evolução, até se tornarem tão diferentes entre si que indivíduos de um grupo são incapazes de cruzar com indivíduos do outro grupo e deixar descendentes férteis" (Andrade, 2010, p. 8):

> Um exemplo clássico de especiação alopátrica aconteceu com os pássaros conhecidos como Tentilhões de Darwin [...], espécie encontrada pelo biólogo em Galápagos, durante a famosa viagem do navio Beagle. São aproximadamente 14 espécies de tentilhões vivendo nas diferentes ilhas do arquipélago de Galápagos.

> Darwin observou que apesar da forte semelhança entre as várias espécies, cada uma possuía uma forma característica de bico, devido às diferenças de alimentação e habitat ocupado por cada espécie. O isolamento nas ilhas impede a migração e o fluxo de genes entre as espécies, favorecendo a estabilização de características genéticas peculiares. [...] Na especiação simpátrica diferentes espécies surgem de uma população ancestral no mesmo espaço onde coabitam, através do processo de acasalamento seletivo. Apesar do fluxo genético entre os indivíduos da população ser total, as interações ecológicas levam a essa forma de especiação. A especiação simpátrica pode ser definida como a emergência de novas espécies a partir de uma população onde o acasalamento é aleatório com respeito à posição geográfica dos indivíduos envolvidos. (Andrade, 2010, p. 8-10)

Nas circunstâncias em que um grupo de seres vivos, por algum motivo, esteja estremado de outros da mesma espécie, transpassando gerações e ocorrendo a reprodução apartada de outros grupos (de mesma espécie), há o tipo de isolamento que se considera um dos fatores indispensáveis no processo descrito anteriormente (Darwin, 2003; Freeman; Herron, 2009).

Ridley (2007) afirma que, na teoria de especiação alopátrica, essas duas populações se desenvolvem, mesmo que às vezes apenas com algum grau de isolamento reprodutivo. "Podemos manter duas populações separadas, deixando que elas evoluam independentemente por várias gerações" (Ridley, 2007, p. 410). Essa ideia já foi testada em um experimento realizado em 1989 pela pesquisadora Diane Dodd, que utilizou a mosca do gênero Drosófila, popularmente conhecida como mosca-da-fruta ou mosca-do-vinagre (Figura 2.9).

Inicialmente, as moscas foram coletadas em Utah, levadas para um laboratório em Yale e divididas em oito populações. Quatro destas receberam um tratamento nutritivo à base de amido, enquanto as demais foram inseridas em um meio à base de maltose (Ridley, 2007). Os dois tipos de açúcar utilizados na alimentação diferenciam-se. O amido é um carboidrato encontrado em vegetais como o milho e o trigo, já a maltose encontra-se em sementes de malte germinadas que também podem ser utilizadas na fabricação de cerveja.

Figura 2.9 – Experimento que demonstra a especiação alopátrica na mosca-da-fruta (*Drosophila pseudoobscura*) conduzida por Diane Dodd

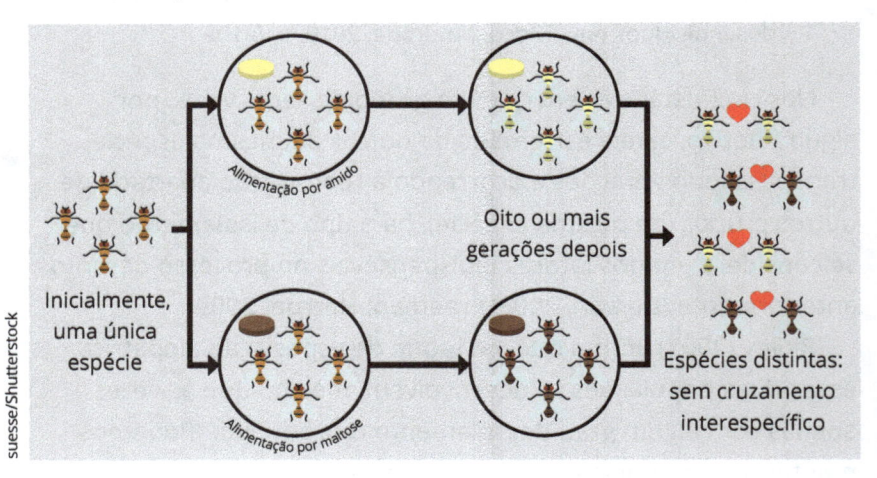

Nesse experimento, a divisão das moscas pela alimentação foi realizada por muitas gerações. Então, as populações distintas foram misturadas. Observou-se que elas se diferenciaram e houve isolamento reprodutivo, com as moscas passando a se acasalar apenas com indivíduos adaptados ao mesmo tipo de alimento (Dodd, 1989). Na descrição dos métodos em seu artigo,

Dodd (1989), do Departamento de Biologia da Universidade de Yale, explica de maneira detalhada como foi realizado o experimento. Ela utilizou oito populações de moscas, sendo quatro populações para cada tipo de açúcar, em ambiente com temperatura controlada de 25 °C. Após o período de adaptação das populações ao tipo de alimentação, iniciou o teste para saber se esses

> dois novos regimes poderiam ter induzido ao desenvolvimento de isolamento etológico. Testes de múltipla escolha foram realizados usando câmaras de acasalamento modeladas por Elens e Wattiaux (1964). Todas as moscas usadas nos testes de preferência de acasalamento foram criadas por uma geração em meio-ágar-melaço-melaço-padrão. Machos e fêmeas virgens foram anestesiados com CO_2, isolados do sexo oposto e envelhecidos conforme o padrão por 3 a 6 dias. Doze fêmeas de cada população a ser testada foram colocadas na câmara. Doze machos de cada população foram, então, introduzidos simultaneamente. As moscas não foram anestesiadas para esse procedimento. Os testes foram realizados à temperatura ambiente (não superior a 25 °C), sob iluminação brilhante (mas não direta). As câmaras foram observadas de 60 a 90 minutos.
>
> Indivíduos de uma população tinham as pontas das asas direitas cortadas para permitir a identificação. (Dodd, 1989, p. 1308, tradução nossa)

Os testes foram repetidos pelo menos mais duas vezes. Para diferenciar as duas populações, Dodd realizou o corte das pontas das asas, primeiramente, em uma população e, depois, na outra, concluindo que o "recorte de asas não teve efeito na propensão de acasalamento em nenhum dos sexos" (Dodd, 1989, p. 1386, tradução nossa). A partir daí, prosseguiu para investigar se houve alguma preferência de acasalamento:

> O isolamento reprodutivo não era o alvo da seleção e não havia razão *a priori* para acreditar que os regimes (alimentares) utilizando a adaptação ao amido ou à maltose desenvolveriam qualquer efeito sobre o comportamento de acasalamento.
>
> Estudos similares que resultaram no desenvolvimento de isolamento prematuro devido à divergência adaptativa foram relatados. Kilias et al. (1980) observaram comportamentos de isolamento entre linhagens de *D. melanogaster* criadas em diferentes temperaturas e umidade relativa. Moscas da mesma população-base sujeitas a diferentes regimes alimentares desenvolveram isolamento reprodutivo, enquanto as moscas de diferentes conjuntos de genes criadas nas mesmas condições exibiram acasalamento aleatório [...].
>
> Os resultados desse estudo também demonstram que o reforço de mecanismos de isolamento por seleção não é necessário para o desenvolvimento de níveis de isolamento comportamental. O isolamento comportamental foi evidente entre alguns pares das populações selecionadas e de controle. As populações foram mantidas separadamente em todos os momentos, portanto não houve oportunidade para reforço através da seleção contra os híbridos. O isolamento deve-se unicamente ao processo de adaptação aos novos regimes.
>
> Esse processo levou a mudanças consistentes nas quatro populações sob cada regime. Cada uma das quatro populações submetidas ao mesmo regime adquiriu as mesmas (ou similares)

mudanças no comportamento de acasalamento, tanto que moscas de diferentes populações sob o mesmo regime não se isolam. O isolamento é apenas evidente entre os regimes.

O mecanismo do isolamento nesse sistema é ainda desconhecido. Kilias et al. (1980) observou por uma de suas nove combinações que as fêmeas adaptadas a um regime (fresco, seco) acasalaram com mais frequência do que as fêmeas de outro regime (quente, úmido). No entanto, em outro caso, machos criados no regime quente e úmido eram mais ativos do que os machos adaptados ao frio. No geral, não houve diferença significativa na atividade sexual, medida por números de cada tipo de acasalamento em ambos os sexos [...]. Não há diferença na atividade sexual entre moscas dos dois regimes. Diferenças possíveis em comportamentos específicos de corte estão sendo examinados. (Dodd, 1989, p. 1309-1310, tradução nossa)

As discussões sobre o experimento de Dodd (1989) foram muitas. Embora seja um dos mais citados na literatura, recebeu inúmeras críticas quanto a sua adequação metodológica, que pode ser vista caso analisemos com profundidade as definições para os dois tipos de especiação (alopátrica e simpátrica) utilizadas nas conclusões desse estudo. Outras análises, como a de Korol et al., mencionada por Ridley (2007), demonstraram que as "drosófilas de diferentes encostas do Monte Carmelo em Israel, cruzavam preferencialmente com moscas de sua própria localidade", portanto, de alguma maneira, as moscas reconheciam seus pares geograficamente (Ridley, 2007, p. 413).

Ridley (2007, p. 413) afirma que em todos os exemplos citados por ele – tanto a pesquisa de Dodd (1989) quanto a de Korol et al. (2000) – existem "evidência[s] de que, na natureza, barreiras de isolamento tendem a evoluir entre populações geograficamente distantes". Quanto à especiação simpátrica, Colley e Fischer (2013, p. 1681) explicam que em ambiente natural podem ocorrer "dois tipos de especiação simpátrica que atendem esses critérios e são denominadas 'seleção disruptiva' e 'alterações cromossômicas'". Concluem, porém, que

> foi visto que atualmente existe um consenso de que a especiação pode ocorrer a partir do isolamento reprodutivo por alopatria. Porém, ainda há uma enorme discordância em relação à diferenciação de espécies que vivem em populações simpátricas e, principalmente, em relação aos mecanismos que promovem os diferentes tipos de especiação. (Colley; Fischer, 2013, p. 1688)

Segundo Colley e Fisher (2013), o surgimento de novas espécies pode ocorrer tanto de maneira **simpátrica**, caso aconteça na **diferenciação dentro de uma mesma população** sem que esta esteja isolada geograficamente de outras de mesma espécie, como nos exemplos de insetos fitófagos e parasitas na inter-relação com os hospedeiros, quanto de maneira **alopátrica**, sendo necessário que duas **populações estejam isoladas espacialmente** (Colley; Fischer, 2013).

2.5 Gradualismo

Uma das inspirações de Darwin foi o trabalho de Charles Lyell (1797-1875), *Princípios de geologia* (1830), no qual demonstrou que na superfície terrestre havia indícios de mudanças que se acumularam, ocasionadas por forças da natureza e que trabalharam uniformemente por longos períodos, causando modificações graduais no ambiente terrestre (Browne, 2007):

Em sua maior parte, [...] eram tão pequenas que em geral passavam despercebidas ao olho humano. Mas quando se repetiam ao longo de muitas épocas, resultavam em efeitos substanciais. Lyell chocou seus colegas ao insistir que a Terra era imensuravelmente antiga, e continuaria a existir para sempre em ciclos geológicos sem fim, caracterizados pela sucessiva elevação e subsidência de grandes blocos de terra em relação ao mar. Não havia uma direção ou progressão determinada por Deus. O grande filósofo de Cambridge, William Whewell, ele próprio muito interessado em geologia, chamou essa abordagem de "uniformitarianismo".

Na concepção de Lyell, a geologia incluía também o que hoje chamamos de biologia. Ele afirmava que tampouco havia sucessivos conjuntos de animais e plantas, e que cada espécie havia sido criada separadamente, uma a uma. Ao dizer isso, colocou-se no meio de um dilema lógico. O gradualismo em geologia implicava gradualismo em biologia – se as rochas se transformam graças a uma teia de mudanças sem costura, o mesmo poderia ocorrer com os animais e as plantas. Mas como Lyell não estava disposto a acreditar em qualquer tipo de transmutação nos seres vivos, logo se viu em um emaranhado de equívocos. Para demonstrar que não acreditava em ideias evolucionárias, desenvolveu um longo e agressivo ataque a Lamarck. (Browne, 2007 p. 38)

Figura 2.10 – Pangeia, Laurásia, Gondwana foram supercontinentes durante as eras paleozoica e mesozoica

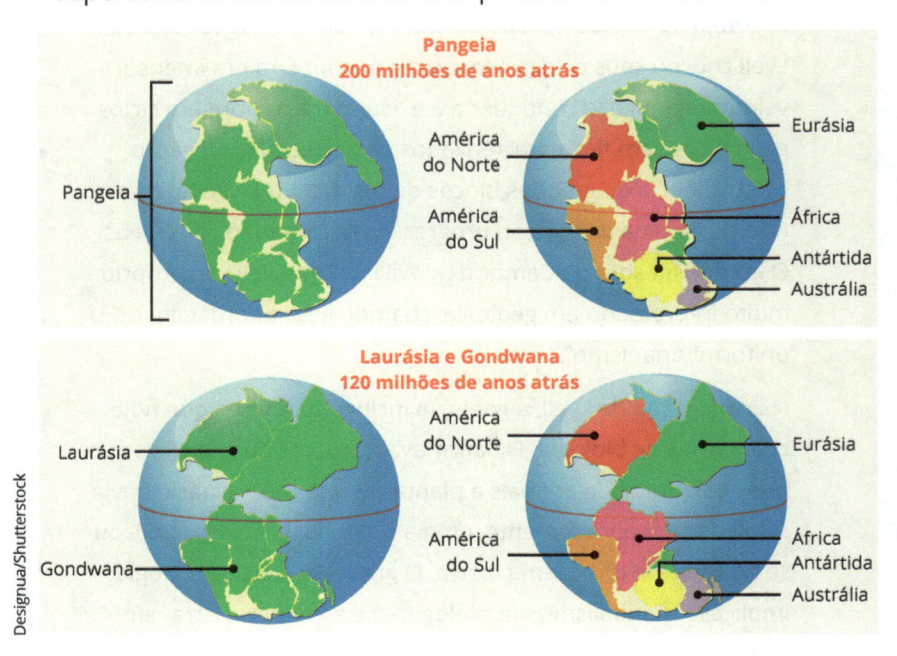

**Pangeia
200 milhões de anos atrás**

Pangeia — América do Norte — Eurásia — América do Sul — África — Antártida — Austrália

**Laurásia e Gondwana
120 milhões de anos atrás**

Laurásia — América do Norte — Eurásia — Gondwana — América do Sul — África — Antártida — Austrália

Designua/Shutterstock

Janet Browne, autora da obra *A origem das espécies de Darwin: uma biografia* (2007), afirma que Darwin ficou atento a essas discussões e, com certeza, beneficiou-se dessas leituras, ampliando seu conhecimento sobre as ideias de modificações ou, como eram chamadas na época, "transmutações". Para a autora, caso Darwin não tivesse conhecimento dessas pesquisas em geologia e não estivesse tão próximo de Lyell, a Teoria da Evolução não seria como conhecemos atualmente, pois

> Darwin passou a absorver os ensinamentos de Lyell. Usava as ideias geológicas dele para explicar as características que observava na superfície da Terra; elas forneceram as bases para os

três livros que escreveu mais tarde sobre a geologia da América do Sul. Assim, propôs, de forma audaciosa, uma explicação para as estruturas geológicas que considerava mais satisfatória que a de Lyell. (Browne, 2007 p. 39)

Ridley (2007) afirma que existem duas interpretações possíveis da teoria evolutiva de Darwin para o gradualismo. Uma das opções pode ser considerada "gradualismo filético", no qual a evolução precisa acontecer em uma taxa constante. Ele propõe que a gradualidade pode ser lenta e progredir de modo acelerado na formação de uma nova espécie, passando a ser o que chamamos de *equilíbrio pontuado*. Nas palavras do próprio Darwin (2003, p. 245):

> A seleção natural não pode produzir qualquer instinto complexo de outro modo que não seja pela acumulação lenta e gradual de numerosas variações ligeiras e, contudo, vantajosas. Deveremos, pois, como para a conformação física, encontrar na natureza, não graus transitórios por si mesmos que têm tendido ao instinto complexo atual – graus que só poderiam encontrar-se nos predecessores diretos de cada espécie – mas alguns vestígios destes estados transitórios nas linhas colaterais de descendência.
>
> [...] A seleção natural atua exclusivamente no meio da conservação e acumulação das variações que são úteis a cada indivíduo nas condições orgânicas e inorgânicas em que pode encontrar-se colocado em todos os períodos da vida. Cada ser, e é este o ponto final do progresso, tende a aperfeiçoar-se cada vez mais relativamente a estas condições. Este aperfeiçoamento conduz

inevitavelmente ao progresso gradual da organização do maior número de seres vivos em todo o mundo.

Para Darwin, não existe produção de características novas sem que haja acúmulo lento e gradual de modificações levando a variações leves que, sendo úteis naquele determinado momento, culminariam na evolução adaptativa dessas espécies. Para Ridley (2007, p. 281), na teoria darwiniana, o gradualismo considera a maneira como novas adaptações evoluem a partir de modificações de "partes preexistentes e a magnitude das mudanças genéticas que ocorrem durante a evolução adaptativa", e enfatiza o grau de completude dessas adaptações e as suas limitações. A conexão entre o gradualismo da geologia e as ideias darwinianas de graduação ficam evidentes nas palavras de Browne (2007, p. 75):

> o tema subjacente de Darwin era o gradualismo. Tudo acontecia aos poucos, exatamente como Lyell afirmava. Tudo estava ligado por uma única explicação. Tempo, acaso e reprodução governavam o planeta. A luta também. Os que buscavam um manifesto radicalmente novo para o mundo vivo com certeza o encontraram nas palavras de Darwin: dali em diante, ninguém poderia encarar os seres orgânicos e seu ambiente natural com os mesmos olhos de antes; tampouco poderia alguém deixar de notar o modo como a biologia de Darwin espelhava a nação britânica em todo seu espírito competitivo, empresarial, fabril; ou que seu apelo à lei natural contribuiu de modo inequívoco para o impulso geral rumo à secularização, reforçando as pretensões contemporâneas da ciência para compreender o mundo em seus próprios termos.

Compreender que, para Darwin, as modificações eram graduais e que lentamente levavam a modificações perceptíveis e ao processo de especiação, formando novas espécies, consiste em um dos pilares para a compreensão de sua proposta de seleção natural. Devemos levar em consideração, ainda, que Darwin se apoiou nas pesquisas a que teve acesso, considerou a geologia de Lyell, as ideias sobre crescimento populacional de Thomas Malthus (1766-1834), as ideias de transmutação de seu avô Erasmus Darwin (1731-1802), e as propostas de Jean-Baptiste de Lamarck (1744-1829), mas criou sua teoria sem ter conhecimento de praticamente nenhum dos termos da genética moderna, o que, por si, só demonstra sua genialidade.

2.6 Discussão sobre a seleção natural de Charles Darwin

A descrição de seleção natural feita pelo próprio Darwin (2003, p. 138) trata de diversos conceitos da biologia atual utilizando o vocabulário da época:

> Dei o nome de seleção natural a este princípio de conservação ou de persistência do mais apto. Este princípio conduz ao aperfeiçoamento de cada criatura relativamente às condições orgânicas e inorgânicas da sua existência; e, por conseguinte, na maior parte dos casos, ao que podemos considerar como um progresso de organização. Todavia, as formas simples e inferiores persistem muito tempo quando são bem adaptadas às condições pouco complexas da sua existência.
>
> Em virtude do princípio da hereditariedade dos caracteres nas idades correspondentes, a seleção natural pode atuar sobre o

ovo, sobre a semente ou sobre o novo indivíduo, e modificá-los tão facilmente como pode modificar o adulto.

Percebe-se que, além da definição que já conhecemos da seleção natural, estão presentes na explicação das adaptações e das modificações ocorridas em ovos e sementes alguns conceitos de desenvolvimento embrionário, algo hoje estudado na biologia do desenvolvimento, que também levam em consideração a hereditariedade, embora os fatores da genética mendeliana ainda não fossem conhecidos. Darwin (2003, p. 138) propõe algo que muitas vezes é suprimido dos livros secundaristas de Biologia, que são os fatores relativos à seleção sexual:

> Entre um grande número de animais, a seleção sexual vem no auxílio da seleção ordinária, assegurando aos machos mais vigorosos e melhor adaptados o maior número de descendentes. A seleção sexual desenvolve também nos machos caracteres que lhes são úteis nas suas rivalidades ou nas suas lutas com outros machos, caracteres que podem transmitir-se somente a um sexo ou aos dois, seguindo a forma de hereditariedade predominante na espécie.

Também discorre sobre a extinção de espécies, um assunto bastante atual, demonstrando a importância da variabilidade genética, definida por ele como "divergência dos caracteres", intuindo seu papel nas adaptações que chama de "aclimatações" (Darwin, 2003). Aborda, ainda, a competição interespecífica para a reprodução e a competição intraespecífica por território e alimentos:

Mas já vimos como a seleção natural determina a extinção; ora, a história e a geologia demonstram-nos claramente qual o papel que a extinção tem gozado na história zoológica do mundo. A seleção natural conduz também à divergência dos caracteres; porque, quanto mais os seres organizados diferem uns dos outros sob a relação da estrutura, dos hábitos e da constituição, tanto mais a mesma região pode alimentar um grande número; temos tido a prova disso estudando os habitantes de uma pequena região e as produções aclimatadas. Por consequência, durante a modificação dos descendentes de uma espécie qualquer, durante a luta incessante de todas as espécies para crescer em número, quanto mais diferentes se tornam estes descendentes, tanto mais probabilidades têm de ser bem-sucedidos na luta pela existência. (Darwin, 2003, p. 138)

A classificação biológica lineana vem a seguir, quando cita as definições de gênero e os critérios utilizados no enquadramento de uma espécie nesses táxons. Darwin (2013) aborda o enquadramento utilizado hoje pelos filogenistas para agrupar os táxons por grau de parentesco evolutivo e argumenta que os seres não podem ser representados linearmente devido a características como agrupamentos com características similares. Além disso, indica que a classificação nas diversas ordens, classes e outras divisões são mais bem explicadas pela seleção natural que age promovendo a diversificação de espécies e a extinção de alguns grupos:

> Também, as pequenas diferenças que distinguem as variedades de uma mesma espécie tendem regularmente a aumentar até que se tornem iguais às grandes diferenças que existem entre as espécies de um mesmo gênero, ou mesmo entre os gêneros distintos.

Vimos que são as espécies comuns muito espalhadas e tendo um habitat considerável, e que, ademais, pertencem aos gêneros mais ricos de cada classe, que variam mais, e que estas espécies tendem a transmitir aos descendentes modificados esta superioridade que lhes assegura hoje o domínio no próprio país. A seleção natural, como acabamos de fazer observar, conduz à divergência dos caracteres e à extinção completa das formas intermediárias e menos aperfeiçoadas. Partindo destes princípios, pode explicar-se a natureza das afinidades e as distinções ordinariamente bem definidas entre os inumeráveis seres organizados de cada classe à superfície do Globo. Um fato verdadeiramente admirável e que nós demasiado desconhecemos, porque estamos talvez muito familiarizados com ele, é que todos se encontram reunidos por grupos subordinados a outros grupos da mesma forma que observamos em todos, isto é, que as variedades da mesma espécie mais próximas umas das outras, e as espécies do mesmo gênero, menos estreitamente e mais desigualmente aliadas, formam seções e subgêneros; que as espécies de gêneros distintos ainda muito menos próximos e, enfim, que os gêneros mais ou menos semelhantes formam subfamílias, famílias, ordens, classes e subclasses. Os diversos grupos subordinados de uma classe qualquer não podem ser dispostos em uma única linha, mas parecem agrupar-se em volta de certos pontos, e estes em volta de outros e assim seguidamente em círculos quase infinitos. Se as espécies fossem criadas independentemente umas das outras, não poderia explicar-se este modo de classificação; explica-se facilmente, pelo contrário, pela hereditariedade, e pela ação complexa da seleção natural, produzindo a extinção e a divergência dos caracteres, assim como o demonstra o nosso diagrama. (Darwin, 2003, p. 138)

Para compreendermos as conjecturas darwinianas sobre a classificação dos seres vivos de modo filogenético, como é estudada atualmente, podemos observar a Figura 2.11.

Figura 2.11 – Darwin usou a árvore da vida (*Tree of Life*) como um modelo para a Teoria da Evolução

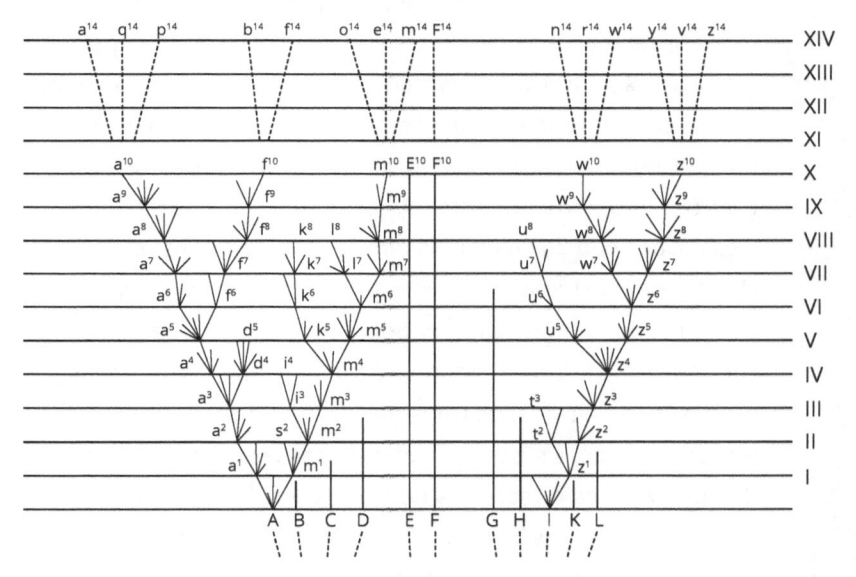

Além dos termos já indicados sobre filogenia, podemos reconhecer nas palavras de Darwin as extinções, a ação da seleção natural na remodelação da árvore, a influência das modificações de cada período geológico, as diferenças de tempo de vida terrestre entre algumas linhagens extintas e outras que, ao se adaptarem pelo processo evolutivo, ramificaram-se e ainda estão presentes:

> Têm-se representado algumas vezes sob a figura de uma grande árvore as afinidades de todos os seres da mesma classe, e creio que esta imagem é assaz justa sob muitas relações. Os ramos e

os gomos representam as espécies existentes; os ramos produzidos durante os anos precedentes representam a longa sucessão das espécies extintas. A cada período de crescimento, todas as ramificações tendem a estender os ramos por toda a parte, a exceder e destruir as ramificações e os ramos circunvizinhos, da mesma forma que as espécies e os grupos de espécies têm, em todos os tempos, vencido outras espécies na grande luta pela existência. As bifurcações do tronco, divididas em grossos ramos, e estes em ramos menos grossos e mais numerosos, tinham outrora, quando a árvore era nova, apenas pequenas ramificações com rebentos; ora, esta relação entre os velhos rebentos e os novos no meio dos ramos ramificados representa bem a classificação de todas as espécies extintas e vivas em grupos subordinados a outros grupos. Sobre as numerosas ramificações que prosperavam quando a árvore era apenas um arbusto, duas ou três unicamente, transformadas hoje em grossos ramos, têm sobrevivido, e sustentam as ramificações subsequentes; da mesma maneira, sobre as numerosas espécies que viviam durante os períodos geológicos afastados desde longo tempo, muito poucas deixaram descendentes vivos e modificados. Desde o primeiro crescimento da árvore, mais de um ramo deve ter perecido e caído; ora, estes ramos caídos, de grossura diferente, podem representar as ordens, as famílias e os gêneros inteiros, que não têm representantes vivos e que apenas conhecemos no estado fóssil. Da mesma forma que vemos de onde aonde [sic] sobre a árvore um ramo delicado, abandonado, que surgiu de qualquer bifurcação inferior, e, em consequência de felizes circunstâncias, está ainda vivo, e atinge o cume da árvore, da mesma forma encontramos acidentalmente algum animal, como o ornitorrinco ou a lepidosereia, que, pelas suas afinidades, liga, sob quaisquer relações, duas grandes artérias da organização, e que deve provavelmente a uma situação isolada ter escapado a uma concorrência fatal. (Darwin, 2003, p. 139)

Darwin reconhece a importância dos estudos de anatomia comparada sobre animais. Em seus exemplos está o ornitorrinco, que aparenta ser uma espécie em transição entre mamífero, réptil e ave, pois apresenta glândulas mamárias e pelos, estrutura corporal similar à de uma ave, com bico que lembra o de pato e, ainda, os machos possuem um esporão com glândulas de veneno. Menciona também o gênero de peixes *Lepidosiren*, cujo representante no Brasil é a espécie *Lepidosiren paradoxa* (Figura 2.12), popularmente conhecida como piramboia (Darwin, 2003).

Figura 2.12 – *Lepidosiren paradoxa*: A fêmea e B macho

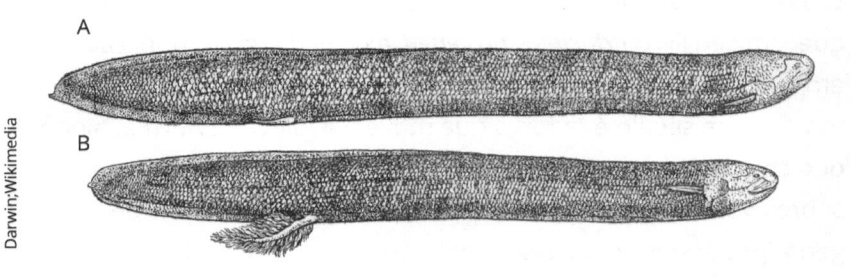

Darwin (2003) finaliza suas explicações reconhecendo a formação dos fósseis por sepultamento e a contribuição dos estudos de espécies fossilizadas para a compreensão da evolução biológica. Uma observação mais cuidadosa permite inferir que ele tratou também da evolução filogenética, tendo em vista os avanços tecnológicos que favorecem, atualmente, o estudo de fósseis por novos métodos. Isso nos permite reconhecer os méritos dos pesquisadores do passado, que, sem terem acesso a esses recursos, produziam conhecimento com pesquisas de campo e bibliográficas. Assim, as descobertas são organizadas em "árvores filogenéticas", conforme Darwin (2003, p. 138):

> Da mesma forma que os gomos produzem novos gomos, e que estes, se são vigorosos, formam ramos que eliminaram de todos os lados os ramos mais fracos, da mesma forma creio eu que a geração atua igualmente para a grande árvore da vida, cujos ramos mortos e quebrados são sepultados nas camadas da crosta terrestre, enquanto que as suas magníficas ramificações, sempre vivas e renovadas incessantemente, cobrem a superfície.

As pesquisas nas mais diversas áreas da biologia avançaram com base nas mudanças postuladas por Darwin são atualmente reconhecidas mundialmente por biólogos como Daniel Hartl, professor e pesquisador de biologia na Universidade de Harvard, que, em seu livro *Princípios de genética de populações*, publicado em 2008, afirma que a seleção natural proposta por Darwin há mais de um século é "a força que move a evolução". Afirma, ainda, que as diferenças herdadas pelos organismos os capacitam a sobreviver e se reproduzir. Desse modo, ao longo do tempo, os genótipos superiores passam pelo processo de seleção e tendem a tornar-se maioria em uma população. Os organismos mais adaptados adquirem características que facilitam sua sobrevivência e reprodução em determinado ambiente. "Em qualquer espécie, a variação genética produzida por mutação é organizada, mantida, eliminada ou dispersada entre subpopulações, de acordo com um complexo equilíbrio entre migração, mudanças aleatórias na frequência alélica e seleção, as quais atuam em muitas características" (Hartl, 2008, p. 78).

Scott Freeman, professor na Universidade de Washington, e Jon Herron publicaram em 2007 o livro *Biologia evolutiva*, no qual discorrem sobre as pesquisas de Darwin, afirmando que ele estudou os mecanismos utilizados na domesticação, na seleção artificial, método usados por agricultores e criadores de animais em geral para selecionar modificações desejadas em suas colheitas e criações. Darwin era criador de pombos, aprendeu a técnica com os especialistas da época, aprimorando determinadas características em suas linhagens e utilizando esse material em suas análises (Freeman; Herron, 2009).

Com esse objetivo de selecionar apenas os melhores animais, os criadores examinam "minuciosamente seus bandos de aves e selecionam os indivíduos com as características mais desejáveis. São essas aves que os criadores cruzam entre si para produzir a próxima geração" (Freeman; Herron, 2009, p. 74). Se essas características selecionadas forem transmitidas aos filhotes, a próxima geração terá um fenótipo com as características desejadas em maior número que a geração anterior. Tendo realizado esses processos durante anos, Darwin chegou à conclusão de que a seleção natural ocorrida na natureza seria um processo similar à seleção artificial realizada pelo homem na domesticação de animais e plantas. "Sua Teoria da Evolução por Seleção Natural sustenta que a descendência com modificações é a consequência lógica de quatro postulados" (Freeman; Herron, 2009, p. 76), os quais detalhou no livro *A origem das espécies*; no restante da obra, expôs seus argumentos em defesa de sua teoria:

Os postulados de Darwin, asserções sobre a natureza das populações são os seguintes:

1) Nas populações, os indivíduos são variáveis.
2) As variações entre os indivíduos são transmitidas, pelo menos parcialmente, dos genitores à prole.
3) Em cada geração, alguns indivíduos são mais bem-sucedidos do que outros na sobrevivência e na reprodução.
4) A sobrevivência e a reprodução dos indivíduos não são aleatórias; ao contrário, estão ligadas às variações individuais. Os indivíduos com variações mais favoráveis, aqueles que são melhores em sobreviver e reproduzir-se, são selecionados naturalmente.

(Freeman; Herron, 2009, p. 76)

Freeman e Herron (2009) afirmam que, caso os postulados de Darwin fossem verdadeiros, as características das populações seriam modificadas com as gerações e surgiriam indivíduos mais aptos. "Os biólogos usam o termo **adaptação** para referir-se a um traço ou uma característica de um organismo, como uma forma modificada da transcriptase reversa, que aumenta sua aptidão em relação aos indivíduos sem esse traço" (Freeman; Herron, 2009, p. 77, grifo do original).

Para compreender melhor essa ideia, precisamos relembrar um dos dogmas da biologia celular e molecular: um gene forma uma proteína, o DNA sintetiza o RNA, este, por sua vez, sintetiza proteínas. O esquema da Figura 2.13 ilustra como o vírus HIV, por apresentar uma enzima chamada transcriptase reversa, faz esse processo em sentido contrário. Como seu material genético é o RNA (retrovírus), sua transcrição ocorre da seguinte maneira:

Figura 2.13 – Transcriptase reversa, com enzima que confere vantagens ao HIV e lhe garante alta taxa de mutações, dificultando a produção de vacinas

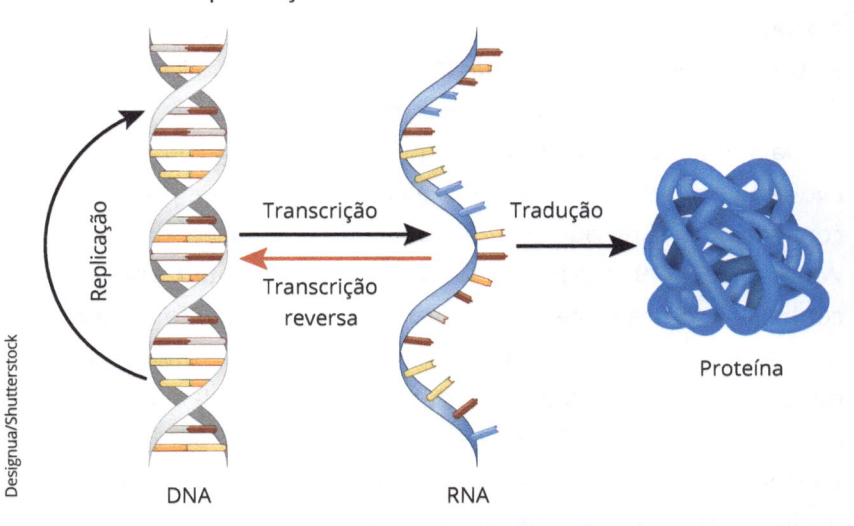

Essa característica peculiar do HIV confere a ele o que os autores definem como aptidão, ou seja, uma vantagem evolutiva que permite a sobrevivência de sua espécie, além, é claro, da alta taxa de mutação de seus genes devido ao fato de serem parasitas celulares, que utilizam os mecanismos da célula em sua replicação, da mesma maneira que as cepas de vírus da gripe se modificam a cada novo hospedeiro. A aptidão, nesse caso, refere-se a quanto um indivíduo consegue sobreviver ao meio e qual é o tamanho da prole que consegue produzir em relação aos demais indivíduos de sua população.

O processo de seleção natural relatado por Darwin foi descoberto de modo independente por Wallace, que, trabalhando na Malásia como naturalista para colecionadores particulares. Durante uma crise de malária, escreveu um manuscrito explicando o processo e o enviou a Darwin. Ele percebeu que os dois tinham chegado às mesmas conclusões e seus resumos "foram lidos em conjunto, diante da Linnean Society of London (Sociedade Lineana de Londres), e Darwin, então, apressou-se a publicar *A origem das espécies* (17 anos depois de ter escrito o primeiro rascunho)" (Freeman; Herron, 2009, p. 77).

Darwin é reconhecido como o principal autor da Teoria da Evolução por seleção natural por algumas razões, e a principal consiste no fato de que ele era mais velho que Alfred Russel Wallace (1823-1913) e iniciou suas investigações muito antes de conhecê-lo; outra se baseia no fato de que "seu livro forneceu uma explicação completa da ideia, juntamente com uma densa documentação" (Freeman; Herron, 2009, p. 77). Cada um dos quatro postulados da Teoria da Evolução proposta por Darwin e Wallace podem ser verificados; como não há pressuposições ocultas, toda a teoria pode ser testada.

Vários cientistas realizaram experimentos utilizando os mais diversos materiais de pesquisa, desde microrganismos, até animais e plantas. Os mais famosos experimentos ligados à Teoria da Evolução são os dos "tentilhões de Darwin", pássaros que vivem "nas ilhas Galápagos próximas à costa do Equador. Esses estudos mostram que a Teoria da Evolução por Seleção Natural pode ser testada rigorosamente, pela observação direta" (Freeman; Herron, 2009, p. 77).

"Embora a Teoria da Evolução por Seleção Natural possa ser formulada concisamente, testada com rigor em populações naturais e validada, pode ser difícil de ser inteiramente compreendida" (Freeman; Herron, 2009, p. 90). Os autores afirmam que isso se dá por conta das funções cognitivas humanas, já que, para entender a mudança nas distribuições de características nas populações biológicas, é necessário ter um raciocínio estatístico.

Síntese proteica

Neste capítulo, procuramos esclarecer a Teoria da Evolução proposta por Darwin, suas ideias evolutivas construídas ao longo de 20 anos de estudos, a expedição científica a bordo do Beagle, na qual coletou espécimes de organismos, além de fósseis e outras evidências. Esse material e a experiência adquirida na viagem, bem como as leituras e as conversas com pesquisadores da época levaram-no a propor a seleção natural, fator principal do processo de evolução das espécies.

As adaptações ou modificações ocorriam normalmente em todos os seres vivos, mas, ao passarem pelo filtro da "seleção natural", apenas aqueles que tinham características vantajosas naquele momento se perpetuariam e se reproduziriam. Essas adaptações ou modificações são descritas como homólogas (mesma função, diferente origem), análogas (diferente função, mesma origem) ou vestigiais (que indicam parentesco entre indivíduos, porém sem a função desempenhada anteriormente, como o apêndice e o cóccix).

Em seguida, discutimos o ancestral comum proposto por Darwin como primeiro a surgir e a dar origem a todas as espécies. Discorremos sobre os fatores que levam à modificação e ao surgimento de novas espécies, bem como as pesquisas recentes com modelos matemáticos computacionais para traçar o modo de vida e o metabolismo do que hoje é conhecido como LUCA, um ser primordial equivalente ao ancestral comum da proposta darwiniana. Esse ser provavelmente sofreu modificações atualmente conhecidas como mutações, dando origem a novas espécies, que podem ser basicamente de dois tipos: alopátrica (dentro da mesma população) e simpátrica (com isolamento geográfico e reprodutivo).

Tratamos, ainda, do gradualismo de Darwin, propondo que não há uma taxa constante de evolução e as adaptações ocorrem em etapas. Observamos o equilíbrio pontuado no qual a evolução ocorreria de maneira rápida e, após, haveria um longo período de descanso. Finalizamos com a reflexão sobre a seleção natural e sua influência nas modificações das espécies, na manutenção dos genótipos favoráveis e na redução de características não favoráveis a determinado *habitat*.

Rede neural

1. A propósito da importância da expedição de Charles Darwin na construção da Teoria da Evolução das espécies, assinale com V para verdadeiro e F para falso:

    ( ) Na viagem, Darwin conheceu o anatomista Georges Cuvier, que o ajudou a catalogar fósseis que serviram como base para sua teoria.

    ( ) A construção da teoria ocorreu principalmente por causa da biodiversidade encontrada durante a expedição, algo que impressionou bastante o naturalista. As pequenas modificações entre espécies de pássaros fortaleceram suas ideias sobre a evolução das espécies.

    ( ) Na expedição, o geologista Charles Lyell acompanhou Darwin, dando importantes informações que o influenciaram em sua teoria.

( ) A diversidade cultural encontrada nos vários povos que conheceu foi importante para a construção de uma teoria cultural das espécies.

( ) A viagem não teve nenhuma importância para a teoria evolutiva, sendo as pesquisas em laboratório as mais relevantes nesse caso.

A V, V, V, V, V.
B F, F, F, V, V.
C F, V, F, F, F.
D V, V, F, F, V.
E V, F, V, F, V.

2. Quais são os fatores fundamentais para o surgimento de novas espécies?

   A Isolamento reprodutivo e alterações cromossômicas.
   B Intervenção e competição entre espécies.
   C Mudanças climáticas e seleção sexual.
   D Mutações somáticas e competição interespecífica.
   E Isolamento reprodutivo e mutações somáticas.

3. A respeito das modificações nas espécies biológicas e da importância dos fósseis no entendimento dessas modificações, assinale com V para verdadeiro e F para falso:

   ( ) As modificações ocorrem por uso ou desuso dos órgãos, conforme a teoria mais aceita atualmente. Os fósseis comprovam essas mudanças, que podem ser vistas na maioria dos registros de transição.

   ( ) As espécies biológicas transformam-se pelo acúmulo de mutações, e isso poderia ser observado pelo estudo dos fósseis e de anatomia comparada.

( ) Darwin se baseou em Platão para explicar que as modificações ocorriam pela hereditariedade das características adquiridas.

( ) As ideias evolucionistas apontam que as modificações ocorrem causadas pela vontade do indivíduo em se adaptar ao ambiente, o que pode ser comprovado pelo registro fóssil.

( ) Os seres vivos foram criados de uma única vez e não se modificaram ao longo do tempo, como pode ser observado no registro fóssil.

A V, V, V, V, V.
B F, F, F, V, V.
C F, V, F, F, F.
D V, V, F, F, V.
E V, F, V, F, V.

4. O que é especiação simpátrica?

   A Pode ocorrer entre populações biológicas distintas.
   B Ocorre dentro da mesma população biológica.
   C Acontece por isolamento geográfico e reprodutivo.
   D Dá-se entre duas espécies, causada pela alimentação.
   E Quando não ocorre a formação de novas espécies.

5. O que é especiação alopátrica?

   A Pode ocorrer entre populações biológicas distintas.
   B Acontece dentro da mesma população biológica.
   C Dá-se por isolamento geográfico e reprodutivo.
   D Ocorre entre duas espécies, causada pela alimentação.
   E Quando não ocorre a formação de novas espécies.

Biologia da mente

Análise biológica

1. Diferencie órgãos análogos de órgãos homólogos e dê exemplos.
2. A genética e a evolução estão atreladas a diversos campos de estudo, por exemplo, à produção de animais e de plantas. Qual é a importância da genética de populações, nesse caso?

Prescrições da autora

Para obter mais informações de modo a embasar sua resposta para a Questão 2 da "Análise biológica", recomendamos a leitura de dois artigos:

BARROS JÚNIOR, C. P. et al. Melhoramento genético em bovinos de corte (*Bos indicus*): efeitos ambientais, melhoramento genético animal, pecuária de corte, peso ao desmame. **Nutri Time**, v. 13, n. 1, jan./fev, 2016. Disponível em: <https://www.nutritime.com.br/arquivos_internos/artigos/362_-_4558-4564_-_NRE_13-1_jan-fev_2016.pdf>. Acesso em: 22 maio 2020.

FURLAN, R. de A. et al. Estrutura genética de populações de melhoramento de *Pinus Carbaea var. Hondurensis* por meio de marcadores microssatélites. **Bragantia**, Campinas, v. 66, n. 4, 2007. Disponível em: <http://www.scielo.br/scielo.php?script=sci_arttext&pid=S0006-87052007000400004>. Acesso em: 22 maio 2020.

No laboratório

1. Darwin baseou-se na seleção artificial para propor os parâmetros da seleção natural. A biologia tem um campo de trabalho muito amplo, envolvendo áreas como a ecologia e a biotecnologia, além de áreas adjacentes, como agronomia. Estas utilizam conceitos relacionados entre si, como, por exemplo, o controle de insetos e de plantas que competem e parasitam as plantações agrícolas. Para uma melhor compreensão das relações complexas que ocorrem entre esses seres vivos e da sua aplicação prática, recomendamos o aplicativo Control Harvest. Trata-se de um jogo para gerir o funcionamento de uma fazenda, no qual o usuário deve controlar insetos e doenças que atacam suas plantações utilizando controle biológico em vez de defensivos agrícolas, o que consiste em introduzir seres vivos capazes de predar insetos ou competir ecologicamente com eles. Essa prática tem efeitos adversos que o jogador vai conhecer ao longo do *game* e deve controlar. Está acessível na Play Store e no Google Play.

   Após realizar o teste com este aplicativo, faça um relato de sua experiência comentando os prós e os contras do controle biológico em comparação ao uso de defensivos agrícolas e seus efeitos sobre a biodiversidade.

CAPÍTULO 3

FATORES QUE INFLUENCIAM A VARIAÇÃO GENÉTICA DAS POPULAÇÕES,

Estrutura da matéria

Neste capítulo, conheceremos as pesquisas de Godfrey H. Hardy e Wilhem Weinberg. Eles revolucionaram os estudos da biologia ao fornecerem uma explicação matemática aos fenômenos descritos por Charles Darwin e permitiram que a definição da hereditariedade passasse a ser mendeliana, unificando a genética e a evolução na Teoria Sintética abordada no Capítulo 1 desta obra. Trataremos detalhadamente dos fatores responsáveis pelas variações alélicas em populações, cujas frequências gênica e genotípica podem ser calculadas com o teorema de Hardy-Weinberg, trabalhando esses fatores em níveis micro e macro, objetivando uma melhor compreensão da variabilidade genética das populações biológicas.

Ao fim do capítulo, poderemos realizar cálculos de frequências gênicas e genéticas, para a compreensão dos estudos realizados na área da genética de populações. Para uma melhor assimilação dos processos de evolução biológica, analisaremos em detalhes os fatores que geram as variações no genoma, conjunto de genes das populações biológicas. A seleção natural já foi abordada, então, agora conheceremos um pouco sobre o processo de migração, além compreender as diferenças entre deriva gênica e fluxo gênico.

3.1 Fatores geradores da variabilidade genética

Os principais mecanismos que levam à evolução biológica são a seleção natural, a migração, a mutação e a deriva gênica, mecanismos que podem levar a mudanças nas frequências de alelos de uma geração para a próxima (Freeman; Herron, 2009; Hartl, 2008). "Todos esses processos contribuem para a evolução porque, num sentido mais amplo, **evolução** pode ser definida como a mudança cumulativa na composição genética de uma população" (Hartl, 2008, p. 59, grifo do original).

Figura 3.1 – Principais mecanismos evolutivos

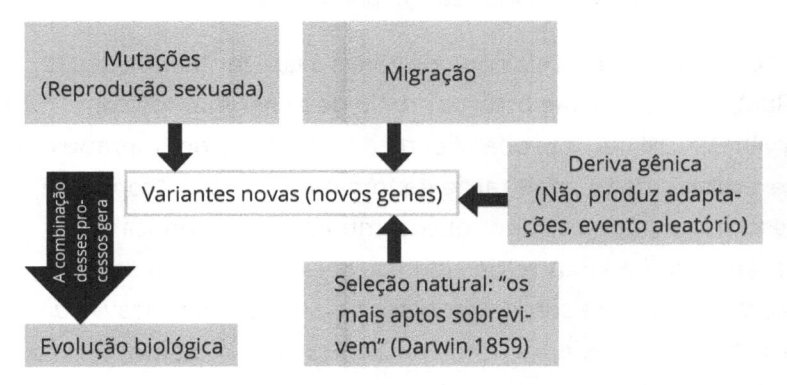

```
┌─────────────────────┐      ┌─────────────────────┐
│     Mutações        │      │      Migração       │
│ (Reprodução sexuada)│      │                     │
└──────────┬──────────┘      └──────────┬──────────┘
           │                            │
           ▼                            ▼                ┌──────────────────────┐
┌──────┐  ┌──────────────────────────────────┐           │     Deriva gênica    │
│      │  │   Variantes novas (novos genes)  │◄──────────│ (Não produz adapta-  │
│      │  └──────────────────────────────────┘           │  ções, evento aleatório)│
│      │                ▲                                └──────────────────────┘
│      │                │
│      │     ┌──────────────────────────┐
│      │     │  Seleção natural: "os    │
│      │     │  mais aptos sobrevi-     │
│      ▼     │  vem" (Darwin,1859)      │
│ Evolução   └──────────────────────────┘
│ biológica │
└───────────┘
```
(A combinação desses processos gera)

Fonte: Freeman e Herron, 2009, p. 181.

De acordo com Freeman e Herron (2009, p. 142, grifo do original), "A mutação é o único processo que cria alelos completamente **novos** e novos genes", o que lhe confere o título de principal fonte de variabilidade genética. Após o surgimento dessas variantes, a pressão da seleção natural, da deriva gênica e da migração podem agir.

3.2 Mutação

Capra (1982) reflete sobre as revoluções da física e da biologia, citando Darwin como responsável pelo termo *mutação*:

Charles Darwin apresentou aos cientistas uma esmagadora massa de provas em favor da evolução biológica, colocando o fenômeno acima de qualquer dúvida. Apresentou também uma explicação baseada nos conceitos de variação aleatória – hoje conhecida como mutação randômica – e seleção natural, os quais continuariam sendo as pedras angulares do moderno pensamento evolucionista. (Capra, 1982, p. 42)

O mesmo autor relaciona os genes a Gregor Mendel (1822-1884), afirmando que este, por meio de experimentos com ervilhas, verificou a probabilidade de existência de **unidades da hereditariedade**, mais tarde denominados **genes**: "com essa descoberta pôde-se supor que as mutações randômicas não desapareceriam dentro de algumas gerações, porém seriam preservadas, para serem reforçadas ou eliminadas através da seleção natural" (Capra, 1982, p. 68). Esse mesmo autor afirma, ainda, que "Dessas observações e estudos surgiu o duplo conceito em que Darwin baseou sua teoria – o conceito de variação aleatória, que mais tarde seria chamado de mutação randômica, e a ideia de seleção natural através da 'sobrevivência dos mais aptos'" (1982, p. 68).

Agora, conheceremos a estrutura do ADN (*deoxyribonucleic acid*), o **ácido desoxirribonucleico** (DNA), um ácido localizado no núcleo celular, no qual todas as instruções genéticas estão contidas. De acordo com Capra (1982), sua estrutura foi proposta e revelada ao mundo pelos biólogos James Dewey Watson (1928-) e Francis Crick (1916-2004), após analisarem uma radiografia feita por Rosalind Franklin e apresentada a eles por Maurice Wilkins (1916-2004):

A totalidade da informação genética depositada no DNA leva o nome de genoma. Podemos dizer que essa informação rege a atividade do organismo do primeiro instante do desenvolvimento embrionário até a morte do indivíduo. Dela também depende a imunidade ou a predisposição do organismo a determinadas doenças.

[...] cada cromossomo é constituído por uma molécula, muito longa de DNA associada a diversas proteínas. Segundo o cromossomo, o DNA contém entre 50 e 250 milhões de pares de bases. As proteínas associadas são classificadas em dois grandes grupos: as histonas e um conjunto heterogêneo de proteínas não histônicas. O complexo formado pelo DNA, as histonas e as proteínas não histônicas é chamado cromatina. Assim, a cromatina é o material que compõe os cromossomos. (De Robertis; Hib, 2006, p. 198)

A estrutura do DNA (Figura 3.2) tem formato de dupla hélice e apresenta nucleotídeos, estruturas compostas por uma pentose (açúcar com cinco carbonos), além de um grupo fosfato e uma base nitrogenada. As bases nitrogenadas são a **adenina**, representada pela letra **A**, a **citosina**, representada pela letra **C**; a **timina**, representada pela letra **T**; e a **guanina**, representada pela letra **G** (Freeman; Herron, 2009). Essas bases formam pares por afinidade: a adenina pareia com a timina, e a citosina, com a guanina.

Figura 3.2 – Estrutura de DNA e bases nitrogenadas A, T, C e G

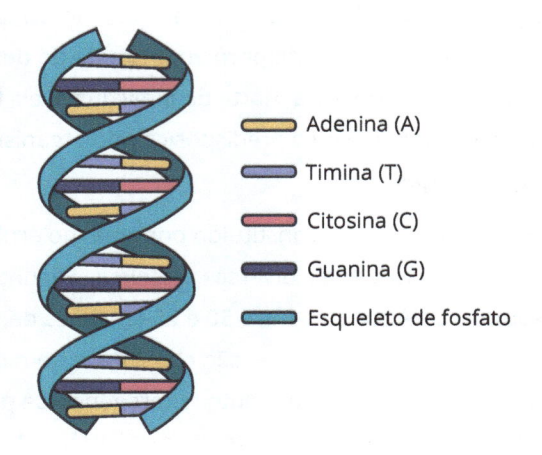

- Adenina (A)
- Timina (T)
- Citosina (C)
- Guanina (G)
- Esqueleto de fosfato

ShadeDesign/Shutterstock

O DNA apresenta variações de formato de acordo com o metabolismo celular, caso a célula esteja em divisão, por exemplo, quando faz uma cópia de si mesma em função de crescimento ou de regeneração de tecidos, como é o caso da mitose, ou na formação de gametas (espermatozoide ou óvulo). Segundo De Robertis e Hib (2006), a mitose é dividida didaticamente em quatro fases: prófase, metáfase, anáfase e telófase. Durante a metáfase, o ácido desoxirribonucleico está condensado, formando cromossomos (Junqueira; Carneiro, 1990). A estrutura de um cromossomo é formada por braços curtos e braços longos, sendo a divisão entre eles chamada de centrômero e a extremidade do braço longo chamada de telômero (De Robertis; Hib, 2006). Ainda, a posição dos centrômeros nos cromossomos pode servir para identificá-los da seguinte maneira:

1) Os metacêntricos têm o centrômero em uma posição mais ou menos central, de modo que existe pouca ou nenhuma diferença no comprimento dos braços das cromátides.
2) Nos submetacêntricos, o centrômero encontra-se afastado do ponto central, de modo que as cromátides têm um braço curto e um longo.
3) Nos acrocêntricos, o centrômero se encontra próximo de um dos extremos do cromossomo, de modo que os braços curtos das cromátides são muito pequenos. (De Robertis; Hib, 2006, p. 204)

Poderemos compreender essa questão de maneira mais clara observando a estrutura de um cromossomo, representada na Figura 3.3.

Figura 3.3 – DNA condensado formando um cromossomo

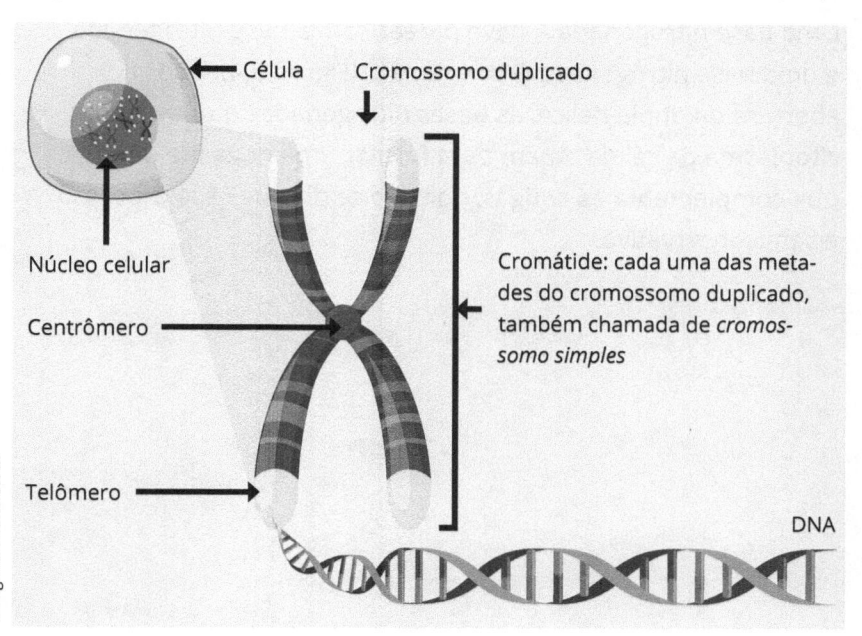

De Robertis e Hib (2006, p. 263) complementam, pontuando:

> Ao final da divisão celular, as células-filhas herdam as mesmas informações genéticas contidas na célula progenitora. Como essa informação se encontra no DNA, cada uma das moléculas de DNA deve gerar outra molécula de DNA idêntica à originária para que ambas sejam repartidas nas duas células-filhas. Esta duplicação, graças à qual o DNA se propaga nas células de geração em geração, é denominada replicação.

Quando não está em divisão, período chamado de *interfase*, a célula realiza um processo denominado *duplicação* ou *replicação do DNA*. Caso ocorra de a enzima DNA-polimerase se inserir em "uma base errada, como na fita da extrema direita, resulta um par malpareado que deve ser reparado. Se o reparo não for feito, resulta uma mutação" (Freeman; Herron, 2009, p. 145). Uma base nitrogenada A deve parear com a base nitrogenada T, e uma base nitrogenada G com uma C (Figura 3.4). Após a abertura da dupla hélice, as bases nitrogenadas que estão no citoplasma da célula atuam para formar uma nova fita de DNA, que complementa as antigas, por isso se diz que esse processo é semiconservativo.

Figura 3.4 – Replicação do DNA

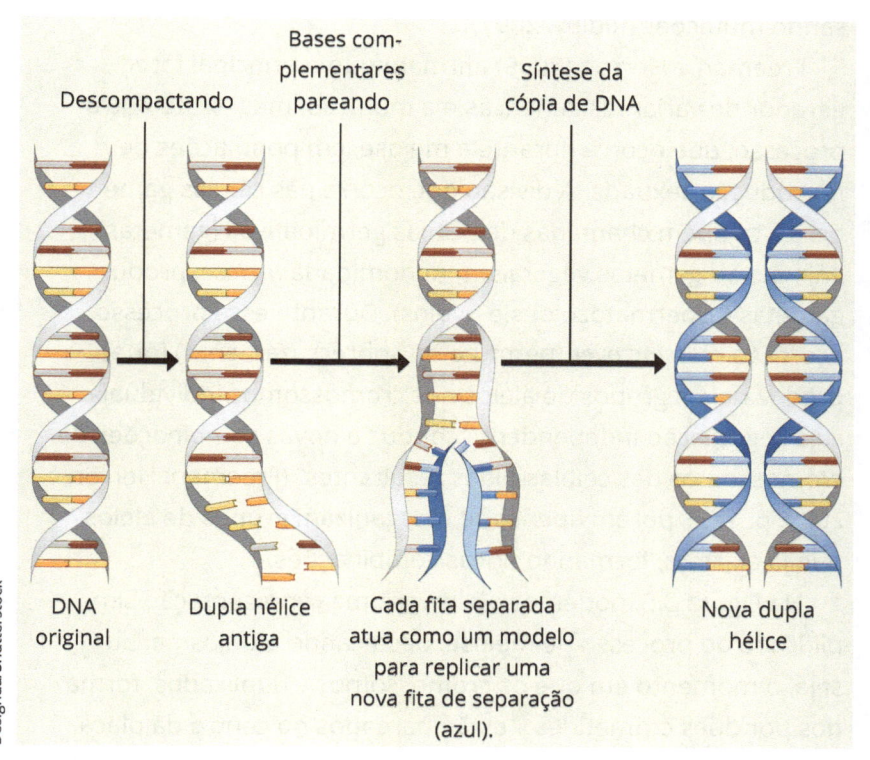

- Descompactando
- Bases complementares pareando
- Síntese da cópia de DNA

- DNA original
- Dupla hélice antiga
- Cada fita separada atua como um modelo para replicar uma nova fita de separação (azul).
- Nova dupla hélice

As mutações podem ocorrer durante a replicação do DNA, e um desses diferentes tipos de mutação pode ser a pontual, que ocorre durante a divisão celular. Nesse processo, o DNA da célula precisa ser replicado, e essa cópia deve ser exatamente igual ao DNA parental. Contudo, podem ocorrer erros durante o processo. Existe um conjunto de enzimas que são proteínas especializadas em revisão e reparo do DNA. Estas percorrem a fita de DNA detectando e corrigindo possíveis erros na fita copiada. Porém, ainda assim, alguns erros podem persistir, causando mutações (Ridley, 2007).

Freeman e Herron (2009) afirmam que o principal fator gerador de variantes genéticas é a mutação, mas existe outro processo, que ocorre durante a meiose, em populações de reprodução sexuada. A divisão que ocorre nas células gaméticas – também chamadas de células germinativas (gametas animais ou gametas vegetais) –, denominada *meiose*, produz gametas (espermatozoides e óvulos). Durante esse processo ocorre "o *crossing over* (permuta ou sobrecruzamento) [que] produz novos grupos de alelos nos cromossomos individuais, cuja segregação independente conduz a novas combinações de cromossomos nas células-filhas resultantes" (Freeman; Herron, 2009, p. 143), porém apenas se reorganizam grupos de alelos que já existem, formando novas combinações.

Na Figura 3.5, podemos observar uma representação simplificada do processo de meiose, destacando o quiasma, ou seja, o momento em que os cromossomos – duplicados, formados por duas cromátides – estão pareados no centro da placa equatorial. Suas cromátides – cromossomos simples – tocam-se trocando fragmentos representados pelas cores lilás e azul, formando cromossomos com novas combinações de genes.

Figura 3.5 – O *crossing-over* ocorre durante a meiose entre os cromossomos homólogos, que, após o quiasma, formam novas recombinações, gerando variabilidade genética

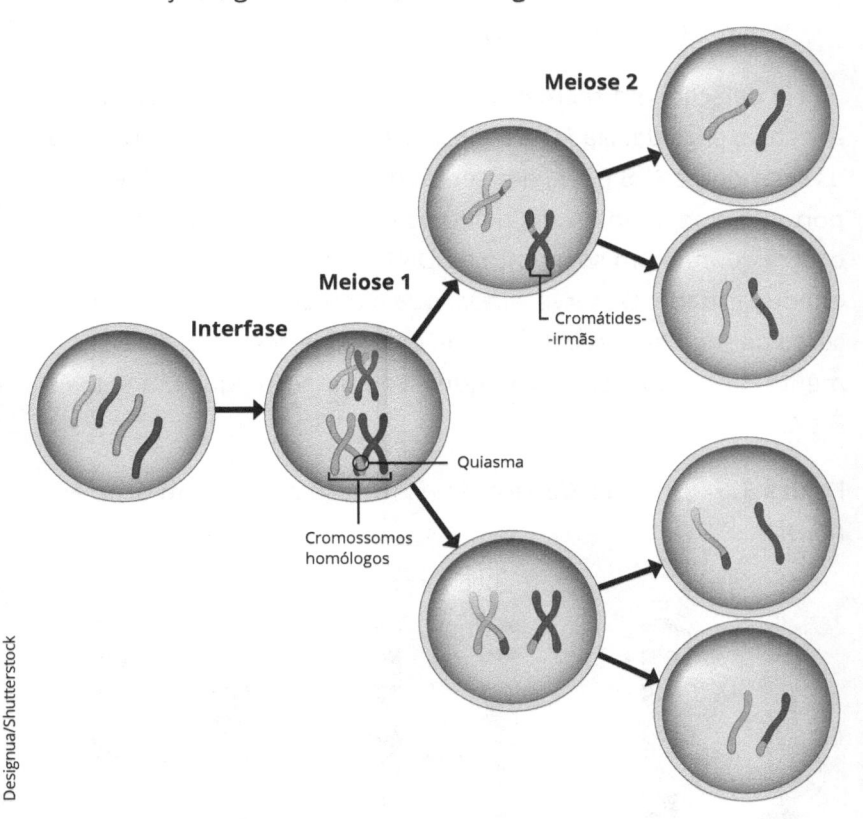

"Uma mutação é qualquer mudança no DNA. Os genes são feitos de DNA; portanto, as mudanças no DNA originam mudanças nos genes" (Freeman; Herron, 2009, p. 145). Não podemos considerar o *crossing-over* uma mutação, pois no processo de meiose há apenas uma recombinação de genes já existentes e não a criação de novos:

> A criação de uma nova variante genética só ocorre por mutação. O termo mutação aqui usado neste sentido mais amplo,

significando todas as mudanças genéticas, incluindo substituição de nucleotídeos, inserções e deleções, mudanças na localização genômica de elementos de transposição e rearranjos cromossômicos. (Hartl, 2008, p. 59)

Na deleção, um segmento de DNA é deletado e a informação genética, perdida. Na Figura 3.6, a primeira cromátide apresenta os segmentos A, B e C e, na cromátide seguinte, apenas B e C, portanto o segmento A foi deletado (apagado). A duplicação ocorre quando um segmento de DNA é copiado e se mantém em duplicidade. Observe, ainda, que a terceira cromátide apresenta os segmentos A, B e C e, na cromátide seguinte, o segmento B está duplicado sem que a combinação fique em A, B, A, B e C.

Figura 3.6 – Deleção, duplicação e inversão que podem ocorrer no DNA

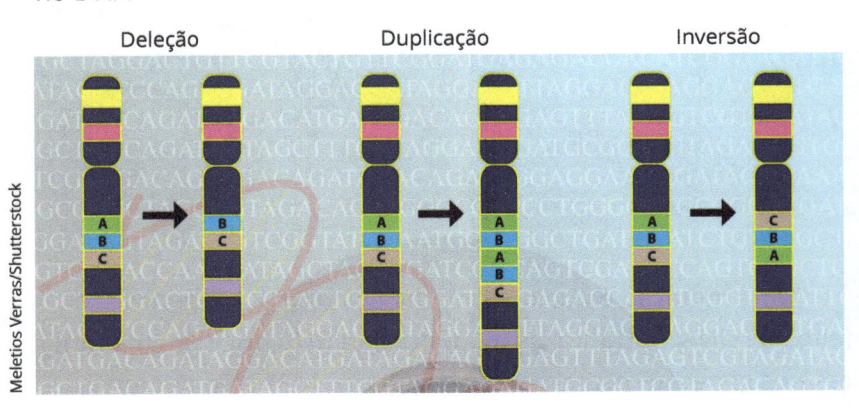

Na inversão, o DNA sofre uma fragmentação. Esse fragmento se insere novamente na molécula de DNA em posicionamento invertido. Observe na Figura 3.6 que a quinta cromátide apresenta os segmentos A, B e C e na sexta cromátide os segmentos estão trocados de ordem, como C, B e A. Essa nova fita de DNA

apresenta uma sequência diferente da original, resultando em uma mutação, e pode codificar uma proteína diferente, no caso de se tratar de uma célula somática (do corpo) (2n ou com 46 cromossomos). Se essas mutações ocorrerem durante a produção de gametas (meiose), podem ser transmitidas aos descendentes, tendo importância na evolução biológica da espécie (Ridley, 2007).

O DNA é um molde para a síntese de proteínas e devido "ao pareamento de bases complementares, cada fita da molécula de DNA forma um molde para a síntese da fita complementar" (Freeman; Herron, 2009, p. 145). Para entender essa afirmação, devemos recordar alguns conceitos básicos de biologia celular e molecular, então observe na Figura 3.7 uma representação das diferenças básicas entre DNA e RNA.

Figura 3.7 – Diferenças entre DNA e RNA

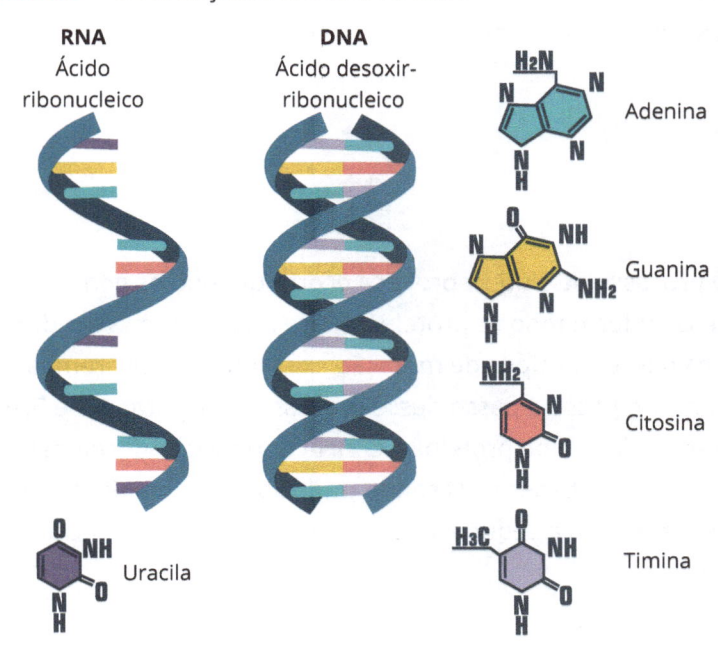

As diferenças estão no tipo de açúcar (pentose), que no DNA é a desoxirribose, e, no RNA, a ribose; nas fitas, duplas no DNA, e simples no RNA; nas bases nitrogenadas, A, T, C e G no DNA, e A, U, C e G – com a uracila substituindo a timina – no RNA.

Para compreendermos o processo da síntese proteica, é necessário que retomemos outros conceitos. A trinca de bases nitrogenadas forma um códon, que, em conjunto com outros, forma a tabela de códons, os aminoácidos. Na Figura 3.8, correspondente ao DNA, no primeiro caso a trinca é GAG: guanina, adenina, guanina. A adenina (A) faz par com a timina (T), durante a duplicação do DNA. No RNA, a base nitrogenada timina (T) não existe, sendo substituída por uma base nitrogenada chamada uracila. Então, na tradução do DNA em RNA, nos pontos em que haveria um T de timina, há um U, de uracila.

Figura 3.8 – Exemplo de pareamento das bases nitrogenadas do DNA e do RNA no processo de tradução

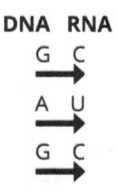

```
DNA  RNA
 G → C
 A → U
 G → C
```

O processo de síntese proteica ocorre quando os genes se expressam formando as proteínas. Para melhor compreendermos os diferentes tipos de mutação existentes, precisaremos relembrar o passo a passo desse processo. As Figuras 3.9 e 3.10 ilustram a síntese de proteínas. O DNA apresenta um segmento com a trinca de bases GAG sendo traduzida em uma fita de RNA mensageiro com a sequência CUC, codificando o aminoácido leucina.

Figura 3.9 – Processo de síntese de proteínas

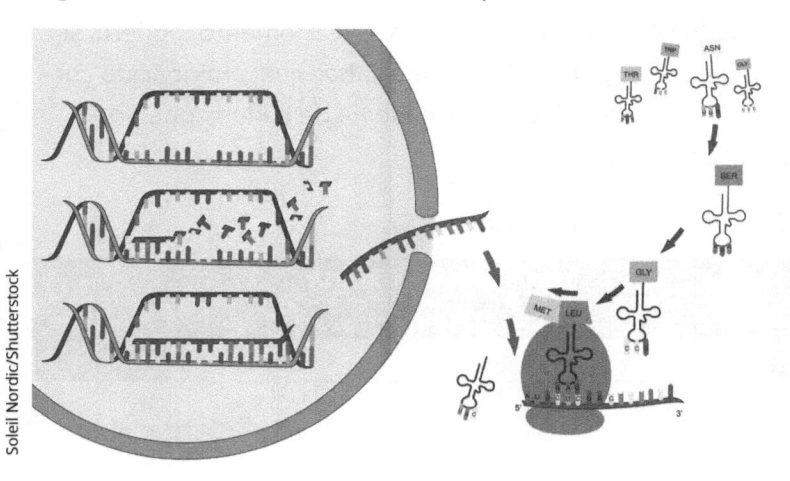

Figura 3.10 – Processo de síntese de proteínas em detalhe

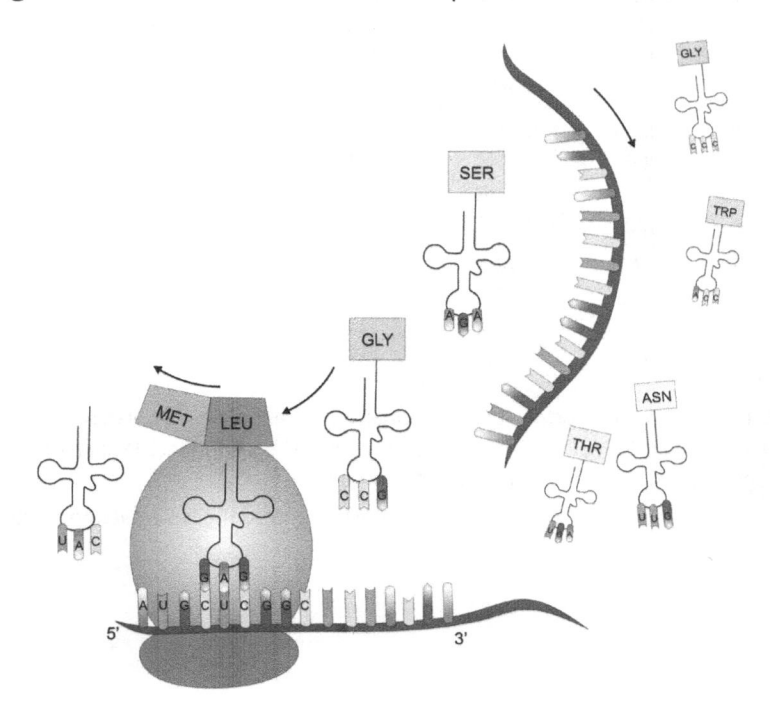

Esse processo se repete até que a formação da proteína indicada pelo DNA esteja completa. Nesse momento, poderia ser feita a seguinte pergunta: "Como vou saber qual aminoácido corresponde a um códon?". Existe um tabela de códons que pode ser consultada (Quadro 3.1).

Quadro 3.1 – Tabela de códons

Tabela de códons do RNA					
1ª posição	2ª posição				3ª posição
	U	C	A	G	
U	PHE	SER	TYR	CYS	U
	PHE	SER	TYR	CYS	C
	LEU	SER	TÉRMINO	TÉRMINO	A
	LEU	SER	TÉRMINO	TRP	G
C	LEU	PRO	HIS	ARG	U
	LEU	PRO	HIS	ARG	C
	LEU	PRO	GLN	ARG	A
	LEU	PRO	GLN	ARG	G
A	ILE	THR	ASN	SER	U
	ILE	THR	ASN	SER	C
	ILE	THR	LYS	ARG	A
	MET (início)	THR	LYS	ARG	G
G	VAL	ALA	ASP	GLY	U
	VAL	ALA	ASP	GLY	C
	VAL	ALA	GLU	GLY	A
	VAL	ALA	GLU	GLY	G

PHE: fenilanina; LEU: leucina; ILE: isoleucina; MET: metionina; ALA: alanina; GLU: glutamina; ASP: ácido aspárgico; SER: serina; ASN: aspargina; TYR: tirosina; GLY: glicina; CYS: cisteína; LYS: lisina; ARG: arginina

Fonte: Elaborado com base em Ramos, 2006.

A mutação pontual ocorre quando uma única base nitrogenada é trocada por outra. Os efeitos desse tipo de troca podem ser sinônimos ou silenciosos, caso as mutações ocorram entre duas trincas de bases que codifiquem um mesmo aminoácido. Nesse caso, é uma mutação sem efeito (Ridley, 2007). Podemos observar um exemplo desse tipo de mutação a seguir:

CUU trocada por CUC codifica o mesmo aminoácido leucina. UCU trocada por UCC não causa nenhum problema, pois ambos codificam a serina.

Mesmo se tratando de um tema complexo, a compreensão é facilitada com uma revisão básica de conteúdo, que também serve para atiçar a curiosidade – o combustível para a aquisição de novos conhecimentos. Reunimos os diversos tipos de mutação no Quadro 3.2 com alguns exemplos.

Quadro 3.2 – Diferentes tipos de mutação

Diferentes tipos de mutação	
Mutações sinônimas	Ocorrem quando as bases nitrogenadas são trocadas, mas não os aminoácidos codificados; não causam alteração significativa.
Transição	Ocorre uma troca entre tipos de purina ou tipos de pirimidina.
Transversão	Ocorre quando há uma troca de uma purina por uma pirimidina e vice-versa.
Mutação de mudança de fase	Ocorre quando uma nova base é inserida.
Mutação de parada	Ocorre quando uma trinca codificadora de aminoácido é mutada (modificada) em um códon de parada.

Fonte: Elaborado com base em Ridley, 2007.

Outros tipos de mutação são as transições e as transversões – termos que "podem ser aplicados a mutações sinônimas ou àquelas que alteram o aminoácido" (Ridley, 2007, p. 52). As transições ocorrem quando há troca de uma base pirimídica por outra ou de uma purina por outra, por exemplo: troca de citosina por timina ou de adenina por guanina. Já as transversões substituem uma base purina por uma piridimina ou vice-versa, com A ou G por T ou C e vice-versa; "trocas transicionais são mais comuns na evolução do que transversões" (Ridley, 2007, p 53).

A seguir, temos uma representação gráfica desse tipo de mutação:

Substituições de bases nitrogenadas

Transição:
   Troca de Base Pirimidínica por pirimidínica T⇔C
   Troca de Purina por Purina A⇔G

Transversão:
   Pirimidínica (T, C) trocada por púrica (A, G) e vice-versa.

Ridley (2007) afirma que existem ainda as mutações de mudança de fase, nas quais se insere um par de bases nitrogenadas no DNA que podem produzir uma proteína sem sentido ou não funcional. "Um outro tipo de mutação ocorre quando uma trinca codificadora é mutada [modificada] em um códon de parada", o resultado será mais uma vez uma proteína não funcional (Ridley, 2007, p. 52).

Exemplo: códon UAC (tirosina) modificado em UAA (parada ou término)

O mesmo autor considera, ainda, a existência de segmentos de DNA não codificante que apresentam sequências curtas e são suscetíveis a um tipo de mutação denominada *deslizamento*. Nesse caso, a fita de DNA que está sendo copiada desliza "em relação à nova fita que está sendo criada. Um segmento nucleotídico curto é então perdido ou copiado duas vezes" (Ridley, 2007, p. 53). Esse deslizamento contribui para o surgimento de DNA não codificante, constituído por sequências curtas de código genético. Pode ocorrer também em outro tipo de DNA "que não DNA não codificador repetitivo", causando mudança de fase (Ridley, 2007, p. 53).

Existem outros mecanismos mutagênicos, além dos que dizem respeito aos nucleotídeos únicos, com capacidade de influenciar áreas maiores no DNA, como, por exemplo, a transposição. Conhecidos como "genes saltadores", os elementos transponíveis podem se replicar de um local do DNA para outro: "Se um elemento transponível se insere em um gene existente, ele o interromperá; se ele se insere em uma região de DNA não codificador, ele pode causar menor dano ou até não causar qualquer dano ao organismo" (Ridley, 2007, p. 53).

Ridley (2007) afirma que os elementos transponíveis ou transposons, além de se autocopiarem, podem copiar um pequeno segmento de DNA em novo local de inserção. Esse tipo de transposição gera uma alteração na extensão total do genoma, criando um novo segmento de DNA duplicado, um contraste em relação à cópia incorreta de apenas um nucleotídeo em que o genoma permanecia inalterado. O autor pontua que o *crossing-over* ou permuta genética desigual (fora do padrão) parece ser o tipo de mutação que pode duplicar um longo segmento de DNA, sendo o contrário da transposição, que pode deletar.

As mutações podem modificar uma grande parte de um cromossomo ou mesmo alguns cromossomos inteiros. "Uma porção de um cromossomo pode ser translocada para um outro cromossomo ou para outro local dentro do mesmo cromossomo ou, ainda, ser invertida". Pode acontecer uma fusão de cromossomos inteiros, como, acredita-se, provavelmente ocorreu durante o processo evolutivo de nossa espécie, em que "chimpanzés e gorilas (nossos parentes mais próximos) possuem 24 pares de cromossomos, enquanto possuímos 23" (Ridley, 2007, p. 53).

Os cromossomos podem ser replicados, em todo o genoma ou apenas em partes, algo difícil de "generalizar. Se os pontos de quebra da mutação dividem uma proteína, ela será perdida no organismo mutante" (Ridley, 2007, p. 53). Porém, se a ruptura ocorre entre duas proteínas, o efeito fica na dependência de a expressão do gene ser modificada ou não de acordo com sua posição (sítio) no genoma.

Tecnicamente, segundo Ridley (2007, p. 53-55), não importa "a partir de qual cromossomo a proteína é transcrita", porque, na prática, "a expressão gênica é pelo menos parcialmente regulada por relações entre genes vizinhos, e uma mutação cromossômica acaba tendo consequências fenotípicas". Essas mutações podem duplicar ou deletar o cromossomo inteiro e, em escala aumentada, duplicar todo o genoma, como é o caso da chamada *poliploidia*, que apresenta um relevante papel evolutivo, especialmente na evolução dos vegetais.

Uma curiosidade sobre a taxa de mutação é que ela varia de acordo com o tamanho do genoma, sendo diferente entre bactérias e seres humanos, por exemplo, e entre homens e mulheres no caso da meiose. Isso porque os homens produzem espermatozoides durante toda a vida, a partir da puberdade, enquanto as mulheres produzem os ovócitos ainda no período embrionário e a partir da puberdade iniciam a maturação deles, que passam a se chamar óvulos.

Em nosso caso, o número de divisões celulares do homem, desde a concepção até a fase reprodutiva, com a produção de espermatozoides, aumenta com a idade, em uma frequência de 23 divisões a mais por ano. Um homem na casa dos 20 anos de idade já realizou cerca de 200 divisões celulares, enquanto os espermatozoides de alguém com 30 anos já passaram por 430 divisão celulares. Lembremos que a divisão das células somáticas é a mitose, e a dos gametas, a meiose. No caso da mulher, o número de divisões celulares da concepção até a produção dos óvulos fica em torno de 33, independentemente da idade. Isso se deve à diferença no processo meiótico. Estima-se que o número médio de divisões celulares em uma geração humana fique entre 100 e 200, mais ou menos (Ridley, 2007).

3.3 Deriva genética e fluxo gênico

Para Freeman e Herron (2009), perceber a diferença entre a deriva genética e a seleção natural não é uma tarefa tão simples, e a evolução molecular pode ser explicada por ambas. Esses autores afirmam que esta, por ser percebida na troca de bases nitrogenadas ou mesmo na troca de nucleotídeos, que acontece no DNA ou nos aminoácidos nas proteínas, pode ser estudada também por meio dos polimorfismos em uma espécie.

Eles usam como exemplo uma população hipotética ideal, com tamanho pequeno e finito, considerando apenas um *loco* (local no DNA) contendo somente dois genes alelos, A1 e A2.

Pensemos que a frequência do alelo A1 é 0,6 e do alelo A2, 0,4. A combinação dos gametas foi ao acaso e formou 10 zigotos (células-ovo), sendo esse o total da nova geração.

Simulando como um modelo físico, chegaríamos a um conjunto gênico contendo 100 gametas, sendo que 60 deles (óvulos e espermatozoides) portariam o alelo A1, e os outros 40, o alelo A2. Passamos a fase de formação do zigoto, na qual, sem nenhum outro critério, fecha-se os olhos e "apontando o dedo para escolher um óvulo e depois apontando o dedo para escolher um espermatozoide, ao acaso [...] [os] gametas escolhidos permanecem no conjunto gênico, podendo ser escolhidos de novo" (Freeman; Herron, 2009, p. 232). Imaginando que o conjunto gênico seja grande e que a remoção de alguns gametas não interfira na frequência de alelos, o resultado seria o seguinte: "Contando os genótipos, temos o A1A1 em uma frequência de 0,6, o A1A2 em uma frequência de 0,2, e o A2A2, em uma frequência de 0,2" (Freeman; Herron, 2009, p. 232).

Essa população hipotética teria completado o ciclo de vida, mesmo parecendo que nada aconteceu. Perceba que "ambas as conclusões do princípio do equilíbrio de Hardy-Weinberg foram violadas. As frequências alélicas mudaram de uma geração para a seguinte, assim não se consegue calcular as frequências genotípicas por meio da multiplicação das frequências alélicas" (Freeman; Herron, 2009, p. 234).

Essa população não se enquadra no princípio de Hardy-Weinberg por ser pequena, pois em uma população de pequeno porte eventos ao acaso produzem resultados diferentes das expectativas teóricas. Nessa simulação, os eventos ao acaso foram a escolha de gametas na formação dos zigotos. Não houve retirada de gametas com alelos A1 ou A2 e a expectativa era de que a relação 0,6 e 0,4 fosse mantida, o que não ocorreu. "Esse tipo de discrepância aleatória entre a expectativa teórica e os resultados efetivos é chamada erro de amostragem. O erro de amostragem na produção de zigotos a partir de um conjunto gênico é a deriva genética" (Freeman; Herron, 2009, p. 234).

A deriva genética é a simples acumulação de efeitos dos eventos aleatórios, não produzindo adaptação. "Entretanto, como vimos, ela pode causar mudança nas frequências alélicas. A sorte cega, por si só, é um mecanismo de evolução" (Freeman; Herron, 2009, p. 234). Poderia especular-se que nessa pequena população os alelos A1 foram ligeiramente mais bem-sucedidos que os alelos A2 – e sucesso reprodutivo é seleção natural, certo? Não é bem assim, pois, se houvesse seleção, o sucesso reprodutivo deveria ser explicável por meio dos fenótipos produzidos, e os indivíduos com uma ou duas cópias de A1 deveriam ter algumas qualidades, como maior capacidade de sobreviver ao meio e encontrar alimento e parceiros para reprodução. No entanto, o que verdadeiramente ocorreu foi que "Eles foram apenas 'sortudos'; aconteceu que seus alelos foram retirados mais vezes do conjunto gênico. A seleção natural é o sucesso reprodutivo diferencial que acontece por algum motivo. A deriva genética é sucesso reprodutivo diferencial que simplesmente acontece" (Freeman; Herron, 2009, p. 234).

Fluxo gênico é o nome dado ao movimento dos genes que ocorre por migrações ou intercruzamentos (Ridley, 2007). Para Freeman e Herron (2009, p. 801), pode ser definido como a "movimentação de alelos de uma população para outra, tipicamente por meio da movimentação de indivíduos ou por meio do transporte de gametas por vento, água ou polinizadores". Os autores afirmam que a migração de um indivíduo de uma população para outra leva um conjunto de genes herdados de seus ancestrais. Estes, caso ele seja bem-sucedido reprodutivamente, serão transmitidos a seus descendentes, membros da população que o recebeu. Trata-se de um exemplo de transferência de genes ou fluxo gênico. Caso existam duas populações com frequências gênicas diferentes e a seleção natural esteja atuando, o fluxo gênico fará as frequências gênicas dessas populações convergirem, estabilizando-se (Freeman; Herron, 2009).

3.4 Teorema de Hardy-Weinberg

Segundo Beiguelman (2008), foram Wilhelm Weinberg (1862-1937) e Godfrey Harold Hardy (1877-1947) que concluíram, em 1908, de modo independente e praticamente ao mesmo tempo, os fundamentos da "Genética de Populações, isto é, **o ramo da Genética que visa à investigação da dinâmica dos genes nas populações naturais**" (Beiguelman, 2008, p. 9, grifo do original).

A genética de populações pretende elucidar os mecanismos que alteram a composição gênica e a ação de fatores evolutivos como mutação, seleção natural e fluxo gênico de populações migrantes "**ou apenas a frequência genotípica pelo aumento da homozigose** (efeito dos casamentos consanguíneos ou da subdivisão da população em grandes isolados)" (Beiguelman, 2008, p. 9, grifo do original). Suas conclusões ocorreram 8 anos após a redescoberta dos estudos de Mendel e atualmente são conhecidas como *princípio de Hardy-Weinberg*.

Hardy foi matemático, sendo sua maior contribuição no estudo da genética de populações. Weinberg, "além de ter sido um dos criadores da Genética de Populações, deu contribuições notáveis e pioneiras ao estudo de gêmeos, à correção de distorções causadas pelo tipo de averiguação, e à solução de numerosos problemas de estatística médica" (Beiguelman, 2008, p. 9), isso levando em consideração que manteve sua carreira como médico durante 42 anos, na Alemanha, onde foi clínico geral e obstetra, responsável por cerca de 3,5 mil partos, e contava com mais de 160 publicações relativas a suas atividades científicas.

Para Freeman e Herron (2009), esse teorema define o estudo de genética de populações como o conjunto de mecanismos que conduzem as modificações das frequências de alelos de uma geração para outra. Aliando-se à síntese da genética proposta por Mendel e à Teoria da Evolução proposta por Darwin, temos a base da Teoria Sintética ou do neodarwinismo.

Ridley (2007) afirma que a utilidade do teorema de Hardy-Weinberg está em suas premissas, bastante simples e essenciais: ausência de seleção natural, ausência de mutação, ausência de migração, ausência de eventos aleatórios e escolha aleatória de parceiros dentro da população.

3.5 Método de cálculo das frequências gênica e genotípica nas populações

Em seu livro *A criação: como salvar a Terra*, Edward O. Wilson (2008) repassa com maestria a explicação utilizada em suas aulas na Universidade de Harvard, descritas por ele como cheias de acadêmicos muito jovens e com certa resistência à matemática. Na descrição de sua metodologia de ensino, ele considera conceitos prévios, pois recomenda que a introdução da equação de Hardy-Weinberg seja posterior aos conteúdos iniciais da genética mendeliana, considerando esta "uma pedra fundamental da genética populacional e da teoria evolutiva" (Wilson, 2008, p. 116).

Cada ser humano tem dois alelos, versões de um gene, herdados um do pai e outro da mãe, também conhecidos como genes alelos, os quais apresentam um par de cromossomos similares. Em alguns lócus (lugares), existe um gene que pode ser diferente ou não de seu alelo correspondente no outro cromossomo, por conseguinte, o número de "genes naquela posição é o dobro do número de pessoas" (Wilson, 2008, p. 116).

"Tome uma certa porcentagem de genes do primeiro tipo na posição selecionada, digamos 80% (uma frequência de 0,8) e 20% do segundo tipo (uma frequência de 0,2)" (Wilson, 2008, p. 116). Em uma população hipotética, do total de indivíduos, 80% possuem o gene do primeiro tipo e o restante, 20%, apresenta o do segundo tipo. Elaborando isso de modo matemático, mais precisamente considerando a equação de Hardy-Weinberg, a frequência dos organismos – neste caso, pessoas – na população com dois genes do primeiro tipo na posição selecionada corresponde ao quadrado da frequência daquele gene, então temos uma frequência de 0,8. Considerando que são dois genes, realizamos o cálculo usando 0,8 multiplicado por 0,8, obtendo como resultado uma frequência de 0,64; nessa mesma linha de raciocínio, para calcular a frequência de genes do segundo tipo, repetimos o processo e multiplicamos 0,2 por 0,2, obtendo 0,04 (Wilson, 2008).

> Por fim, a porcentagem dos organismos na população com um gene de cada tipo é o múltiplo das duas frequências de genes, vezes dois; neste exemplo,

0,8 · 0,2 + 0,2 · 0,8 = 0,32

A soma dessas três frequências deve ser igual a 1,00, ou seja, 100%, e é o que acontece: 0,64 + 0,04 + 0,32 = 1,0. É só isso. Nada mais.

Agora você pode expressar esse princípio com uma equação matemática:

$p^2 \cdot 2pq \cdot q^2 = 1,0$.

Convertida em números, essa equação é:

(0,8 · 0,8) + 2(0,8 · 0,2) + (0,2 · 0,2) = 1,00. (Wilson, 2008, p. 116)

Ridley (2007) também apresenta um modelo simplificado de cálculo de acordo com a teoria da genética de populações. Nesse caso, pretende estudar dois fatores que trabalham interconectados: a frequência gênica e a frequência genotípica. No exemplo, cada indivíduo tem dois genes em um mesmo *loco* gênico, e as possibilidade de alelos são A (dominante) e a (recessivo). No Quadro 3.3, estão os dados usados como base para o cálculo de frequência genotípica referente aos genótipos, e de frequência gênica, referente aos genes.

Quadro 3.3 – População hipotética

Possíveis genótipos de cada indivíduo de uma população hipotética contendo oito pessoas – cada alelo representa uma versão de um gene que foi recebido dos pais, sendo um do pai e outro da mãe	
Indivíduo	Genótipo
01	Aa (alelos A e a)
02	AA (alelos A e A)
03	aa (alelos a e a)
04	aa (alelos a e a)
05	AA (alelos A e A)

(continua)

(Quadro 3.3 - conclusão)

Possíveis genótipos de cada indivíduo de uma população hipotética contendo oito pessoas – cada alelo representa uma versão de um gene que foi recebido dos pais, sendo um do pai e outro da mãe	
Indivíduo	Genótipo
06	Aa (alelos A e a)
07	Aa (alelos A e a)
08	AA (alelos A e A)

Fonte: Elaborado com base em Ridley, 2007.

Supondo que gostaríamos de saber a **frequência genotípica de AA**. Analisando o Quadro 3.3, contamos quantas pessoas apresentam dois alelos dominantes do **tipo A**, que têm o **genótipo AA**, e encontramos os indivíduos 02, 05 e 08. Observamos, então, que três em um total de oito apresentam esse tipo de genótipo. Para calcular a frequência, podemos dividir o número de indivíduos com o genótipo AA (3) pelo total de indivíduos (8) e obtemos como resultado 0,375 (Ridley, 2007).

Número de indivíduos com genótipo AA: 3
Número total de indivíduos: 8

$$\frac{3}{8} = 0,375$$

Como resultado, obtemos uma frequência genotípica de 3/8 (três oitavos) ou 0,375 apresentando o genótipo AA.

Repetiremos o procedimento, agora para calcular a **frequência genotípica de Aa**. Contamos quantas pessoas apresentam um alelo dominante do **tipo A** e um alelo recessivo do **tipo a**, com o **genótipo Aa**, e encontramos os indivíduos 01, 06 e 07. Constatamos, então, que três em um total de oito apresentam esse tipo de genótipo. Para calcular a frequência, dividimos o número de indivíduos (3) pelo total (8) e obtemos como resultado 0,375 (Ridley, 2007).

Número de indivíduos com genótipo aa: 2
Número total de indivíduos: 8

$$\frac{2}{8} = 0,25$$

Como resultado, obtemos uma frequência genotípica de 2/8 (dois oitavos) ou 0,25 apresentando o genótipo Aa.

Para termos certeza de que esse cálculo está correto, o resultado da soma dos valores obtidos deve ser igual a 1: Frequência genotípica de AA (0,375) + Frequência genotípica de Aa (0,375) + Frequência de genotípica de aa (0,25) = 1.

No **teorema de Hardy-Weinberg** foram utilizados símbolos de álgebra para formular a equação: **p** para o genótipo contendo **dois alelos dominantes, aqui representados por AA** (homozigoto dominante); **q** para o genótipo Aa (heterozigoto), que contém um **alelo dominante do tipo A** e um **alelo recessivo do tipo a**; e **r** para o genótipo aa (homozigoto recessivo), que contém **dois alelos recessivos do tipo a**. Colocando nesse formato algébrico os resultados encontrados nos cálculos anteriores, chegamos ao esquema do Quadro 3.4.

Quadro 3.4 – Resultados para frequência genotípica dos genótipos AA, Aa e aa

Símbolo algébrico representando o genótipo	Frequência genotípica desse genótipo
p = AA	0,375
q = Aa	0,375
r = aa	0,25

Para medirmos a frequência gênica, faremos os cálculos de maneira parecida e com o mesmo raciocínio. Em uma população contendo 8 indivíduos, cada um apresenta dois genes, portanto há um total de 16 genes por *loco*.

01 = Aa; 02 = AA; 03 = aa; 04 = aa; 05 = AA; 06 = Aa; 07 = Aa e 08 = AA.

Calculamos a frequência gênica dessa população contando quantos genes de cada tipo (A, a) existem. Observando o **Quadro 3.4**, no qual estão descritos os genótipos, percebemos que existem **9 genes do tipo A** e **7 genes do tipo a**. Dessa maneira, procedemos:

Calculamos a **frequência gênica do gene tipo A** dividindo o número de genes desse tipo encontrados (9) pelo total de genes da população (16, isto é, 8 indivíduos com 2 genes cada):

$$\frac{9}{16} = 0{,}562$$

Nesse caso, dizemos que a **frequência gênica do alelo do tipo A é de 0,562**.

Para descobrirmos a **frequência gênica do gene do tipo a**, dividimos o número de genes (7) pelo total da população (16), obtendo:

$$\frac{7}{16} = 0,437$$

Dizemos, então, que a **frequência gênica do alelo do tipo a é de 0,437**.

O cálculo das frequências gênicas com base nas frequências genotípicas através dessas equações é muito importante, pois, mesmo que seja possível utilizar o cálculo das frequências genotípicas com p, q, r, "o oposto não é verdadeiro: as frequências genotípicas não podem ser calculadas a partir das frequências gênicas" (Ridley, 2007, p. 127). Conhecendo essas variáveis-chave, podemos compreender como os geneticistas de populações fazem suas análises e percebem as variações ao longo do tempo.

Considere que esteja calculando a frequência gênica de uma população que apresenta um gene com dois alelos: **A** com frequência de 0,7 e **a** com frequência de 0,3

Sabendo que cada gameta apresenta apenas 1 unidade de cada alelo, intuímos que 70% possuem o alelo A, e 30%, o alelo a. Nesse caso, temos que:

p^2 = AA
pq = Aa
q^2 = aa

Calculando a frequência (representada por f) genotípica de **AA** (representado por p), obtemos a seguinte equação:

p^2 = AA
$f(A) \cdot f(A) = (0{,}7) \cdot (0{,}7) = 0{,}49$ ou 49%

Para o cálculo da frequência genotípica de **Aa**, usamos a fórmula:

pq = Aa, onde p = A e q = a

O genótipo Aa (heterozigoto) pode ser formado, por exemplo, quando um gameta feminino contendo um gene A é fecundado por um gameta masculino contendo o gene a; ou em caso contrário, com o gameta portador do alelo dominante A sendo o masculino e o portador do alelo recessivo, o feminino.

Como existem duas possibilidades, utilizamos a regra do "ou" emprestada da genética clássica: acrescenta-se um 2 à fórmula para calcular a probabilidade de ocorrer um tipo ou outro de fecundação:

Possibilidade de o gameta A ser fecundado pelo gameta a:
$a - f(Aa) = p \cdot q$
Possibilidade de o gameta a ser fecundado pelo gameta A:
$A - f(aA) = q \cdot p$
Portanto, como são duas possibilidades, a equação fica:

$f(aA) = 2 \cdot pq$
$f(A) \cdot f(a) + f(a) \cdot f(A) = (0{,}7 \cdot 0{,}3) + (0{,}3 \cdot 0{,}7) = 0{,}42$ ou 42%

Para o cálculo da frequência gênica de **aa** recorremos à fórmula:

q² = aa
$f(a) \cdot f(a) = (0,3) \cdot (0,3) = 0,09$ *ou* 9%
q² = 0,09

O resultado da soma das frequências gênicas deverá ser sempre 100%, obedecendo ao teorema de Hardy-Weinberg:

*p*² + 2*pq* + *q*² = 1
0,49 + 0,42 + 0,09 = 1

Ou, no caso da soma dos resultados percentuais obtidos neste exercício: 49 + 42 + 9 = 100%.

A aplicabilidade desses conhecimentos vai muito além do desenvolvimento do raciocínio lógico; algumas áreas que os utilizam trabalham com o melhoramento de animais e plantas. Porém, todos os campos de estudo que utilizam a reprodução de seres vivos podem se beneficiar desse teorema para produzir modelos matemáticos de previsão de evolução genética em populações biológicas.

Síntese proteica

Neste capítulo, retomamos assuntos como a seleção natural, um dos fatores responsáveis pela variabilidade genética – discutida no Capítulo 2 –, que seleciona seres com características genéticas mais bem adaptadas para certo ambiente, definindo conjuntos de genes, genótipos favoráveis que são passados aos descendentes pela reprodução. Outro fator discutido foi o fluxo gênico, que ocorre por meio da migração e dos cruzamentos dentro de uma população (*crossing-over*).

Na migração, vários indivíduos se locomovem para outras populações e por meio de cruzamentos acabam levando genes "novos". O *crossing-over* ocorre durante a produção de gametas (espermatozoides e óvulos), quando as cromátides se tocam no processo denominado *quiasma*, trocando genes e formando novas combinações, herdadas pela prole. O caso da mutação é diferente, esta surge em decorrência de erros ocorridos durante o processo de transcrição do DNA, transformando cópias de um alelo em cópias de outro alelo, por exemplo, podendo estas serem transmitidas aos descendentes caso ocorra na formação de gametas.

Além desses processos, tratamos da deriva genética, que conta com a casualidade, um evento aleatório que separa uma população em duas, provocando mudanças na genética e fazendo alguns gametas – portadores de genótipos – terem maior sucesso reprodutivo e participarem de mais fecundações do que aqueles com outros genes.

Para finalizar, tivemos contato com os cálculos do Teorema de Hardy-Weinberg, uma proposta de estudo para genética de populações que permite calcular as frequências alélicas e genotípicas em um modelo de comportamento para uma população ideal. Na prática, aplica-se em engenharia agronômica e medicina veterinária, além de biotecnologia e outras áreas que trabalham com o melhoramento genético de plantas e de animais. Os cálculos utilizados permitem a previsão do comportamento dos fluxos gênicos em populações reais.

Rede neural

1. Imagine que você tem um jogo de botões: 10 azuis e 10 brancos. Aleatoriamente, sorteia pares, considerando que os pares branco-branco serão brancos e os azul-branco e azul-azul serão azuis, e obtém:

   1° par: azul-branco; 2° par: branco-branco; 3° par: azul-azul, 4° par: branco-branco, 5° par: azul-branco; 6° par: azul-branco; 7° par: azul-branco; 8° par: azul-branco; 9° par: azul-branco; 10° par: azul-azul.

   Para proceder à contagem de genótipos, primeiramente contamos quantos pares de cada combinação tivemos: 2 azul-azul, 6 azul-branco e 2 branco-branco. Já sabemos que o genótipo branco é o recessivo e que o resultado fenotípico dessa população de botões seria de 2 fenótipos brancos e 8 fenótipos azuis.

   Calcule a frequência genotípica de pares de botões de fenótipo azul e de fenótipo branco. Considere que nessa população os genes estão representados da seguinte forma: 10 b (branco) e 10 B (azul). Sua combinação resultou em 6 pares Bb, 2 BB e 2 bb.

   A) Bb: 0,1; bb: 0,5; BB: 0,4.
   B) Bb: 0,2; bb: 0,3; BB: 0,5.
   C) Bb: 0,2; bb: 0,2; BB: 0,6.
   D) BB: 0,5; bb: 0,3; Bb: 0,5.
   E) Bb: 0,2; bb: 0,5; Bb: 0,42.

2. Os principais mecanismos evolutivos são:

   A) Seleção natural, migração, mutação e deriva gênica.
   B) Seleção natural, seleção direcionada e uso e desuso.
   C) Seleção direcionada, ortogenética e disrupção.
   D) Adaptação, direcionamento e derivação.
   E) Uso e desuso e hereditariedade dos caracteres adquiridos.

3. Imagine que você tem uma população de 100 duendes azuis e verdes. Sabendo que essas condições são representadas pelos alelos AA e Aa para duendes verdes e aa para duendes azuis, considere que 80% tenham o alelo A e 20%, o alelo a. As frequências dessa população, calculadas por meio do Teorema Hardy-Weinberg, corresponde a:

   A) f AA: 0,52; aa: 0,32; Aa: 0,16.
   B) f AA: 0,23; aa: 38; Aa: 0,39.
   C) f AA: 0,25; aa: 0,41; Aa: 0,34.
   D) f AA: 0,64; aa: 0,04; Aa: 0,32.
   E) f AA: 0,21; aa: 0,25; Aa: 0,44.

4. A propósito da deriva gênica e do fluxo gênico, é correto afirmar que:

   A) Tanto a deriva gênica, que ocorre por um evento direcionado separando as populações, quanto o fluxo gênico, que ocorre com migrações e cruzamentos entre os pares, produzem a variabilidade genética.
   B) Tanto a deriva gênica, que ocorre por um evento aleatório separando as populações, quanto o fluxo gênico, que ocorre com mutações e cruzamentos entre os pares, produzem a variabilidade genética.

C Tanto a deriva gênica, que ocorre por um evento aleatório separando as populações, quanto o fluxo gênico, que ocorre com modificações e cruzamentos entre espécies diferentes, produzem a variabilidade genética.

D Tanto a deriva gênica, que ocorre por um evento aleatório juntando as populações, quanto o fluxo gênico, que ocorre com emigrações e cruzamentos entre os pares, produzem a variabilidade genética.

E Tanto a deriva gênica, que ocorre por um evento aleatório separando as populações, quanto o fluxo gênico, que ocorre com migrações e cruzamentos entre os pares, produzem a variabilidade genética.

5. O fluxo gênico provoca:

   A Extinção de uma espécie por desastres naturais.
   B Mutações em uma espécie por radiação.
   C Variabilidade genética por migrações e intercruzamentos.
   D Migração de indivíduos por mudanças climáticas.
   E Variabilidade genética por deriva gênica.

Biologia da mente

Análise biológica

1. Qual(is) a(s) diferença(s) entre deriva gênica e fluxo gênico?
2. A seleção artificial e o melhoramento genético não são novidades, muito menos sua aplicação direcionada pelo homem. Sua aplicabilidade na espécie humana também não é nova. As ideias eugênicas (de melhoramento da espécie humana) estão presentes em nossa sociedade? Se sim, qual é sua relação com os conteúdos estudados até o momento?

📋 Prescrições da autora

Antes de responder **à Questão 2 da "Análise biológica"**, recomendamos a leitura do seguinte artigo:

TEIXEIRA, I. M.; SILVA, E. P. História da eugenia e ensino de genética. **Revista História da Ciência e Ensino**, v. 15, p. 63-80, 2017. Disponível em: <https://revistas.pucsp.br/index.php/hcensino/article/viewFile/28063/22596>. Acesso em: 24 maio 2020.

No laboratório

1. Existem diversos jogos e aplicativos para celular que simulam a evolução biológica, sendo atualmente Plague Inc. um dos mais realistas. Este é um jogo que aborda a evolução de microrganismos patogênicos – **vírus**, **bactérias** e **fungos causadores de doenças** – e simula sua capacidade de mutação e adaptação aos diversos ambientes. O objetivo do jogador é conseguir a evolução do micro-organismo levando a uma pandemia que poderia causar a extinção da humanidade. Embora as fases seguintes do jogo apresentem opções fora da realidade, durante a maior parte, ele é bastante didático no que diz respeito à evolução biológica e à seleção natural. Trata-se de um aplicativo para celular que pode ajudar na fixação dos conteúdos aprendidos de maneira bastante lúdica e intuitiva. Está disponível na Play Store e no Google Play.

Após testar o aplicativo, produza um texto de opinião comparando a evolução dos vírus e o comportamento humano no jogo com o percebido durante evolução da pandemia de COVID-19 (corona vírus), em 2020. Argumente a respeito da importância do conhecimento sobre as mutações genéticas e a evolução biológica em nosso cotidiano. Além disso, indique medidas adicionais que poderiam ser tomadas para conter a expansão do vírus.

CAPÍTULO 4

MACROEVOLUÇÃO E EVOLUÇÃO MOLECULAR,

Estrutura da matéria

Neste capítulo, exploraremos o ancestral de todas as formas de vida, passando pela evolução de células e de organelas, além de dar atenção especial para a evolução molecular da genética desses microrganismos e demais seres. Abordaremos, também, o papel das interações ecológicas na coevolução.

Estudaremos a evolução dos seres vivos do ponto de vista microscópico, no caso da evolução dos genes e dos genomas, e de organismos unicelulares procariontes e eucariontes vistos pelas lentes das teorias da origem da vida e da filogenia comparada; bem como do ponto de vista macroscópico, no caso das grandes transições geológicas e biológicas, em reconstruções filogenéticas, que englobam estudos de sistemática e taxonomia.

Segundo Zaia (2004, p. 3, tradução nossa), a trajetória evolutiva dos seres vivos é estudada por diversas áreas da ciência, como a biologia, a química e a física na tentativa de responder às seguintes questões: "como surgiu a vida em nosso planeta? Será que ela (a vida) foi trazida de outro lugar do universo? Será que a vida surgiu e evoluiu aqui em nosso planeta?". As teorias atuais dão conta de que a vida surgiu há cerca de 3,5 bilhões de anos (Raven; Evert; Eichhorn, 2014, p. 19). Podemos ter uma data aproximada, mas as demais perguntas precisam ser respondidas, e

> Segundo as teorias atuais, moléculas orgânicas, formadas pela ação de relâmpagos, chuva e energia solar nos gases no ambiente ou expelidas por fontes hidrotermais, acumularam-se nos oceanos. Algumas moléculas orgânicas tendem a se agrupar, e estes grupos provavelmente adquiriram a forma de gotículas,

similares às gotículas formadas por óleo na água. (Raven; Evert; Eichhorn, 2014, p. 40)

Conheceremos a trajetória dos primeiros seres vivos, as mudanças moleculares, a evolução dos genomas e as atuais pesquisas de filogenia comparada.

4.1 Origem da vida e o ancestral de todas as formas de vida atuais

A evolução das teorias da origem da vida, segundo Zaia (2003), passou a ser discutida a partir do século XIX. Antes disso, aceitava-se a ideia da abiogênese, pois

> filósofos, cientistas, pensadores e mesmo qualquer pessoa culta aceitavam a existência de duas maneiras de gerar um ser vivo: através dos seus semelhantes (pais) e por geração espontânea [...]. Até meados do século XIX a comunidade científica estava dividida nesta questão. Este dilema só foi resolvido com os clássicos experimentos realizados por Louis Pasteur e John Tyndall, sendo que este último demonstrou que algumas bactérias eram resistentes ao calor e poderiam depois de algum tempo voltar a se reproduzir permitindo, assim, explicar algumas observações que a primeira vista pareciam corroborar a teoria da geração espontânea. Portanto, a partir destes experimentos a teoria de geração espontânea foi totalmente abandonada pelos cientistas. (Zaia, 2003, p. 260-261)

O artigo de Zaia (2003) intitulado "Da geração espontânea à química prebiótica" traz informações sobre as principais descobertas a propósito da origem da vida, citando a teoria da geração espontânea, já comentada, além das hipóteses de Oparin e J. B. S. Haldane (1892-1964), de 1924 e 1929, respectivamente:

> primeiramente, a partir de moléculas simples (por exemplo metano, amônia, água, hidrogênio) que reagiam entre si, ocorreu o acúmulo de biomoléculas (aminoácidos, lipídios, açúcares, purinas, pirimidinas etc.), isto levou um período de muitos milhões de anos; posteriormente, estas biomoléculas começaram combinar umas com as outras para formar biopolímeros (moléculas gigantescas feitas pela repetição de unidades simples, como por exemplo as proteínas, que são sintetizadas a partir das unidades aminoácidos); mais alguns milhões de anos transcorreram e, então, estes biopolímeros começaram a se combinar formando o que Oparin chamou de estruturas coacervadas, que lembram muito as células de hoje. (Zaia, 2003, p. 261)

Zaia (2003) relata que essa teoria foi testada por Stanley Miller (1930-2007) em um experimento que deu origem à química prebiótica, área que se ocupa em estudar os fenômenos químicos que possivelmente deram condições para o surgimento das primeiras moléculas orgânicas e, consequentemente, do primeiro ser vivo. O autor discorre sobre os diversos caminhos pelos quais as reações químicas podem ter contribuído para esse evento e relata: "única certeza que temos é que, biomoléculas e biopolímeros que hoje são importantes para os seres vivos, são facilmente formados em diversos ambientes estudados" (Zaia, 2004, p. 8, tradução nossa).

Existem diversas hipóteses para explicar a evolução das biomoléculas até formarem sistemas celulares simples que evoluíram até os multicelulares que conhecemos hoje. Uma delas é descrita por Ridley (2007, p. 553) e aponta que esse florescimento da vida celular provavelmente não foi inevitável, pois há a possibilidade de terem existido sistemas de replicação molecular rudimentares "com as moléculas sendo replicadas à medida que seus blocos constituintes se ligassem a elas e formassem cópias ou semicópias do todo". Para que o sistema se tornasse complexo, precisaria de enzima e de sistemas de aproveitamento dos recursos capazes de explorá-los e convertê--los em unidades moleculares que seriam utilizadas na replicação. Esse avanço seria difícil de ocorrer, pois um erro mutacional poderia se tornar extremamente prejudicial na mesma proporção do aumento do tamanho da molécula replicante. No entanto, uma mutação vantajosa seria capaz de produzir moléculas úteis que compartilhariam essa inovação com todas as demais. Nesse caso, "Uma molécula replicadora 'egoísta', que usa os recursos feitos por outras, mas não os fabrica, teria uma vantagem seletiva sobre as moléculas replicadoras que produzem e usam os recursos" (Ridley, 2007, p. 554).

Ainda segundo Ridley (2007), existem inúmeras evidências de que a vida celular procariótica surgiu há aproximadamente 3,5 bilhões de anos. Isso se deve ao fato de terem encontrado fósseis de unicelulares semelhantes aos estromatólitos que persistem até a atualidade. Esses estromatólitos são formados quando as células procarióticas crescem na superfície do mar e há acúmulo de sedimentos sobre elas: "Então as células crescem em direção à luz, deixando uma camada mineralizada abaixo delas. Com a repetição do processo ao longo do tempo, desenvolve-se um estromatólito, consistindo em várias camadas mineralizadas" (Ridley, 2007, p. 553).

Segundo Freeman e Herron (2009), é possível que o surgimento da vida, em um ambiente até então abiótico, tenha acontecido de uma única vez e colonizado rapidamente o planeta Terra ou, então, tenha passado por vários inícios e muitas extinções causadas pelo impacto de meteoros. A vida pode ter surgido na água em vaporização das fontes termais, podendo ter evolução exclusivamente terrestre ou proveniente de outros locais de nosso sistema solar. São muitas as possibilidades e, segundo os autores, os pesquisadores da área decidiram dividir em três fases as origens da vida, resumidas no Quadro 4.1.

Quadro 4.1 – Possíveis fases das origens da vida

1ª fase	Iniciada com a síntese dos aminoácidos, dos nucleotídeos e dos carboidratos simples, a partir de pequenas moléculas inorgânicas consideradas "os blocos de construção da vida".
2ª fase	Ocorre a reunião dos blocos de construção em um polímero como RNA (ácido ribonucleico), que contém e transmite a informação.
3ª fase	Ocorre a compartimentação celular (formação das organelas), que teria permitido avanços significativos na evolução fenotípica e levado à comunidade de células da qual toda a vida atual descende – os últimos ancestrais comuns universais.

Fonte: Elaborado com base em Freeman; Herron, 2009.

As primeiras células provavelmente eram muito simples, formadas apenas por uma molécula replicadora dentro de uma membrana celular, similares às versões modernas de células procarióticas – porém menos complexas (Ridley, 2007). Margulis (2001, p. 81) definiu que atualmente as células têm maior complexidade:

> Não existe forma de vida fora de uma célula autossustentável, autorreprodutora. A forma de vida mais despojada e mínima da Terra ainda é extraordinariamente complexa. Até uma minúscula esfera fechada por membrana, uma célula bacteriana sem

paredes, precisa de uma equipe de interações moleculares, mais de 15 tipos de DNA e RNA, cerca de quinhentos e, mais geralmente, até quase cinco mil tipos diferentes de proteína. Por si sós, o RNA, o DNA ou qualquer vírus não estão vivos. Todas as células vivas, mesmo em princípio, são muito mais complexas do que qualquer gene ou vírus.

A "Origem dos eucariotos [ocorreu] [...] pelo menos há 1,5 bilhão de anos [e dos] [...] animais multicelulares em torno de 700 milhões de anos" (Raven; Evert; Eichhorn, 2014, p. 19). A evolução do metabolismo celular e o surgimento do processo fotossintético podem ser considerados fatores essenciais para a evolução, bem como para a manutenção das formas de vida conhecidas atualmente, sendo que

> É consenso, no âmbito das Ciências, que a energia solar possibilitou a diversidade dos seres vivos num passado remoto e sustenta a vida em nosso planeta ainda hoje; foi através dos processos bioquímicos de hidrólise da água, ocorridos durante o processo fotossintético de procariontes há cerca de 3,5 bilhões de anos, que surgiram as moléculas de oxigênio livre que possibilitaram o aparecimento dos eucariontes multicelulares. Além disso, a formação da camada de ozônio protegeu suas moléculas de DNA fazendo com que os mesmos [sic] alcançassem alto grau de complexidade. (Cordeiro, 2015, p. 22)

"O estudo das origens da vida é uma tarefa altamente cooperativa, que requer conhecimentos especializados de campos tão diversos como a astronomia, a geologia, a química, a biologia molecular e a biologia evolutiva" (Freeman; Herron, 2009, p. 680). Esse estudo exemplifica como a ciência pode trabalhar por meio de formulação de hipótese e testes, avançando mesmo sem haver consenso. Exemplo disso é o estudo da origem e da evolução das células eucarióticas e de suas organelas, que, segundo Dias (2016, p. 9),

> Devido às várias peculiaridades existentes nos eucariotos, torna-se mais complicado explicar a evolução de cada parte, sendo comum hipóteses que explicam alguns pontos irem de encontro a propriedades biológicas das células; quanto mais se descobre, mais questionamentos e complicações parecem surgir. Tomando emprestada a frase de López-García e Moreira (2015): em se tratando da evolução eucariótica, o demônio está nos detalhes. E para os eucariotos, esta frase faz todo o sentido. Cada peça da célula eucariótica tem uma história fascinante para contar, além de trazer implicações biológicas ainda pouco pensadas pelos cientistas. Infelizmente, no presente momento, temos acesso apenas a alguns versos destas histórias; e ainda estamos aprendendo a lê-los.

O microbiologista Carl Woese (1928-2012), em seu trabalho *Microbiology Bacterial Evolution* (1987), faz algumas previsões a respeito do estudo evolutivo da origem e da evolução da vida:

> Dentro de uma década, teremos a nossa frente uma enorme magnitude de informação evolutiva do que nós agora possuímos e seremos capazes de inferir muito mais com uma garantia maior do que agora. A raiz da árvore universal provavelmente terá sido determinada, muitas famílias de genes terão sido definidas, a evolução da organização genômica e dos mecanismos de controle serão os problemas sérios, as capacidades enzimáticas do RNA serão mais bem elucidadas e o relacionamento entre

a evolução do planeta e a vida nele será mais bem compreendida. Os conceitos do progenota da vida e dos ácidos nucleicos terão se tornado próprios. (Woese, 1987, p. 264, tradução nossa)

Essas observações sobre a evolução da tecnologia e, consequentemente, das pesquisas sobre a origem da vida realmente se confirmaram, como veremos na próxima seção, que trata especificamente da evolução dos genes e da genômica.

4.1.1 Estrutura e dinâmica evolutiva dos genes e dos genomas

Matioli (2001) afirma que um aspecto importante para o estudo genômico é a presença ou não de homogeneidade na composição de nucleotídeos em determinados pontos. Caso essa distribuição seja heterogênea, pode indicar a presença de isócoros, sequências teloméricas ou elementos de transposição. Além disso, deve-se considerar a utilização de códons como ferramenta para a investigação de mecanismos relacionados à evolução genômica.

Cuny et al. e Bernardi, citados por Matioli (2001), afirmam que os isócoros foram descobertos por Macaya et al. em 1976, recebendo essa denominação apenas mais tarde. Estes correspondem a segmentos de DNA com tamanho igual ou superior a "300 kb, que apresentam homogeneidade quanto à composição das sequências. Essa homogeneidade é refletida pelo seu conteúdo G+C elevado" (Matioli, 2001, p. 83), com G correspondendo ao nucleotídeo guanina e C, ao nucleotídeo citosina, como pontuamos anteriormente na estrutura do DNA.

Sem dúvida, esse é um tema ainda bastante controverso, e os mecanismos de evolução dos isócoros carecem de mais estudos para que se chegue a um consenso (Matioli, 2001). "O genoma dos vertebrados é um mosaico de isócoros agrupados em um número pequeno de famílias" (Matioli, 2001, p. 83). São reconhecidas cinco famílias no genoma humano: L1, L2, H1, H2 e H3 e existem duas hipóteses (Quadro 4.2) para explicar a origem dos isócoros (Matioli, 2001).

Quadro 4.2 – Hipóteses selecionista e mutacionista para a origem dos isócoros

Selecionista	Mutacionista
Propõe que a alta presença de guanina e citosina representaria uma adaptação a temperaturas elevadas, mas a presença de outros nucleotídeos, como adenina e timina, em grandes quantidades em bactérias termófilas gera dúvidas sobre essa explicação.	Também conhecida como neutralista, propõe que os isócoros tiveram origem a partir de um enviesamento nas taxas mutacionais em que ocorrem substituições de nucleotídeos ao longo de um genoma (Sueoka; Sharp et al., citados por Matioli, 2001), ou seja, "as diferenças na composição das bases seriam causadas por variações regionais nos padrões de mutação".

Fonte: Elaborado com base em Matioli, 2001.

"Os estudos sobre a utilização de códons ajudam a compreender os mecanismos que atuam na evolução dos genomas" (Matioli, 2001, p. 84). Então devemos reconhecer que o aumento no sequenciamento de sequências de DNA ocasionado pelos projetos de sequenciamento nos levaram ao avanço nos estudos e ao reconhecimento dos complexos fatores que determinam como os códons são utilizados.

"A duplicação gênica parece ser a explicação mais plausível para explicar a origem dos grupos de genes e famílias gênicas.

Após o evento da duplicação gênica, as cópias podem ser distribuídas na população por deriva gênica ou seleção" (Matioli, 2001, p. 85). Em um tempo mais longo, essas cópias podem manter intacta a sequência de DNA, como os genes ribossômicos, ou originar novas famílias gênicas por divergência. Matioli (2001, p. 85), com base em Liao, afirma que "acredita-se que a homogeneização de genes e famílias gênicas nos grupos seja resultado dos processos de *crossing over* desigual, conversão gênica, deslizamento das fitas de DNA durante a replicação e ampliação".

Existe grande variação no tamanho genômico, e isso se deve à presença de "sequência de DNA não codificante, DNA espaçador, sequências promotoras, sequências regulatórias, elementos de transposição, centrômeros, telômeros, sequências de DNA repetitivo [...] e sequências de DNA de retrovírus integradas ao genoma" (Matioli, 2001, p. 86). Acredita-se que as sequências repetitivas podem estar envolvidas em processos como o que Matioli (2001) chama de pontos quentes de recombinação, agindo como elementos reguladores de transcrição ou locais de poliadenilação e outros.

"Os centrômeros são sequências curtas de DNA repetitivo, semelhantes aos telômeros, que fornecem sítios específicos para a maquinaria de segregação do cromossomo durante a divisão celular" (Matioli, 2001, p. 86). Já os telômeros, a porção final de cromossomos de eucariontes, podem ser chamados de terminações especializadas, formados por repetições seriadas de DNA às quais algumas proteínas se ligam. Uma das funções dos telômeros é evitar a ligação ou fusão entre as extremidades dos cromossomos, protegendo-os da degradação nucleotídica e servindo como guia na localização dos cromossomos dentro do núcleo, de modo a garantir a duplicação de suas extremidades de maneira completa (Pidoux; Alshire, citados por Matioli, 2001, p. 86).

> Os estudos sobre a origem endossimbiótica das organelas é de extrema importância para compreensão dos processos evolutivos envolvendo essas estruturas. Levando em consideração as características compartilhadas entre a mitocôndria animal e o cloroplasto vegetal, percebemos que ambos possuem DNA próprio com formato circular. O DNA da mitocôndria codifica genes essenciais à função da respiração, enquanto o DNA do cloroplasto está ligado a fotossíntese. Apresentando de forma geral apenas uma cópia de cada gene. (Matioli, 2001, p. 87)

Matioli (2001) afirma que existem muitas diferenças em relação à organização do DNA mitocondrial dos organismos, o que pode ser fruto da diversificação em várias linhagens evolutivas. A organização dos genes de DNA mitocondrial parece extremamente conservada nos mais diversos grupos taxonômicos, como "mamíferos placentários, peixes ósseos e cartilaginosos, anfíbios etc. Em contrapartida, grupos de aves, alguns répteis e marsupiais apresentam variação quanto ao número de genes e na organização" do DNA mitocondrial (Matioli, 2001, p. 87). No caso do DNA dos cloroplastos, existem poucas variações entre os organismos, e as existentes se devem a um processo de migração de genes de genoma do cloroplasto para o genoma do núcleo celular (Matioli, 2001).

Esse autor ainda afirma que os genomas das organelas apresentam diferenças em relação ao genoma do núcleo celular e quanto às taxas evolutivas: "Os estudos bioquímicos e os projetos de sequenciamento do genoma das organelas de vários organismos têm gerado uma quantidade extraordinária de dados, contribuindo de forma significativa" (Matioli, 2001, p. 88) para elucidar a morfologia e a fisiologia das organelas.

"Dentre os mecanismos alternativos que contribuem para a origem das funções novas, citam-se o *splicing* alternativo, a ocorrência de genes sobrepostos e o compartilhamento de genes de edição de RNA" (Matioli, 2001, p. 90-91), e o número de genomas completamente sequenciados até março de 2001 era 59, sendo 36 de bactérias, 9 de *Archaea* e 14 de eucariontes. As ferramentas computacionais são fundamentais nesse tipo de pesquisa que necessita de armazenamento de dados e de instrumentos para sua análise e interpretação.

Para Ridley (2007), os estudos da genômica evolutiva procuram respostas sobre os eventos evolutivos ocorridos nos genomas. "A expansão de nossos conhecimentos sobre sequências genômicas está possibilitando formular perguntas sobre a evolução dos genomas e respondê-las" (Ridley, 2007, p. 578). O autor aponta que "Da década de 1960 até a de 1990 foram desenvolvidas, aperfeiçoadas e industrializadas técnicas para descobrir as sequências de aminoácidos das proteínas e as sequências de nucleotídeos dos genes" (Ridley, 2007, p. 578), gerando uma quantidade imensa de dados e possibilitando que as pesquisas em biologia se voltassem novamente para a árvore da vida. Os resultados obtidos nelas levaram ao desenvolvimento de áreas como a genômica evolutiva, alavancada com base no sequenciamento completo do genoma (humano) e a chamada evo-devo, "que explora nossa capacidade de identificar os genes individuais que controlam o desenvolvimento" (Ridley, 2007, p. 578).

A genômica evolutiva estuda as questões relacionadas à evolução dos genomas, mas suas pesquisas ainda engatinham, pois estão limitadas a genomas já sequenciados parcial ou totalmente. Esse fator "limitou a pesquisa atual a humanos, a camundongos (em parte), ao verme (*Caenorhabditis elegans*), à drosófila (*Drosophila melanogaster*) e a uma erva daninha (*Arabidopsis*)", e existem algumas pesquisas sobre procariontes (Ridley, 2007, p. 578-579). O genoma humano foi sequenciado e parcialmente publicado em 2001, porém as pesquisas na área da genômica evolutiva não estão limitadas aos humanos e procuram o entendimento da genômica de todos os seres vivos.

"Já há um século e meio, os biólogos vêm estudando a história de 3.500 milhões de anos de nossos corpos, e tem de haver uma história equivalente também para o nosso DNA. Os biólogos perceberam que podiam ser feitas perguntas sobre genômica evolutiva" (Ridley, 2007, p. 590). As hipóteses modernas baseiam-se em ideias antigas, contudo as técnicas de pesquisa mudaram, com o surgimento de novas evidências:

> No passado, os bioquímicos destruíam as células, analisavam seus componentes, isolavam-nos para determinar sua estrutura tridimensional na busca de saber como funcionam. No futuro, com o conhecimento das partes e por meio da simulação computacional de diferentes redes de genes, complexos proteicos e vias metabólicas (11) será possível ter o conhecimento global de como o conjunto opera em sua dinâmica para sobreviver às variações do meio. (Zancan, 2002, p. 5)

Ridley (2007, p. 590) afirma que "A história do conjunto gênico humano só pode ser inferida quando conhecermos a maior parte das sequências de DNA de várias espécies". Os estudos sobre a datação de duplicações, deleções e transferências de genes carecem de dados que são gerados com sequenciamentos:

> Os genes codificadores de proteínas do genoma humano podem ser comparados com os genes dos procariotos, dos eucariotos unicelulares, dos animais invertebrados e dos vertebrados. Cerca de 20% de nossos genes são compartilhados com toda a vida; 32% tiveram origem nos eucariotos unicelulares; 24% evoluíram antes da origem dos animais, e 22% por volta da origem dos vertebrados. O genoma humano pode ser usado para estudar a história do DNA humano. (Ridley, 2007, p. 591)

A "genômica evolutiva está tão empolgada com suas promessas quanto com o que já os conquistou – os resultados iniciais são ideias interessantes. E provável que, nos anos vindouros, a genômica evolutiva se torne uma das áreas de crescimento mais rápido da biologia evolutiva" (Ridley, 2007, p. 590). Atualmente, a genômica apresenta desenvolvimento em expansão e, a todo momento, surgem novidades tanto na elucidação de parentescos evolutivos como na aplicabilidade das pesquisas em áreas de saúde, produção de alimentos e medicamentos, produção de energia com menor impacto ambiental e biorremediação.

4.2 Grandes transições evolutivas

O Quadro 4.3 apresenta os principais eventos dos éons hadeano, arqueano e proterozoico. O Quadro 4.4, por sua vez, trata das três eras do éon fanerozoico. Eles abordam desde o aparecimento das primeiras formas de vida, o nome dos períodos em cada era, a idade determinada por datação radioativa, além de algumas anotações sobre comunidades importantes de plantas, alterações de clima e eventos geológicos (Freeman; Herron, 2009).

Quadro 4.3 – Principais eventos dos éons hadeano, arqueano e proterozoico

Grandes transições evolutivas		
Éon	Surgimento de comunidades importantes de plantas e de animais	Alterações climáticas e eventos geológicos
Hadeano 4,6 bilhões de anos		Rochas terrestre mais antigas entre 4,6 e 4,404 bilhões de anos
Arqueano 3,6 bilhões de anos	Primeiras bactérias	
Proterozoico 2,5 bilhões de anos	Primeiros eucariontes, primeiros pluricelulares	

Fonte: Elaborado com base em Freeman; Herron, 2009.

As Figuras 4.1, 4.2 e 4.4, a seguir, mostram exemplos de fósseis de animais como trilobitas e braquiópodes e peixes ósseos, além de fósseis da Era Mesozoica e do Período Cretáceo e da Era Cenozoica e do Período Paleogeno, que são algumas evidências utilizadas para a organização dos quadros apresentados.

> O planeta Terra em seus primeiros milhões de anos foi caracterizado por um ambiente totalmente instável. Sabe-se que a atmosfera foi enriquecendo gradativamente após sucessivas mudanças na composição do ambiente, tais como, clima, oceanos e níveis de oxigênio. Após o "Grande evento de oxidação" – ocorrido há cerca de 2,5 bilhões de anos atrás no início do éon

Proterozoico e caracterizado pelo aparecimento do oxigênio livre iniciado com a atividade de cianobactérias e seus processos fotossintéticos, as taxas de oxigênio na superfície terrestre apoiaram o desenvolvimento de organismos mais complexos. (Dias, 2016, p. 31)

"Embora alguns animais de simetria bilateral estivessem presentes no Pré-cambriano, a maioria das principais linhagens de animais hoje existentes aparece pela primeira vez no documentário fóssil durante o Cambriano" (Freeman; Herron, 2009, p. 720). A grande expansão de vida ocorrida nesse período foi caracterizada pelo aumento súbito de animais de grande porte que preenchiam os mais diversos nichos ecológicos: alguns nadavam, outros rastejavam e alguns viviam em tocas ou em comunidades em águas marinhas de pouca profundidade:

> A biota tipicamente ediacarana, com organismos ainda não mineralizados, surge a partir de aproximadamente 575 Ma [575 milhões de anos], e prolifera até sua provável extinção, em aproximadamente 543 Ma [543 milhões de anos] (Clapham et al., 2003). Este momento coincide com um aumento do nível de fosfato nos oceanos, que segundo Cook (1992), foi definitivo para o processo de biomineralização, o que favoreceu a produção de conchas e/ou carapaças que serviram como proteção contra predadores. Este conjunto diversificado de organismos de corpo mole ajuda a preencher a lacuna evolutiva entre a vida microscópica e as formas modernas. (Arouche, 2016, p. 24)

"A explosão do Cambriano é simplesmente a mais espetacular de uma série de irradiações adaptativas que caracterizam o surgimento da complexidade e da diversidade morfológica através do Fanerozoico" (Freeman; Herron, 2009, p. 721). É possível que diversas irradiações adaptativas sejam resultado de adaptações ou de eventos de acaso que permitiram a alguns seres colonizar novos *habitat* ou sobreviver a uma extinção em massa. A estase prolongada é considerada um padrão na história da evolução e, em algumas linhagens, é pontuada por mudanças rápidas como um dos responsáveis pelo evento de especiação.

Figura 4.1 – Placas com fósseis de trilobitas e braquiópodes expostas no Museu Oceanográfico da Universidade do Vale do Itajaí, em Santa Catarina

Figura 4.2 – Placas com fósseis de peixes ósseos (osteíctes): vínctifer, dástilbe, tárrias, cladóciclo e rocólepe, expostas no Museu Oceanográfico da Univali

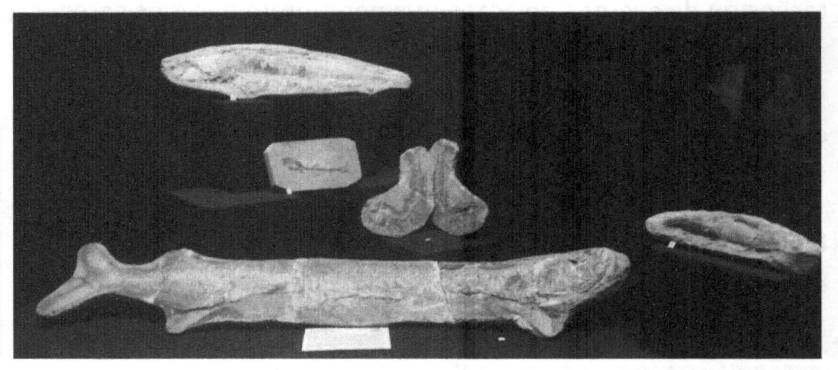

Silmara Terezinha Pires Cordeiro

Assim como a evolução de vertebrados a partir de Chordata não vertebrados representou um passo para cima nos padrões anatômico e fisiológico, o mesmo aconteceu na evolução de vertebrados gnatostomados a partir de agnatos. Inicialmente, as maxilas podem ter evoluído para melhorar a ventilação das brânquias e não para morder presas. Além das maxilas, os gnatostomados apresentam uma série de caracteres anatômicos derivados (tais como vértebras verdadeiras, costelas e um completo sistema da linha lateral) sugerindo um modo sofisticado e poderoso de locomoção e de retroalimentação sensorial.

A primeira irradiação de peixes com maxilas, a primeira conhecida em detalhes a partir do registro fóssil do Siluriano Superior, incluiu quatro grupos principais. Dois grupos, os condrictes (peixes cartilaginosos) e os osteítes (peixes ósseos) sobrevivem até hoje. Os osteítes eram formas que originaram os tetrápodes no Devoniano Superior. Os outros dois grupos, os placodermes e acantódios, agora estão extintos. Os placodermes não sobreviveram além do Período do Devoniano, enquanto os acantódios sobreviveram pelo menos até o fim da Era Paleozoica. Os placodermes eram peixes com armadura, superficialmente semelhantes aos ostracodermes em seu aspecto e eram os peixes mais diversificados no Período Devoniano. Os placodermes são considerados o táxon irmão dos outros gnatostomados, e nos últimos placodermes parecem ter evoluído dentes verdadeiros de modo independente aos dos outros vertebrados. Os acantódios eram peixes mais derivados, provavelmente formando o táxon irmão dos osteítes. Eles tinham a característica peculiar de possuírem múltiplas nadadeiras ventrais em vez do complemento usual dos gnatostomados a existência de duas nadadeiras pares, as nadadeiras peitorais e pélvicas.

[...]

A origem dos tetrápodes, a partir de peixes elpistostegídeos com nadadeiras lobadas, no Devoniano, é inferida por meio de similaridades nos ossos do crânio, na estrutura vertebral e no esqueleto dos membros. Tetrápodes da Era Paleozoica incluem cerca de uma dúzia de linhagens distintas com relações incertas. Uma das visões atuais os divide em três grupos principais: os batracomorfos, os reptilomorfos e os Lepospondyli. Os batracomorfos (principalmente os Temnospondyli) eram predominantemente aquáticos, e alguns eram tão grandes quanto um crocodilo. Os Temnospondyli radiaram extensivamente, no final do Carbonífero e no Permiano, e diversas linhagens se estenderam por todo o Triássico até o início do Cretáceo. Os anfíbios modernos – os sapos, as salamandras e os cecilias – podem ser derivados da linhagem dos Temnospondyli. Os reptilomorfos não amniotas ("antracossauros") nunca foram tão diversificados quanto os Temnospondyli. Eles incluíam formas terrestres e aquáticas de médio e de grande porte que radiaram durante o Carbonífero, tomando-se extintas no início do Triássico. Os amniotas podem ser derivados deste grupo. Os Lepospondyli eram formas pequenas de filiação filogenética incerta. (Pough; Janis; Heiser, 2008, p. 70, 218)

Figura 4.3 – Evolução dos tetrápodes a partir de peixes do Devoniano

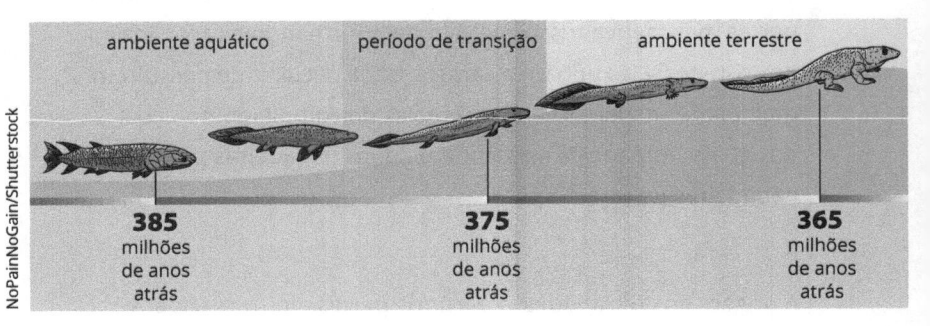

ambiente aquático	período de transição	ambiente terrestre
385 milhões de anos atrás	375 milhões de anos atrás	365 milhões de anos atrás

NoPainNoGain/Shutterstock

Quadro 4.4 – Principais eventos do Paleozoico, iniciando com a irradiação dos animais e terminando com a extinção em massa no fim do Permiano

Grandes transições evolutivas		
Éon fanerozoico, Era Paleozoica ou vida primitiva		
Períodos ou épocas	Surgimento de comunidades importantes de plantas e animais	Alterações climáticas e eventos geológicos
Cambriano 543 milhões de anos	Primeiros seres com conchas, diversificação dos artrópodes, abundância de algas e invertebrados marinhos.	Clima pouco conhecido, oceanos que cobrem a maior parte da América do Norte – ocorre a formação do supercontinente Gondwana.

(continua)

(Quadro 4.4 – continuação)

Grandes transições evolutivas		
Éon fanerozoico, Era Paleozoica ou vida primitiva		
Períodos ou épocas	Surgimento de comunidades importantes de plantas e animais	Alterações climáticas e eventos geológicos
Ordoviciano 495 milhões de anos	Primeiros cordados, primeiros briozoários (o mais recente filo animal), primeiros vertebrados (peixes ágnatos). Diversificação dos equinodermos: estrelas-do-mar e ouriços do mar. Primeiros fungos zigomicetos e primeiras plantas terrestres.	Clima frio com grandes geleiras em Gondwana.
Siluriano 439 milhões de anos	Primeiros peixes com mandíbulas e primeiros peixes ósseos. Expansão dos recifes de coral.	Aquecimento do clima.
Devoniano 408,5 milhões de anos	Primeiros insetos, samambaias, plantas avasculares e fungos ascomicetos. Surgimento dos primeiros insetos alados e das primeiras plantas com sementes, das primeiras florestas perenes, com irradiação de peixes e surgimento dos primeiros tetrápodes (anfíbios).	Clima suave, elevação dos montes Cárpatos e Urais. O supercontinente Laurásia está formado ao norte e Gondwana ao sul.
Carbonífero (Mississipiano/Pensilvaniano) 353,7 milhões de anos	Primeiros répteis, diversificação de insetos, tubarões e irradiação de anfíbios. Abundância de pântanos de turfa. Primeiros répteis com características de mamíferos.	Clima quente, pouca variação sazonal, elevação dos montes Apaches.

(Quadro 4.4 – conclusão)

Grandes transições evolutivas		
Éon fanerozoico, Era Paleozoica ou vida primitiva		
Períodos ou épocas	Surgimento de comunidades importantes de plantas e animais	Alterações climáticas e eventos geológicos
Permiano 251 milhões de anos	Primeiras plantas vasculares Diminuição dos pântanos de turfa, partes da Antártida florestadas.	Glaciação nos continentes do sul. Completa-se a formação de montanhas no leste da América do Norte, compõe-se o supercontinente Pangeia com a união de Laurásia e Gondwana.

Fonte: Elaborado com base em Freeman; Herron, 2009.

Os principais grupos de Tetrapoda na Era Mesozoica eram membros da linhagem dos Diapsida (dois arcos). Esse grupo é distinguido, particularmente, pela presença de duas aberturas na região temporal do crânio, definidas por arcos ósseos. A linhagem dos Archosauromorpha dos Diapsida contém os tetrápodes mais familiares da Era Mesozoica, os dinossauros. Dois grupos principais de dinossauros são distinguidos: Ornithischia e Saurischia.

Os dinossauros Ornithischia eram herbívoros e podiam ter bicos córneos no focinho e grupos de dentes especializados na porção caudal da mandíbula. Os Ornithopoda (dinossauros bico-de--pato) e os Pachycephalosauria (dinossauros de crânio espessado) eram bípedes e os Stegosauria (dinossauros com placas), Ceratopsia (dinossauros com cornos) e Ankylosauria (dinossauros com armadura) eram quadrúpedes.

Os Saurischia incluíam os dinossauros Sauropoda – enormes formas herbívoras quadrúpedes, como *Apatosaurus* (antigamente

Brontosaurus), *Diplodocus* e *Brachiosaurus* – e os Theropoda, que eram carnívoros bípedes. Os grandes Theropoda (dos quais *Tyrannosaurus rex* é o exemplo mais familiar) provavelmente predavam grandes Sauropoda. Outros Theropoda eram menores: os Ornithomimidae eram, provavelmente, muito semelhantes às avestruzes e alguns possuíam bicos córneos e não tinham dentes. Os Dromeosauria eram predadores velozes. Os Ornithomimidae provavelmente capturavam presas pequenas, com mãos dotadas de três dedos com garras, enquanto os Dromeosauria, provavelmente, eram capazes de predar dinossauros maiores do que eles próprios. Eles devem ter caçado em bandos e utilizado a enorme garra do segundo dedo para retalhar sua presa. As aves evoluíram por volta do Jurássico: *Archaeopteryx*, a mais antiga ave conhecida, é muito semelhante aos pequenos Theropoda e a sequência de caracteres derivados das aves pode ser acompanhada nos dromeosauros não aves. (Pough; Janis; Heiser, 2008, p. 432)

Quadro 4.5 – Principais eventos do Mesozoico, conhecido como idade dos répteis, iniciado depois da extinção em massa do fim do Permiano e terminado com a extinção dos dinossauros e de outros grupos na transição de Cretáceo-Terciário

Grandes transições evolutivas		
Éon fanerozoico, Era Mesozoica ou vida intermediária		
Períodos ou épocas	Surgimento de comunidades importantes de plantas e de animais	Alterações climáticas e eventos geológicos
Triássico 251 milhões de anos	Primeiros dinossauros. As gimnospermas tornaram-se as plantas terrestres dominantes. Irradiações e, posteriormente, extinções.	Surgimento de extensos desertos, clima muito quente. O interior de Pangeia torna-se árido.

(continua)

(Quadro 4.5 - conclusão)

Grandes transições evolutivas		
Éon fanerozoico, Era Mesozoica ou vida intermediária		
Períodos ou épocas	Surgimento de comunidades importantes de plantas e de animais	Alterações climáticas e eventos geológicos
Jurássico 206 milhões de anos	Primeiros mamíferos. Gimnospermas predominantes. Surgem as primeiras aves (*Archaeopteryx*).	O interior de Pangeia continua árido.
Cretáceo 144 milhões de anos	Diversificação dos dinossauros. Primeiros mamíferos placentários, primeiras plantas com flores e irradiação de plantas com flores.	Clima suave e temperado, ao fim clima quente. O território onde hoje fica a Índia se separa do território da atual Madagascar, formando montanhas rochosas.

Fonte: Elaborado com base em Freeman; Herron, 2009.

Figura 4.4 – Fósseis da Era Mesozoica e do Período Cretáceo e da Era Cenozoica e do Período Paleogeno expostas no Museu Oceanográfico da Univali

Silmara Terezinha Pires Cordeiro

embora o Jurássico e o Cretáceo sejam considerados usualmente como a Era os Dinossauros, havia uma diversidade considerável de outros tipos de vertebrados, embora seguissem as regras dos membros menores da fauna. Os maiores mamíferos tinham o tamanho aproximado de um gato grande, embora a maioria tivesse o tamanho de um camundongo e musaranho, e os lagartos e outros répteis tinham um tamanho semelhante ao das espécies viventes. O menor dos dinossauros devia ter aproximadamente o tamanho do maior mamífero (próximo ao tamanho de um gambá), mas é claro, muitos eram consideravelmente maiores. Alguns dos menores vertebrados deviam ter predado os ovos de dinossauros ou servido de alimento para os dinossauros juvenis.

Embora os dinossauros sejam representados frequentemente como habitantes de um mundo extinto e estranho, de fato os ecossistemas dos dinossauros não eram tão diferentes como os dos dias atuais. A principal diferença dos ecossistemas do final da Era Mesozoica é que as regras ecológicas para grandes vertebrados eram feitas mais para os dinossauros do que para mamíferos. Todos os grupos de tetrápodes modernos – rãs, salamandras, lagartos, serpentes, tartarugas, crocodilianos, aves e mamíferos – surgiram no Triássico Superior ou no Jurássico. A fauna incluía mais espécies de vertebrados que não eram dinossauros do que espécies de dinossauros, embora os dinossauros tenham representado muito da biomassa. (Pough; Janis; Heiser, 2008, p. 385)

Figura 4.5 – Cladograma de dinossauros *Ornithischia* mostrando as relações entre o *Ornithischia*, o *Thyreophora*, o *Ornithopods* e o *Marginocephalia*

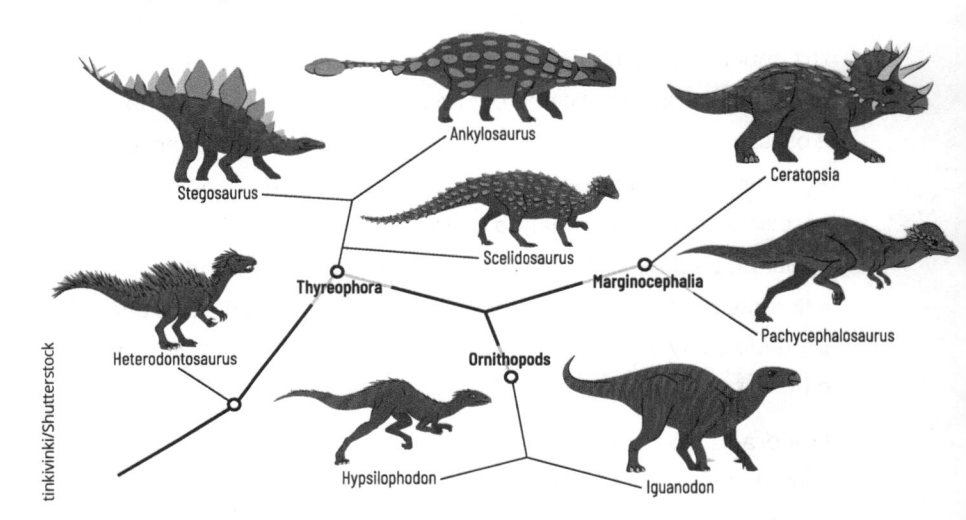

Freeman e Herron (2009, p. 721) afirmam que a "extinção é o destino eventual de novos táxons e de novas características morfológicas. As cinco extinções mais intensas são designadas como extinções em massa e geralmente são distinguidas das extinções de fundo". A mais famosa das cinco extinções é a K-T, causada pelo impacto de um asteroide no planeta Terra, ocorrido nas proximidades da península de Iucatã, no México, considerada a causa mais provável para a extinção dos dinossauros.

"Alguns sinápsidos persistiram no Jurássico, mas naquela época os dinossauros haviam proliferado. Nenhum outro tetrápode terrestre se desenvolveu antes da extinção dos dinossauros, no fim do Cretáceo" (Ridley, 2007, p. 564). As características levadas em conta para reconstituir a vida desses seres foram a locomoção e o tipo de alimentação, que podem ser relacionados com as estruturas óssea e dentária dos fósseis.

Quadro 4.6 – Principais eventos do Cenozoico dividido em períodos Terciário (Paleoceno, Eoceno, Oligoceno, Mioceno e Plioceno) e Quaternário (Pleistoceno e Holoceno, conhecido como a idade dos mamíferos)

Grandes transições evolutivas		
Éon fanerozoico, Era Mesozoica ou vida intermediária		
Períodos ou épocas	Surgimento de comunidades importantes de plantas e de animais	Alterações climáticas e eventos geológicos
Terciário Paleoceno 65 milhões de anos	Primeiros cavalos e primeiras baleias. Irradiação das ordens de mamíferos.	Clima quente.
Eoceno 55,6 milhões de anos	Irradiação de angiospermas e de insetos polinizadores.	Clima quente. Começa a formação de gelo no Polo Sul. Ocorre a colisão da Índia com a Eurásia e os continentes continuam a se afastar.
Oligoceno 33,5 milhões de anos	Primeiros macacos antropoides. O mais antigo grão de pólen da família de plantas compostas.	Forte tendência a secas na África e em outros continentes. Formação das savanas.
Mioceno 23,8 milhões de anos	Irradiação de mamíferos que pastam.	Início da formação da calota polar da Antártica. Abertura do Mar Vermelho. Os continentes estão quase na posição atual.
Plioceno 5,2 milhões de anos	Primeiros hominídeos, primeiros chipanzés e primeiros humanos. Gênero *Homo* (5,4 milhões de anos), com estimativas fundamentadas em dados genéticos.	Glaciação global. Elevação de Serra Nevada. As Américas do Norte e do Sul se unem por uma ponte terrestre.

(continua)

(Quadro 4.6 – conclusão)

Grandes transições evolutivas		
Éon fanerozoico, Era Mesozoica ou vida intermediária		
Períodos ou épocas	Surgimento de comunidades importantes de plantas e de animais	Alterações climáticas e eventos geológicos
Quaternário Pleistoceno e Holoceno 1,8 milhão de anos	Idade dos mamíferos. *Homo sapiens*.	

Fonte: Elaborado com base em Freeman; Herron, 2009.

Os Synapsida (representados agora pelos mamíferos) e os Sauropsida (representados pelas tartarugas, tuatara, lagartos, serpentes, crocodilos e aves) dominam a fauna dos vertebrados terrestres e ambas incluem linhagens especializadas para o voo, para entocarem-se e, secundariamente para a vida aquática. As duas linhagens foram separadas pelo menos no final da Era Paleozoica, e encararam os mesmos desafios evolutivos. As soluções desenvolvidas para os problemas da vida são similares em alguns aspectos e diferentes em outros. Em alguns casos os caracteres ancestrais foram retidos e outros caracteres novos, derivados, apareceram. Por exemplo, os Sinapsida retiveram o padrão ancestral de ventilação dos pulmões por marés e a excreção de ureia, enquanto alguns Sauropsida derivados possuem métodos diferentes. Ambas as linhagens desenvolveram novas formas de locomoção, termorregulação endotérmica, e corações e cérebros mais complexos, adquirindo condições funcionais equivalentes por meio de rotas diferentes. (Pough; Janis; Heiser, 2008, p. 301)

Os mamíferos possivelmente tiveram origem antes do final do Triássico, a partir da divergência entre alguns sinápsidos, também conhecidos com répteis-mamíferos. Estes apresentaram modificações morfológicas e fisiológicas, mantendo algumas características como o modo de respiração e excreção.

> A origem dos mamíferos pode ser traçada até antes de 200 milhões de anos, por meio de uma série de grupos de reptilianos informalmente chamados de répteis tipo mamíferos e formalmente chamados de sinápsidos. Eles evoluíram durante um período de aproximadamente 100 milhões de anos, do Pensilvaniano até o final do Triássico, quando apareceu o primeiro mamífero verdadeiro. Alguns sinápsidos persistiram no Jurássico, mas naquela época os dinossauros haviam proliferado. Nenhum outro tetrápode terrestre se desenvolveu antes da extinção dos dinossauros, no fim do Cretáceo. (Ridley, 2007, p. 564)

No Quadro 4.7 apresentamos um resumo das principais adaptações evolutivas.

Quadro 4.7 – Diferenças entre répteis e mamíferos

	Modificações anatômicas e fisiológicas verificadas na transição réptil-mamífero
a)	Os mamíferos têm sangue quente e homeostase de temperatura corporal, regulam a própria temperatura e mantêm alta a taxa de metabolismo.
b)	Os mamíferos apresentam modos de locomoção (andar) com o corpo em posicionamento ereto, diferenciando-se do andar dos répteis, arqueados.
c)	Os mamíferos têm cérebro grande.
d)	A reprodução e a lactação distinguem os mamíferos dos répteis.
e)	Os mamíferos apresentam metabolismo ativo, o que exige uma alimentação eficiente, pois têm "mandíbulas potentes e um conjunto de dentes relativamente duráveis, diferenciados em vários tipos dentários" (Ridley, 2007, p. 563-564).

Fonte: Elaborado com base em Ridley, 2007.

Ridley (2007) afirma que a evolução dos mamíferos foi resultado de adaptações favoráveis em muitas características, mas nem todas apresentam registros fósseis. Os mais antigos fósseis de mamíferos, como o *Megazostrodon*, têm datação "do Triássico superior, há cerca de 200 milhões de anos. Não se sabe diretamente se o *Megazostrodon* era vivíparo e lactante" (Ridley, 2007, p. 564). Contudo, sabe-se que tinha mandíbula, estrutura dentária e locomoção e acredita-se que sua fisiologia apresentava sangue quente.

As três principais etapas evolutivas do répteis tipo mamífero são 1. pelicossauro (esfenacodontídeos e ofiacodontideos); 2. terápsidos; 3. cinodontes. Em cada etapa, existiram várias linhagens evolutivas menores (Ridley, 2007):

- **Primeira fase** – Uma das maiores divisões do grupo, os pelicossauros, apresentam fósseis do Pensilvânio e do Permiano, sendo seu representante o *Archaeothyris*, um pelicossauro primitivo que viveu no sudoeste dos Estados Unidos segundo datação fóssil das rochas do local, há cerca de 300 milhões de anos, descrito como um tipo de lagarto com mais ou menos 50 centímetros de comprimento. Diferenciava-se dos demais grupos por ter uma abertura nos ossos atrás do olho, na chamada janela temporal, que permitia a passagem de um músculo que fechava a mandíbula, uma característica usada para definir os sinápsidas conhecidos como répteis tipo mamíferos.

- **Segunda fase** (terápsidos) – No Permiano e no Triássico, outro pelicossauro bem conhecido foi o *Dimetrodon*, com suas enigmáticas velas nas costas. Os pelicossauros tinham pouca ou nenhuma diferenciação dentária e o andar arqueado dos répteis. Viveram 50 milhões de anos e sua evolução ocorreu a partir de três grupos principais, sendo a maioria extinta subitamente há aproximadamente 260 milhões de anos. Os poucos sobreviventes foram os esfenacontídeos, de uma linha evolutiva ainda não esclarecida dos que evoluíram o segundo grupo de mamíferos, os terápsidos. Existem documentários fósseis de terápsidos encontrados em várias partes do mundo, principalmente na África do Sul, com padrão evolutivo semelhante ao dos pelicossauros, porém suas janelas nas têmporas eram maiores e aproximando-se em tamanho das dos mamíferos. Apresentavam dentes com inúmeras diferenciações e palato secundário, uma adaptação que permitia comer e respirar simultaneamente. Outra característica atribuída a esse grupo é o sangue quente.
- **Terceira fase** (cinodontes, um subgrupo de terápsidos de extrema importância para reconstituir a origem evolutiva dos mamíferos) – Tinham mandíbulas similares às dos mamíferos atuais e dentes multicúspides e diferenciados. Alguns deles pareciam ter uma articulação mandibular dupla, com a posição da articulação semelhante à dos mamíferos, e não dos répteis, sugerindo uma adaptação diretamente de uma estrutura para outra sem a transição da fase intermediária não funcional, pois foi um conjunto funcional durante todo o tempo.

A história evolutiva de répteis em mamíferos se completa com os cinodontes, pois "foi de uma linha de cinodontes que evoluíram os ancestrais dos mamíferos atuais. A identidade exata da linha de cinodontes da qual descendem os mamíferos atuais é incerta, mas está próxima do *Probainognathus*" (Ridley, 2007, p. 566), e existe uma sequência de registros fósseis conectando esses répteis tipo mamíferos aos mamíferos da atualidade, hoje divididos em prototérios (equinos), metatérios (marsupiais) e eutérios (placentários).

Figura 4.6 – Eras paleozoica, mesozoica, cenozoica e períodos de dinossauros, incluindo Triássico, Jurássico, Cretáceo e a sua extinção

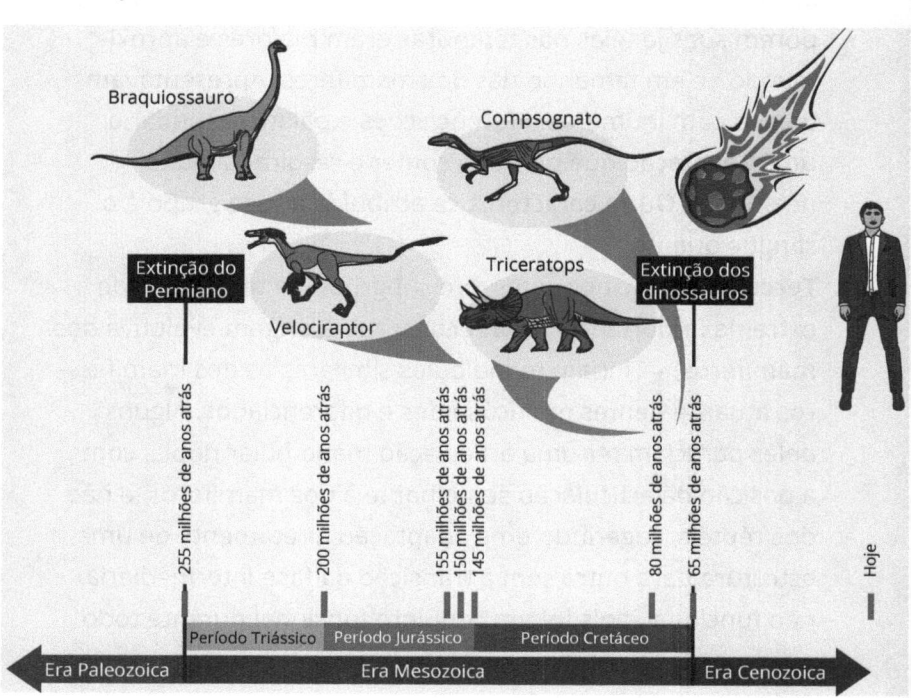

> Os mamíferos da Era Mesozoica eram formas principalmente de que pequenos insetívoros ou onívoras [sic]. Os grupos modernos de mamíferos – monotremados e térios – podem ter suas origens traçadas até o Cretáceo Inferior, um momento de viradas evolutivas, não somente entre os mamíferos, mas também entre os demais tetrápodes e, bem como [sic] os vegetais. Os monotremados e térios podem representar respectivamente a sobrevivência de radiações do sul e do norte de linhagens mamalianas. Os mamíferos não se diversificaram em formas maiores e mais especializadas até a Era Cenozoica, após a extinção dos dinossauros. (Pough; Janis; Heiser, 2008, p. 507)

Segundo Pough, Janis e Heiser (2008, p. 551), a diversidade de espécies de mamíferos surgidas na Era Cenozoica

> pode ser melhor compreendida no contexto das alterações de padrões da biogeografia. A distribuição de alguns grupos de mamíferos reflete a vicariância, como a dos monotremados na Austrália. Outros padrões de distribuição refletem a dispersão, tais como a migração dos marsupiais à Austrália, desde a América do Sul. O isolamento de vários continentes resultou em faunas únicas de mamíferos na Austrália, em Madagascar e na América do Sul. A fauna sul-americana era ainda mais distinta até a formação do Istmo do Panamá, há cerca de 2 milhões de anos.

Wilson (2008) afirma que, até o presente momento, a vida passou por cinco grandes extinções e que

Os biólogos especializados em biodiversidade concordam que estamos no início do maior surto de extinção desde o final do Cretáceo, há 65 milhões de anos. Em cada um dos cinco principais surtos anteriores ao surgimento do ser humano, durante os últimos 400 milhões de anos, demorou cerca de 10 milhões de anos para a evolução restaurar plenamente o volume de biodiversidade perdido. Tais estimativas se baseiam nos grupos que conhecemos melhor, como é o caso dos mamíferos, das plantas que dão flores e de alguns invertebrados com casca, exemplificados pelos moluscos. Nossa ignorância quanto à biodiversidade é tamanha que estamos perdendo grande parte dela antes mesmo de tomar conhecimento de sua existência. (Wilson, 2008, p. 104)

Sobre o mesmo assunto, Freeman e Herron (2009) afirmam que, durante as extinções, de fundo ou em massa, as espécies com distribuição geográfica mais ampla têm menor probabilidade de serem extintas. Em episódios recentes, como no caso de algumas espécies de aves na Polinésia, o evento deve ser classificado como localizado, e não em massa. Porém, as projeções "sobre perdas de espécies devidas à rápida destruição de hábitats indicam que atualmente pode estar ocorrendo uma extinção em massa causada pelos humanos" (Freeman; Herron, 2009, p. 721).

4.3 Coevolução e dinâmica das interações interespecíficas

São exemplos de interações entre espécies a predação, o parasitismo e o mutualismo, entre várias outras. "Quando a seleção natural ocorre durante essas interações e produz adaptações em ambas as espécies envolvidas, diz-se que ocorre coevolução" (Freeman; Herron, 2009, p. 135). Para Pough, Janis e Heiser (2008, p. G-3), a coevolução é um tipo de interação biológica complexa que ocorre "através do tempo evolutivo, resultando na adaptação de uma espécie que interage a aspectos peculiares das histórias da vida de outras espécies no sistema".

Nagai (2018) afirma que para estudar a coevolução a partir do sistema presa-predador é possível utilizar modelos matemáticos que são particularmente úteis devido à quantidade de variáveis a serem analisadas, como "diferentes densidades populacionais e distribuição de fenótipos, dependendo das condições e recursos locais e também da taxa migratória" (Nagai, 2018, p. 27). Sobre isso, Ridley (2007, p. 660) afirma que as "'corridas armamentistas' coevolutivas entre predadores e presas produzem uma tendência evolutiva de escalada; elas podem ser vistas na evolução do tamanho do cérebro dos mamíferos, na couraça e nas armas dos moluscos e seus predadores", mas esses efeitos só podem ser verificados em longo prazo. Nagai (2018) defende, com base em Rosenzweig e MacArthur, a utilização dos modelos matemáticos para análise e pesquisas desse tipo afirmando que

> Esta multidimensionalidade da dinâmica coevolutiva faz com que o estudo deste importante processo seja muito difícil, fazendo com que o uso de modelos matemáticos e simulações se torne uma ferramenta importante que nos permite entender o papel de componentes específicos do sistema.
>
> A coevolução de um sistema predador-presa pode ser instável a longo prazo, devido a extinção de um ou ambos os grupos [...].

> Esta instabilidade é chamada de paradoxo do enriquecimento. (Nagai, 2018, p. 27)

Em seu trabalho (Nagai, 2018), o pesquisador utilizou o modelo IBM (*individual-based models*), baseado em algoritmos matemáticos que fazem previsões sobre as variáveis estudadas, bastante utilizado para pesquisas sobre processos evolutivos e ecológicos. Anteriormente, as metodologias de pesquisa usavam modelos biológicos, e as interações precisavam ser observadas em laboratório ou mesmo em trabalho de campo. O autor justifica a importância de sua metodologia de pesquisa da seguinte maneira:

> Processos de coevolução em sistemas predador-presa mostram uma importante dinâmica espaço-temporal (Thompson, 1999; Benkman et al., 2003; Decaestecker et al., 2007; Hanifin, Brodie Jr. e Brodie III, 2008). Esta característica dinâmica da coevolução faz com que estudos empíricos sejam difíceis e desafiadores. Neste contexto, modelos matemáticos e simulações se provaram úteis em ajudar na compreensão do sistema. (Nagai, 2018, p. 31)

A utilização de algoritmos para análises desse tipo já é utilizada há tempos, e Ridley (2007, p. 660) aponta que as taxas de extinção dos seres vivos são independentes do tempo de vida da espécie, então não aumentam com o tempo de existência desta: "As curvas de sobrevivência taxonômica são logaritmicamente lineares". Para Van Valen, citado por Ridley (2007), existem três fatores que explicam essas curvas de sobrevivência: primeiro, há degradação do ambiente de uma espécie sempre que a espécie competidora adquire novas adaptações; em segundo lugar, existe uma taxa constante de melhoria entre as espécies competidoras, considerando ainda a importância das modificações ambientais, que aumentam a probabilidade de extinção; o terceiro fator corresponde à "deterioração constante do ambiente [que] faz com que a chance de extinção de cada uma delas seja probabilisticamente constante" (Ridley, 2007, p. 660).

A coevolução dos fungos e de outros seres vivos, segundo Barbieri e Carvalho (2001, p. 79), ocorre quando eles "invadem as células em busca de nutrientes, abrigo ou transporte, estabelecendo uma relação de parasitismo ou de patogenicidade". Nessas relações, os fungos podem se comportar de duas maneiras, que podem ser do tipo mutualismo em simbiose, quando passam a coexistir dentro de outro ser vivo e ambos têm benefícios na relação, ou do tipo que os autores chamam de "sistemas patogênicos (patossistemas), [em que] o benefício é unidirecional, onde o patógeno explora o hospedeiro. Não existe benefício mútuo, como aquele de rizóbio com leguminosas, ou de flores com borboletas, então a definição mutualística de coevolução não se aplica a estes casos" (Barbieri; Carvalho, 2001, p. 80).

Para explicar esse tipo de interação existem outros modelos de pesquisas, que são o "Sistema Gene a Gene e a Hipótese da Rainha Vermelha [...] modelos que discutem a interação planta/patógeno e auxiliam na compreensão do processo coevolutivo." (Barbieri; Carvalho, 2001, p. 79). Para o sistema gene a gene, os autores citam as conclusões de Flor (1957), que pesquisou as relações entre o linho e o fungo *Melampsora lini*:

> a incompatibilidade acontece quando uma planta possui um gene dominante de resistência que corresponde a um gene de avirulência em um determinado patógeno. Uma única planta pode ter muitos genes de resistência, assim como o patógeno também

pode ter vários genes de avirulência. A resposta de defesa, que evita a infecção, se dá a partir do momento em que a planta "reconhece" um particular produto do patógeno controlado pelo gene de avirulência. (Barbieri; Carvalho, 2001, p. 79)

Barbieri e Carvalho (2001) afirmam que, ao identificar o patógeno, os genes de resistência da planta produzem proteínas de defesa, inibindo o desenvolvimento do fungo patogênico, por meio da digestão das paredes celulares dele e do fortalecimento suas próprias paredes celulares (vegetais). As plantas passam a produzir compostos antimicrobianos (fitoalexinas) e normalmente o local da infeção é necrosado pela morte das células infectadas. Nesse sistema, o que acontece é uma

> "queda-de-braços" genética entre patógeno e hospedeiro, onde conforme vão aparecendo novas mutações ou novos genes sejam introduzidos, como acontece no melhoramento de plantas visando resistência, uma espécie hospedeira evolui ou adquire novas defesas enquanto o predador ou parasita desenvolve novas formas de atacá-la. (Barbieri; Carvalho, 2001, p. 81)

Na Hipótese da Rainha Vermelha, "os parasitas se tornam especializados na maioria dos genótipos em uma população hospedeira, reduzindo seu valor adaptativo em relação aos genótipos mais raros do hospedeiro" (Barbieri; Carvalho, 2001, p. 81-82). A curiosidade sobre essa hipótese é que

> O nome "Hipótese da Rainha Vermelha" foi usado a primeira vez por Van Valen (1973), inspirado no personagem da Rainha Vermelha do livro *Alice no mundo do espelho*, um clássico de Lewis Carrol. Nesta estória, em determinado momento a Rainha

Vermelha diz para Alice: "**Agora, aqui, você vê todo mundo correndo o mais que pode, apenas para poder se manter no mesmo lugar**". Este modelo reflete a aparente necessidade das [sic] populações hospedeiras desenvolverem continuamente mecanismos que evitem que elas sejam "esmagadas" pelos patógenos (Clay & Klover, 1996). Mac Key (1986) se refere a esta interação como "golpes" e "contragolpes" evolutivos. (Barbieri; Carvalho, 2001, p. 82, grifo do original)

Nesse caso, os autores referem-se a Leigh Van Valen (1935-2010), que publicou, em 1973, o artigo *A new Evolutionary Law* pelo Departamento de Biologia da Universidade de Chicago, no qual propõe *The Red Queen's Hypothesis* e explica que a

> Rainha Vermelha propõe que os eventos de mutualismo, pelo menos no nível trófico, são de grande importância na evolução em comparação com as interações negativas, embora ela não considere outros casos em que o mutualismo é tão grande que os mútuos funcionam como uma unidade em evolução, como com os líquenes e talvez os cloroplastos. (Valen, 1973, tradução nossa)

Freeman e Herron (2009, p. 135) citam como exemplo de mutualismo entre insetos e bactérias "a associação entre os afídeos e as bactérias que vivem no interior de células especializadas desses organismos". Esses pequenos insetos alimentam-se de seiva do floema vegetal e alguns têm em seu corpo células chamadas bacteriócitos, que, como o nome diz, estão em simbiose com bactérias, em uma relação considerada mutualística chamada de *endossimbiose*. Os afídeos fornecem alimento e abrigo para as bactérias em troca de aminoácidos que não estão presentes na seiva elaborada e que eles não conseguem sintetizar. Desse modo, as bactérias passam a viver dentro dos insetos e são transmitidas pelos ovos durante a reprodução.

Clark et al., citados por Freeman e Herron (2009, p. 136), "usaram dados de sequências de DNA para estimar a filogenia de 17 espécies de afídeos e de seus simbiontes bacterianos". Como resultado, encontraram apenas dois casos que divergiram do padrão de ramificação na árvore dos afídeos. Os demais tinham o mesmo padrão de ramificação das árvores das bactérias simbiontes. Com isso, afirmaram que existe uma forte evidência de coespeciação entre as bactérias e os afídeos, o que faz deles bons exemplos de filogenias para estudo da coevolução.

Já Ridley (2007, p. 660) explica as coevoluções com o caso de "Os táxons de insetos e de plantas floríferas que interagem [podendo] apresentar cofilogenias. Os desvios das cofilogenias podem ser causados por trocas de hospedeiros". Um exemplo seria se uma espécie de inseto mudasse seu *habitat* de uma planta para outra com a qual tivesse similaridade química, mas não apresentasse parentesco filogenético.

Existem fatores que podem reduzir ou ampliar a virulência de parasitas, como a relação de parentesco e o modo de transmissão. Segundo Ridley (2007), há parasitas que sofrem especiação ao mesmo tempo que seus hospedeiros, em um processo chamado coespeciação. Os testes para comprovar a coespeciação são as cofilogenias e o relógio molecular (análises moleculares).

4.4 Reconstruções filogenéticas

A classificação biológica foi padronizada por Carlos Lineu (1707-1778) em seu trabalho *Sistema da natureza*, "publicado em seções entre 1735 e 1758" (Pough; Janis; Heiser, 2008, p. 7). As regras para a escrita de um nome científico continuam as mesmas desde então, com os nomes em latim ou latinizados e binominais, sendo que o primeiro designa o gênero e o segundo corresponde ao complemento. Por exemplo, em *Homo sapiens* e *Homo erectus*, o gênero é o mesmo e significa humano, mas o complemento diferencia as espécies, com *sapiens* significando sábio e *erectus*, reto ou ereto (em pé):

> O método de Linnaeus agrupando espécies provou ser funcional porque foi baseado em similaridades e diferenças anatômicas (e, até certo ponto, também fisiológicas e comportamentais). Linnaeus viveu antes de ter existido qualquer conhecimento sobre genética ou sobre os mecanismos hereditários, no entanto, usou caracteres taxonômicos que hoje sabemos serem características biológicas geneticamente determinadas, as quais geralmente expressam o grau de similaridade ou de diferença entre grupos de organismos. **Gêneros** são reunidos em **famílias**, famílias em **ordens**, ordens em **classes**, classes de animais em **filos**. (Pough; Janis; Heiser, 2008, p. 8, grifo do original)

A classificação de Lineu é usada ainda hoje, sendo que "na metade do século vinte [...] Willi Hennig [...] introduziu um método de determinar as relações evolutivas chamado sistemática filogenética (Grego *phylum* = tribo e *genesis* = origem)" (Pough; Janis; Heiser, 2008, p. 8). Podemos definir alguns dos termos usados da seguinte maneira:

Uma linhagem evolutiva é um **clado** (de *cladus*, a palavra grega para ramo), e sistemática filogenética é também chamada **cladística**. A cladística reconhece somente grupos de organismos que são relacionados por um antepassado comum. A aplicação do método cladístico fez do estudo da evolução um processo rigoroso. Um grupo de organismos reconhecido pelos cladistas é chamado grupo natural, eles são unidos em uma série de relações ancestral-descendente e traçam a história evolutiva do grupo. A contribuição de Hennig foi em insistir que esses grupos podem ser identificados somente com base em **caracteres derivados**. (Pough; Janis; Heiser, 2008, p. 8, grifo do original)

No Quadro 4.8, apresentamos algumas definições importantes para o entendimento das reconstruções filogenéticas com cladogramas.

Quadro 4.8 – Classificação de caráteres derivados segundo a terminologia cladística

Apomorfias	Do grego *apo* (para longe de) e *morphos* (forma), são caracteres diferentes do ancestral. Por exemplo: as modificações em ossos de tetrápodes ou o caso das serpentes, que por modificação deixaram de ter patas.
Sinapomorfias	Do grego *syn* (junto), correspondem aos caracteres derivados compartilhados.
Plesiomorfias	Do grego *plesios* (próximo), no sentido de similar ao ancestral. São herdados sem modificação. Por exemplo: a coluna vertebral dos vertebrados terrestres que, segundo Pough, Janis e Heiser, foi herdada de peixes com nadadeiras lobadas.
Simplesiomorfias	*Sym*, assim como *syn*, é um radical grego que significa em conjunto. São caracteres compartilhados.

Fonte: Elaborado com base em Pough; Janis; Heiser, 2008.

Ainda segundo Pough, Janis e Heiser (2008, p. 8, grifo do original), "As simplesiomorfias não nos dizem nada a respeito dos graus de parentesco. O princípio de que somente caracteres **derivados compartilhados** podem ser usados para determinar genealogias é o âmago da cladística".

A filogenia é uma das maneiras de estudar a linhagem de ancestrais de uma espécie e permite reconstruir a relação evolutiva de todos os seres vivos. Com uma filogenia universal, seria possível agregar características adicionais às primeiras formas de vida, além de suas estruturas celulares, sendo que quando "os biólogos desenvolveram métodos de leitura de sequências de aminoácidos em proteínas e de nucleotídeos em DNA e RNA, logo ficou estabelecida uma nova técnica de estimação de filogenias" (Freeman; Herron, 2009, p. 663). Essa técnica foi a mesma utilizada na pesquisa sobre LUCA (Weiss et al., 2016), o último ancestral comum, e na construção da proposta de classificação de Carl Woese (1928-2012), em 1970, contendo três domínios:

> No século 20, novos dados começaram a surgir. Isso foi em parte graças aos aperfeiçoamentos no microscópio de luz e ao subsequente desenvolvimento do microscópio eletrônico. Também se deveu à aplicação de técnicas bioquímicas para estudos sobre as diferenças e as similaridades entre os organismos. Como resultado, o número de grupos reconhecidos como constituintes de reinos diferentes aumentou. As novas técnicas revelaram, por exemplo, as diferenças fundamentais entre as células

procarióticas e as eucarióticas. Essas diferenças eram suficientemente grandes para justificar que os organismos procarióticos fossem alojados em um reino separado, Monera. Na década de 1970, a análise de RNA ribossomial por Carl Woese na University of Illinois forneceu a primeira evidência de que o mundo está dividido em três grupos ou domínios – Bacteria, Archaea e Eukarya. (Raven; Evert; Eichhorn, 2014, p. 484)

Antes da construção da árvore filogenética utilizando análises moleculares do RNA ribossômico, a biologia baseava-se no modelo proposto, em 1969, por Robert Whittaker (1920-1980), no qual os seres vivos se dividiam em cinco reinos e "a primeira divisão da árvore separa o que virá a ser procariotos – as bactérias –, para a esquerda, do que virá a se tornar eucariotos, à direita" (Freeman; Herron, 2009, p. 664).

Nas Figuras 4.7 e 4.8, podemos visualizar outro exemplo, uma representação documental do acervo pessoal de Charles Darwin (1809-1882) que nos dá uma ideia de todas as mudanças ocorridas desde aquela época. Na primeira imagem, a árvore filogenética é construída com base na paleontologia. Na segunda, a classificação em domínios proposta por Woese utiliza critérios filogenéticos baseados na análise molecular do DNA.

Figura 4.7 – Exemplo de monofilia: pedigree de tronco único ou *Monophyletic* do reino vegetal baseado na paleontologia

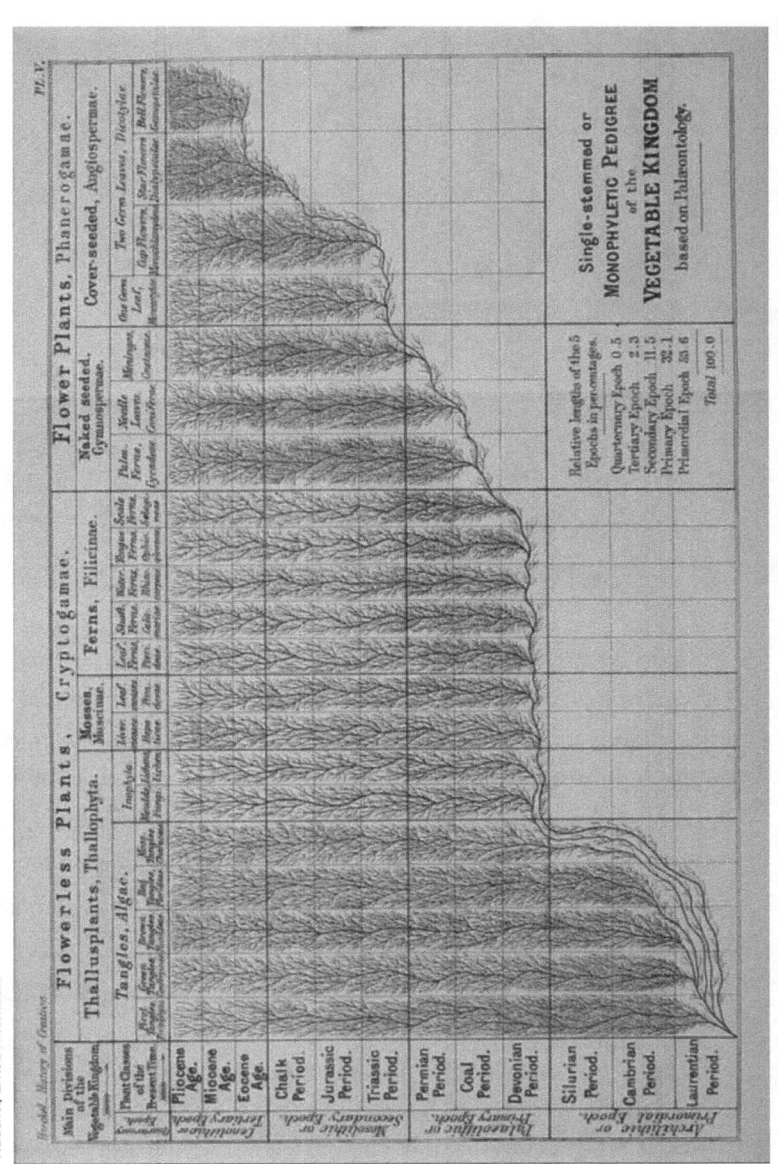

Figura 4.8 – Classificação dos três domínios de Woese: *Archaea* (arqueobactérias), *Bacteria* (bactérias) e *Eucaria* (protistas, fungos, plantas e animais)

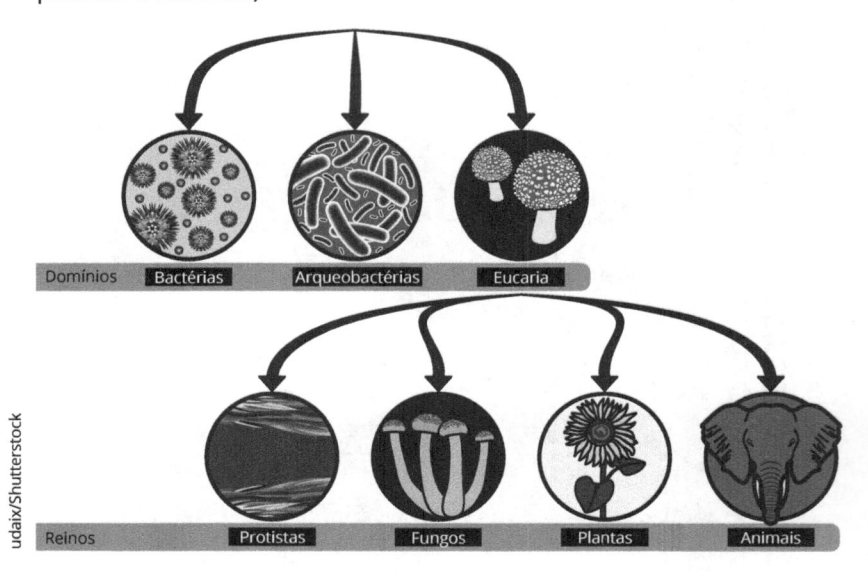

A cladística exige que sigamos fielmente a prática de nomear os clados que reconhecemos a genealogia [...]. Um clado é monofilético quando inclui um ancestral e todos seus descendentes – mas apenas seus descendentes. Os grupos formados com base em características não homólogas são polifiléticos. Se combinarmos aves e mamíferos juntos porque ignoramos sua fisiologia endotérmica (sangue quente) como resultado da descendência comum, estaríamos formando um grupo polifilético artificial. Os grupos que incluem um ancestral comum e alguns de seus descendentes, mas não todos, são parafiléticos. Isso pode acontecer com algumas definições tradicionais de répteis. Os répteis e aves modernos derivam de um ancestral comum. (Kardong, 2016, p. 59)

O sistema usado para a classificação dos seres vivos se baseia em um aglomerado de estudos que abrange as regras de nomenclatura de Lineu (1758), incluindo as normas de cladística (Henning, 1950) e de filogenética (Henning, 1966), as normas de Whittaker (1969) em cinco reinos: Monera, Protista, Fungi, Animalia e Plantae, que foram reformulados na classificação de três domínios de Woese (em 1970) com a análise molecular das arqueobactérias: Archaea, Bacteria e Eukarya.

Nessa linha evolutiva se inclui, ainda, a teoria endossimbiótica de Margulis (1981), que propõe que as mitocôndrias e os cloroplastos vivem em endossimbiose nas células eucariontes; e o LUCA, proposta de 2016 com a análise molecular de proteínas de bactérias e arqueobactérias (Margulis, 2001; Pough; Janis; Heiser, 2008; Freeman; Herron, 2009; Raven; Evert; Eichhorn, 2014, Weiss et al., 2016).

Síntese proteica

Neste capítulo, tratamos da evolução biológica com base na visão microscópica dos temas relacionados à evolução molecular, iniciando com as hipóteses e as principais evidências da origem da vida. Há consenso na comunidade científica de que esse evento ocorreu há cerca de 3,5 bilhões de anos. As principais evidências para essa datação são encontradas em estromatólitos e fósseis de bactérias e em reconstruções filogenéticas tanto com técnicas de paleontologia quanto com análises moleculares.

Na sequência, discutimos a estrutura e a dinâmica evolutiva dos genes, com algumas técnicas de estudo genômico e resultados alcançados nessa linha de pesquisa, além de promessas de avanços futuros. Tratamos da evolução biológica em uma visão macro com a descrição dos principais eventos evolutivos nos éons Hadeano (formação de rochas), Arqueano (primeiros microrganismos procariontes), Proterozoico (primeiros eucariontes e multicelulares) e Fanerozoico (diversificação de seres vivos), com uma breve descrição da linha evolutiva de microrganismos, animais e plantas, seguida de uma discussão sobre as grandes extinções.

Os seres vivos interagem com os demais o tempo todo, mas há alguns tipos de interação, como a predação e o parasitismo, nas quais ocorre coevolução. Nesses casos, existem vários mecanismos atuando e são utilizadas hipótese para essa análise, como os sistemas patogênicos e presa-predador, bem como as hipóteses de gene a gene e da Rainha Vermelha, além, é claro, de modelos matemáticos para facilitar as previsões e as análises tanto evolutivas quanto de extinções. Finalmente, tratamos do tema das reconstruções filogenéticas, descrevemos seu histórico e algumas técnicas utilizadas em filogenia, como a cladística e a análise molecular de proteínas e ácidos nucleicos.

Prescrições da autora

FERNÁNDEZ MEDINA, R. D. Algunas reflexiones sobre la clasificación de los organismos vivos. **História, Ciências, Saúde – Manguinhos**, v. 19, n. 3, p. 883-898, 2012. Disponível em: <http://www.redalyc.org/articulo.oa?id=386138065006>. Acesso em: 25 maio 2020.

O artigo apresenta as diferentes formas de classificar os seres vivos e a evolução histórica desses métodos. Discute a noção de ancestral comum, de hierarquia e de divergência, além das noções de categorias e de classificações naturais nas ciências biológicas.

MARGULIS, L. **O planeta simbiótico**: uma nova perspectiva da evolução. Rio de Janeiro: Rocco, 2001.
O livro apresenta toda a trajetória de estudos da bióloga Lynn Margulis ao formular a teoria endossimbiótica sobre a origem das mitocôndrias e dos cloroplastos em células eucarióticas.

Rede neural

1. Quais foram as principais transições evolutivas entre as espécies nos quatro éons?

    A Oligoceno (formação de rochas), Arqueano (primeiros microrganismos procariontes), Holoceno (primeiros eucariontes e multicelulares) e Fanerozoico (diversificação de seres vivos).

    B Hadeano (formação de rochas), Arqueano (primeiros microrganismos procariontes), Proterozoico (primeiros eucariontes e multicelulares) e Fanerozoico (diversificação de seres vivos).

    C Hadeano (formação de rochas), Arqueano (primeiros microrganismos procariontes), Pleistoceno (primeiros eucariontes e multicelulares) e Fanerozoico (diversificação de seres vivos).

    D Hadeano (formação dos rios), Arqueano (primeiros microrganismos procariontes), Proterozoico (primeiros procariontes e multicelulares) e Fanerozoico (diversificação de seres vivos).

    E Silureano (formação de rochas), Arqueano (primeiros microrganismos eucariontes), Proterozoico (primeiros eucariontes e multicelulares) e Fanerozoico (diversificação de seres vivos).

2. Qual é o papel das reconstruções filogenéticas?

   A) A filogenia é uma das formas de estudar a linhagem de sucessores de uma espécie e permite reconstruir a relação evolutiva de todas as estruturas geológicas.

   B) A filogenia é uma das formas de estudar a linguagem dos ancestrais de uma espécie e permite reconstruir a filologia de todos os seres vivos.

   C) A geologia é uma das formas de estudar a linhagem de ancestrais de uma espécie e permite reconstruir a arquitetura de todos os seres vivos.

   D) A filogenia é uma das formas de estudar a linhagem de ancestrais de uma espécie e permite reconstruir a relação evolutiva de todos os seres vivos.

   E) A filogenia é uma das formas de estudar a anatomia de ancestrais de uma espécie e permite reconstruir a relação evolutiva de todos os seres vivos.

3. Como ocorre a evolução molecular?

   A) Por uma série de processos geológicos e geográficos que resultam na evolução dos ácidos nucleicos DNA e RNA (proteínas).

   B) Por uma série de processos bioquímicos que resultam na desestruturação dos ácidos nucleicos DNA e RNA (proteínas).

   C) Por uma série de etapas de reprogramação que resultam na evolução dos ácidos balsâmicos DNA e RNA (proteínas).

   D) Por uma série de processos físicos que resultam na reprogramação dos ácidos nucleicos DNA e RNA (proteínas).

   E) Por uma série de processos bioquímicos que resultam na evolução dos ácidos nucleicos DNA e RNA (proteínas).

4. Qual é a importância dos estudos de genômica evolutiva?

   A A genômica evolutiva propõe-se a resolver problemas nas áreas evolutiva e de pesquisas médicas, bem como em pesquisas relacionadas à produção de energia e à biorremediação.

   B A genômica evolutiva propõe-se a resolver problemas na área evolutiva, bem como em pesquisas geográficas ou relacionadas à produção de energia e à biorremediação.

   C A genômica evolutiva propõe-se a resolver problemas na área de psicologia, bem como em pesquisas astronômicas ou relacionadas à produção de energia e à biorremediação.

   D A genômica evolutiva propõe-se a resolver problemas na área de terapias alternativas, bem como em pesquisas médicas ou relacionadas à sintonia de energia e à biorremediação.

   E A genômica evolutiva propõe-se a criar problemas na área evolutiva, bem como em pesquisas médicas, psicológicas, geológicas ou relacionadas à produção de energia e à biorremediação.

5. Qual é a importância dos estudos de filogenia comparada?

   A A filogenia comparada pode ser utilizada em conjunto com técnicas de estudo genômico para determinar as linhagens evolutivas de uma espécie, sendo seu potencial de aplicabilidade ligado a áreas como saúde e produção de alimentos.

   B A filogenia comparada pode ser utilizada em conjunto com técnicas de estudo genômico para determinar as linhagens induzidas de uma espécie, sendo que não existe potencial de aplicabilidade em áreas como saúde e produção de alimentos.

C A filogenia comparada não pode ser utilizada em conjunto com técnicas de estudo genômico para determinar as linhagens evolutivas de uma espécie, sendo seu potencial de aplicabilidade ligado a áreas como geologia e fisioterapia.

D A filogenia comparada pode ser utilizada em conjunto com técnicas de estudo randômico para determinar as linhagens evolutivas de uma máquina, sendo seu potencial de aplicabilidade relacionado a áreas como engenharia e mecânica.

E A filogenia comparada pode ser utilizada em conjunto com técnicas de estudo biônico para determinar as linhagens evolutivas de próteses, sendo seu potencial de aplicabilidade ligado a áreas como saúde e produção de alimentos.

Biologia da mente

Análise biológica

1. Os estudos de genômica hoje podem ser capazes de prever alterações em genomas de populações e podem resultar em adaptações a mudanças climáticas, levando à sobrevivência de espécies ou a extinções.

📋 Prescrições da autora

Para refletir sobre o tema sugerimos a leitura do seguinte artigo:

KARASAWA, M. M. G. Genômica populacional: técnicas, aplicações e desafios. **Revista RG News**, v. 4, n. 1, 2018. Disponível em: <https://www.researchgate.net/publication/325652083_Genomica_Populacional_tecnicas_aplicacoes_e_desafios>. Acesso em: 20 maio 2020.

Produza um texto sobre o tema, incluindo as técnicas utilizadas nessas pesquisas.

No laboratório

1. Que tal um aplicativo no qual fosse possível passar algum tempo distraído e, ao mesmo tempo, revisar vários conteúdos deste capítulo de maneira lúdica? Pois essa é a proposta de um jogo produzido pela ComputerLunch chamado *Evolution never ends*. Trata-se de um aplicativo para celular com as fases de desenvolvimento da vida no planeta Terra, parte da evolução molecular (sopa primordial) e passa pelas etapas da macroevolução. Simula a evolução biológica dos animais, como peixes, répteis e mamíferos, incrementando o aprendizado sobre a evolução biológica e a história natural. O jogo ainda está em fase de desenvolvimento, mas pode ser acessado no Google Play.

    Após testar o aplicativo, faça um relatório de sua experiência e acrescente um comentário sobre as relações entre o jogo e o conteúdo estudado neste capítulo.

CAPÍTULO 5

EVIDÊNCIAS DA EVOLUÇÃO BIOLÓGICA,

Estrutura da matéria

Neste capítulo, trataremos das evidências evolutivas, reconhecendo os tipos de fósseis de acordo com seus processos de formação, os métodos de datação geológica, a importância da anatomia comparada morfológica e molecular, em evidências que servem para traçar a trajetória dos seres vivos durante a evolução biológica. Os estudos que dão suporte para que sejam desenhados os caminhos evolutivos vêm de áreas como a paleontologia, a geologia, a genética, a genômica, a anatomia comparada e as análises moleculares comparadas.

Seres que viveram há bilhões de anos deixaram rastros que podem ser interpretados por técnicas de paleontologia, revelando como eram, do que se alimentavam, quais eram os formatos de seus corpos e muitas outras informações que servem para montar um quebra-cabeças evolutivo. "Um **fóssil** é um vestígio de qualquer organismo que viveu no passado. A coleção total mundial de fósseis, dispersa entre milhares de instituições e indivíduos diferentes, é denominada **registro fóssil**" (Freeman; Herron, 2009, p. 44, grifo do original).

5.1 Fósseis como evidência da evolução

A formação de fósseis ocorre de modo eficiente frequentemente por compressão, impressão, modelagem e permineralização. "Como esses eventos dependem de um sepultamento rápido dos restos orgânicos em sedimentos saturados de água, o registro fóssil é dominado pelos organismos com partes rijas" que viveram em locais de solo baixo ou em águas marinhas com pouca profundidade (Freeman; Herron, 2009, p. 720). Os novos registros fósseis encontrados e o avanço das técnicas de datação geológica acarretaram uma melhora contínua e significativa no documentário geológico da evolução da vida no planeta Terra.

Arqueólogos e paleontólogos, além de outros profissionais fazem o trabalho de campo coletando fósseis nos mais diversos sítios arqueológicos. Esses materiais se encontram, atualmente, em museus, universidades e alguns em exposições abertas ao público, possibilitando que mais pessoas tenham acesso a eles. Na Figura 5.1, podemos ter uma ideia do trabalho realizado por esses profissionais.

Figura 5.1 – Representação do trabalho em um sítio arqueológico

vectorpouch/Shutterstock

Fernanda Magalhães Pinto, em sua dissertação intitulada *Coleção de paleontologia do Museu de Ciências da Terra* apresentada no Mestrado em Museologia e Patrimônio pela

Universidade Federal do Estado do Rio de Janeiro e publicada em 2009, descreve a importância do trabalho de campo que, segundo ela, "pressupõe tanto a coleta de dados e informações, quanto a aquisição de objetos para estudo posterior. Formulação de hipóteses, observações, anotações pessoais, cada faceta deste trabalho delineia o perfil científico da área" (Pinto, 2009, p. 10). A mesma autora enfatiza ainda que:

> A própria Paleontologia não teria estabelecido suas bases teóricas sem o trabalho de campo. Assim como, em meados do século XIX e XX, a atuação de equipes de cientistas estrangeiros e de serviços geológicos da parte do governo brasileiro deu conta das coletas mais representativas da história das Geociências, a prática seguiu continuidade através de equipes de institutos e de universidades. É também no campo que, muitas das vezes, que [sic] se veem resolvidas hipóteses formuladas anteriormente. É a percepção do meio, o espaço e do objeto de estudo. As observações obtidas em campo chegam a ter a mesma relevância – quando não a ultrapassa – que a literatura científica. (Pinto, 2009, p. 10)

Além dos estudos da Paleontologia, outra área que se ocupa desse tema é a geologia. Esta estuda, entre outras evidências geológicas, os estromatólitos, que, segundo Ridley (2007), são raros e formados ainda hoje em águas rasas de certos locais do mundo. Nos próximos parágrafos, conheceremos exemplos dessas formações biossedimentares tão antigas, até mesmo no Brasil. Raven, Evert e Eichhorn (2014, p. 39) descrevem a importância para os estudos evolutivos dessas estruturas:

Os mais antigos fósseis conhecidos são encontrados nas rochas do oeste australiano com cerca de 3,5 bilhões de anos de idade. Esses microfósseis consistem em diversos tipos de pequenos, relativamente simples, microrganismos filamentosos que se assemelham a bactérias. Têm aproximadamente a mesma idade desses micros fósseis [sic], os estromatólitos – tapetes microbianos fossilizados constituídos por camadas de microrganismos filamentosos, além de outros presos no sedimento. Os estromatólitos continuam a se formar ainda hoje em alguns lugares, como nos mares quentes e pouco profundos nas costas da Austrália e Bahamas. Ao compararem os estromatólitos antigos com os modernos, que são formados por cianobactérias (bactérias filamentosas fotossintetizantes), os cientistas concluíram que os estromatólitos antigos foram formados por bactérias filamentosas similares.

O geólogo Rafael Cataldo (2011), em seu trabalho de conclusão de curso intitulado *Análise dos Estromatólitos e sedimentos associados – Lagoa Salgada/RJ*, descreve, com base em H. J. Hofmann, os estromatólitos como "estruturas biossedimentares laminadas atribuídas a união e aprisionamento de sedimentos pela ação química microbiana (cianobactérias, algas e fungos) em ambientes aquáticos rasos, principalmente marinhos" (Cataldo, 2011, p. 1), e ainda afirma que fazem parte do Arqueano, podendo, contudo, ser encontradas atualmente.

Essas estruturas, segundo Sallun Filho e Fairchild (2004, p. 359), são encontradas em diversas regiões, tanto em "sucessões carbonáticas do Proterozoico, como em unidades proterozoicas das faixas Ribeira e Paraguai no Brasil, e nas coberturas e faixas dobradas associadas ao Cráton do São Francisco". Além disso, foram encontrados exemplares

> na Faixa Ribeira na região de Itapeva (SP) e denominados *Collenia itapevensis* (Almeida, 1944; Fairchild & Sallun Filho, no prelo). Posteriormente, Almeida (1957) reportou outras ocorrências de estromatólitos da mesma faixa dobrada entre Itapeva (SP) e Itaiacoca (PR), em carbonatos que ele denominou de Formação Itaiacoca (agora Grupo Itaiacoca). Fairchild (1977) retomou o estudo dos estromatólitos da região ao sul de Itapeva, nas localidades descritas por Almeida (1944), chamando atenção à diferença destes em relação aos estromatólitos, ainda não classificados, da Formação Capiru, mais a sudeste na Faixa Ribeira. (Sallun Filho; Fairchild, 2004, p. 359-360)

Um exemplo dessas formações, neste caso na Austrália, pode ser observado na Figura 5.2.

Figura 5.2 – Estromatólitos em Hamelin Pool, uma reserva natural marinha protegida em Shark Bay, na Austrália

Benny Marty/Shutterstock

Esses antigos fósseis e seus fragmentos se encontram em exposições pelo mundo afora, como no caso dos que podem ser vistos na Figura 5.2, que apresentam cianobactérias filamentosas. Essas colônias de microrganismos fossilizados se originam em locais de águas rasas. A Figura 5.3 ilustra a sequência de eventos necessários para a formação de estromatólitos.

Figura 5.3 – Esquema de formação dos estromatólitos

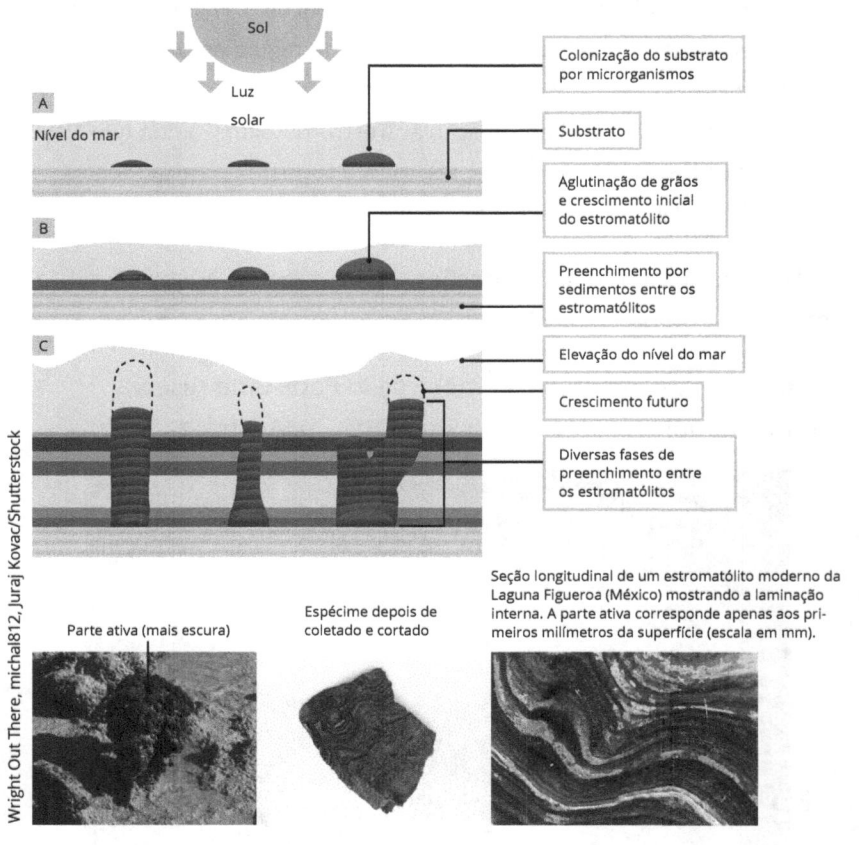

Parte ativa (mais escura)

Espécime depois de coletado e cortado

Seção longitudinal de um estromatólito moderno da Laguna Figueroa (México) mostrando a laminação interna. A parte ativa corresponde apenas aos primeiros milímetros da superfície (escala em mm).

Fonte: Sallun Filho; Fairchild, 2005, p. 25.

Richard Dawkins (1941-), em seu livro *O maior espetáculo da Terra*, publicado no Brasil em 2009, com tradução de Laura Teixeira Motta, trata dos fósseis como relógios de tempo geológico que, segundo ele, seguem uma "escala de tempo na qual a vida opera neste planeta [sendo] [...] em milhares de milhões de anos" e, de maneira análoga, trata os pesquisadores dessa área como detetives que tentam elucidar um crime:

> Lembremos que os cientistas evolucionários estão na posição de detetives que chegam tarde à cena do crime. Para saber ao certo quando as coisas aconteceram, dependemos de vestígios deixados por processos que, por sua vez, dependem do tempo – relógios, em um sentido abrangente. Uma das primeiras coisas que um detetive faz ao investigar um assassinato é pedir a um médico ou patologista uma estimativa da hora em que ocorreu a morte. Dessa informação podem ser deduzidas muitas coisas, e nas histórias de detetive a estimativa do patologista recebe uma reverência quase mística. A "hora da morte" é um fato básico, um eixo infalível em torno do qual giram as especulações mais ou menos plausíveis do detetive. (Dawkins, 2009, p. 76)

Essa comparação é bastante pertinente, para elucidar a história de vida de seres vivos, os pesquisadores valem-se de diversos instrumentos para datar a morte e identificar o tipo de morte, o tipo de ambiente em que esse ser viveu, o seu modo de vida, entre outros detalhes.

5.2 Tipos de fósseis

Freeman e Herron (2009, p. 690) definem os fósseis como "qualquer marca deixada por um indivíduo que viveu no passado.

Os fósseis são muito diversificados, mas, de acordo com o método de formação, podemos definir quatro categorias". Além dessas condições, devemos prestar atenção em outros aspectos como a parte do organismo que foi fossilizada e os *habitats* favoráveis à formação de fósseis.

Quadro 5.1 – Tipos de fósseis

Tipo de fóssil	Gênese
Fósseis por compressão	Podem ser formados quando o material orgânico é sepultado em sedimentos depositados pela água ou pelo vento antes de se decompor. Sob o peso de areia, lama, cinza ou outras partículas, uma estrutura pode deixar uma impressão no material abaixo. O fóssil resultante é análogo às marcas deixadas pelos pés em lama molhada ou em concreto fresco.
Modelos e moldes	Formam-se quando os restos se decompõem depois de enterrados no sedimento. Os moldes consistem em espaços não preenchidos, enquanto os modelos se formam quando um novo material se infiltra no espaço, preenche-o e solidifica-se dentro rocha. Esse processo é análogo ao da técnica de modelagem em cera usada pelos escultores. Os moldes e modelos preservam informações sobre as superfícies internas e externas.
Fósseis permineralizados	Podem ser formados quando as estruturas são enterradas em sedimentos e minerais dissolvidos, precipitados nas células. Esse processo, que é semelhante ao modo como um microscopista inclui os tecidos em resina antes de fazer os cortes, pode preservar detalhes da estrutura interna.

(continua)

(Quadro 5.1 - conclusão)

Tipo de fóssil	Gênese
Restos intactos	Acontece quando se preservam em ambientes que impedem a ação das intempéries, a necrofagia ou a decomposição por bactérias e fungos. Por exemplo: cadáveres humanos da Idade do Ferro, com 2 mil anos de idade, enterrados em turfeiras, em ambientes de grande acidez, foram recuperados com a carne ainda intacta; mamutes lanudos, escavados em solo congelado (*permafrost*) tinham a pele e muitos tecidos preservados; em ambientes protegidos e desidratantes, como cavernas em desertos, podem ser encontradas fezes de preguiças gigantes com mais de 20 mil anos de idade, dessecadas, mas inalteradas; resinas viscosas de plantas podem se solidificar como âmbar, preservando tão bem os insetos aprisionados em seu interior que as veias das asas são visíveis; paleobotânicos encontraram madeiras de 100 milhões de anos recuperadas em areias betuminosas saturadas de óleo.

Fonte: Elaborado com base em Freeman; Herron, 2009.

O fóssil é formado por restos ou marcas de organismos que viveram há muito tempo, estes foram cobertos de lama e transformados em rocha, quando em condições adequadas. A Figura 5.4 apresenta processos de formação e classificação de fósseis semelhantes aos do Quadro 5.1.

Figura 5.4 – Diagrama da formação de um fóssil tipo molde, de um fóssil permineralizado e de um fóssil do tipo traço (moldagem)

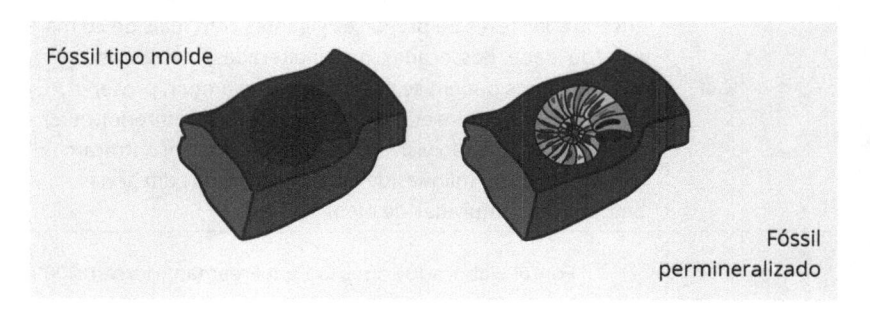

Corpo fóssil

Fóssil tipo molde

Fóssil permineralizado

Rastro fóssil

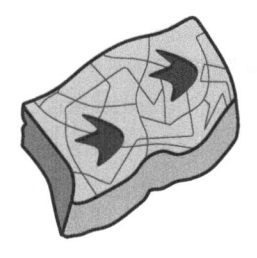

udaix/Shutterstock

Segundo Freeman e Herron (2009, p. 691), "embora espetaculares, os restos intactos são tão raros que só representam uma pequena fração do documentário fóssil. A compressão, impressão, modelagem, moldagem e a permineralização são muito mais comuns". Considerando a dificuldade de analisar os fósseis, pois as partes moles de seus corpos raramente são conservadas, existe uma outra área de estudo, chamada *tafonomia*, que consiste no estudo da maneira pela qual a decomposição e a desintegração de tecidos afetam a fossilização. Sem dúvida, os organismos podem ser perdidos por tais processos destrutivos, porém, mesmo que acabem fossilizados, a decomposição precedente pode resultar em um fóssil enganoso. Por exemplo, os primeiros cordados só são conhecidos a partir de organismos de corpo mole, sem informar sobre a evolução das partes duras, como o esqueleto vertebrado. Os estudos tafonômicos de similares modernos revelaram que as características que diagnosticam organismos derivados sofreram decréscimo antes de caracteres primitivos se associarem aos primeiros ancestrais. (Kardong, 2016, p. 71)

A formação fossilífera depende de alguns aspectos importantes, como os espécimes, a durabilidade, o tipo de sepultamento (que normalmente ocorre com os sedimentos saturados de água e ausência de oxigênio). Os registros fósseis encontrados são estruturas firmes formadas em ambientes de deposição, como deltas de rios, praias, planícies de aluvião, pântanos, praias de lago e fundo do oceano (Freeman; Herron, 2009).

5.3 Atividade prática sobre a formação dos fósseis

Existem diversos tipos de fósseis. Pesquisando em *sites* de experimentos, é possível encontrar inúmeros protocolos para esse tipo de atividade prática. Para este exemplo, selecionamos um experimento que simula a fossilização por compressão e a fossilização por modelos.

Como pontuamos na seção anterior, os modelos por compressão têm origem quando um material orgânico é sepultado por camadas de sedimentos, sob ação da água ou do vento, antes de sua decomposição. O peso da areia e da lama ou de outros materiais particulados acarreta a formação de uma impressão desse ser. O resultado é um fóssil similar às marcas deixadas por alguém que caminha sobre a lama ou concreto fresco (Freeman; Herron, 2009).

Já os fósseis do tipo molde correspondem aos espaços formados quando a matéria orgânica se decompõe depois de ser enterrada pelos sedimentos. Os modelos ocorrem se esses moldes forem preenchidos por outro material que se solidifique dentro da rocha, em um processo similar à técnica de modelagem em cera.

Existem, ainda, os fósseis permineralizados, que ocorrem quando as estruturas orgânicas enterradas pelos sedimentos absorvem minerais dissolvidos e suas células são preenchidas, fossilizando-se, em processo semelhante ao de impregnação em resina utilizado em microscopia. Por fim, há "restos intactos", um tipo de preservação que pode ocorrer em locais de grande acidez, geleiras, cavernas em desertos, resinas de plantas ou areias betuminosas (Freeman; Herron, 2009).

Existem muitas opções de materiais didáticos que pretendem simular fósseis em permineralização. Uma proposta de atividade, de autoria de Maria Antonieta G. Silva e Lízia M. P. Ramos, intitulada "Vamos fazer um Fóssil?", está disponível no Portal do Professor, um *site* do Ministério da Educação (MEC). Nessa proposta, utiliza-se um recipiente para abrigar o "fóssil" e uma esponja sintética para simular o material orgânico que será fossilizado. Deve-se desenhar o formato escolhido, por exemplo, um osso. Para imitar as camadas de sedimentos, pode-se usar cloreto de sódio (sal de cozinha), água morna e areia. Contudo, não há informações claras sobre o tempo de realização do procedimento (Silva; Ramos, 2009).

Em outros *sites*, podemos encontrar propostas similares, como a do British Council, que apresenta a atividade "Faça seus próprios fósseis", bastante similar à mencionada (British Council, 2019). A descrição sugere a utilização de esponjas sintéticas ou vegetais, porém difere na utilização do sal, com o uso de sais de banho contendo sulfato de magnésio ou uma mistura de bicabornato de sódio e cloreto de sódio (fermento químico e sal de cozinha). Além dessa diferença, apresenta uma sequência de passos a serem seguidos: após colocar uma camada de cerca de 1 cm sobre o modelo de fóssil recortado na esponja, deve-se regar durante 5 dias com a mistura de água e sais de banho (sulfato de magnésio ou mistura de bicarbonato de sódio e cloreto de sódio), com a finalidade de impregnar os orifícios da esponja, simulando a permineralização dos fósseis.

Recomenda-se que, após esse processo, o "fóssil" seja retirado depois de dois dias. A estrutura formada é rija, similar à de um fóssil real, podendo haver variação na textura e na rigidez do material dependendo do tipo de areia utilizado.

Considerando que o tempo para esse tipo de atividade é longo (no mínimo uma semana), e isso talvez dificulte sua realização em uma sala de aula, resolvemos propor uma atividade mais simples e rápida, com base no vídeo denominado "Como fazer fósseis de folhas", publicado no YouTube pelo canal Fimtasia (2016). A opção ocorreu porque nesse formato alguns materiais podem ser substituídos, utilizando apenas um processo, que permite simular dois tipos de fósseis: de compressão e de modelo (Fimtasia, 2016). A seguir, descrevemos o procedimento.

MATERIAIS E METODOLOGIA

Materiais

- Folhas de plantas diversas (opcional: brinquedos, dinossauros, conchas, animais marinhos);
- Creme para mãos (de preferência gorduroso), ou óleo de soja ou outro de sua preferência;
- Argila (encontrada facilmente em lojas de plantas) ou massa de modelar;
- Gesso e água (as quantidades dependem do tamanho da peça a ser moldada);
- Pote plástico (para preparar o gesso);
- Espátula ou colher;
- Tinta guache de diversas cores e pincéis (opcional).

Metodologia

- Passo 1: colete as folhas de plantas ou outro material escolhido. Em seguida, besunte-as com o creme para mãos. O objetivo desse passo é impedir que as peças se fixem na argila.
- Passo 2: separe uma porção de argila e estique-a (como massa de pão) em uma superfície lisa. Comprima uma das folhas formando uma impressão desta na argila. Em seguida, forme uma parede de uns 2 centímetros em torno da folha, para criar uma espécie de forma na qual colocar o gesso.
- Passo 3: prepare o gesso utilizando duas medidas de água para cada medida de gesso. Retire a folha colocada na argila

no passo anterior e despeje o conteúdo na forma criada. Aguarde aproximadamente 30 minutos para secagem. Repita os passos com as demais folhas, a argila pode ser reaproveitada nessa fase.

- Passo 4: retire o modelo de gesso, que deverá estar firme depois de 30 minutos. Dependendo do clima, o tempo de espera pode variar, caso a umidade do ar esteja alta, pode demorar um pouco mais.

Considerações sobre a prática

Após realizar a simulação de construção de um fóssil, consideramos a atividade didática eficiente em seus propósitos. Constatamos que um objeto de plástico, um brinquedo em forma de dinossauro, apresentou um resultado melhor por sua rigidez, pois sua impressão na argila ficou mais nítida. O mesmo não ocorreu com a folha, devido a sua maleabilidade. No entanto, talvez o uso de uma folha maior e com estrutura menos flexível apresente um resultado melhor, fato que pode ser associado à dificuldade de preservação de partes moles em fósseis naturais.

Na segunda tentativa, utilizando massa de modelar no lugar da argila e óleo de soja para untar em vez de creme hidratante, obtivemos, como resultado, uma réplica de um fóssil fixado em uma placa de gesso. O modelo apresentou cavidades provavelmente formadas por bolhas de ar entre o gesso e a forma de massinha. Apesar desse detalhe, a apresentação estética pareceu melhor e a peça teve um formato que facilitou o manuseio. Quanto ao desenvolvimento, o tempo foi menor, pois a maleabilidade da massa de modelar facilita o trabalho. Do resultado, em termos de aprendizagem, espera-se que o estudante chegue às seguintes conclusões:

- Considerando que os fósseis por compressão são formados por seres vivos ou parte deles que deixam uma impressão nos sedimentos que os sepultaram, quando pressionamos a folha contra a argila estamos simulando a formação desse tipo de fóssil.
- Ao retirar a folha, a forma feita de argila é preenchida por gesso (pó de rocha calcária) e água, simulando o fóssil do tipo modelo, que ocorre quando outro tipo de material preenche um molde deixado pela decomposição de um ser vivo ou de parte dele e se solidifica.

5.4 Determinação da idade dos fósseis

Kardong (2016) aponta que as principais técnicas utilizadas atualmente para determinar a idade dos fósseis são a estratigrafia, os fósseis-índice e a datação radiométrica. Richard Dawkins (2009), em *O maior espetáculo da Terra*, discorre sobre as evidências da evolução biológica e explica como foram feitas as datações estratigráficas antes de serem submetidas à radiometria:

> Assim, muito antes de sabermos a idade dos fósseis, conhecíamos a ordem em que eles se depositaram, ou pelo menos a ordem em que os sedimentos nomeados se depositaram. Sabíamos que os fósseis cambrianos, no mundo todo, eram mais antigos que os ordovicianos, que por sua vez eram mais antigos que os silurianos; depois vinham os devonianos, os carboníferos, os permianos, triássicos, jurássicos, cretáceos e assim por diante.

E dentro dessas principais camadas nomeadas, os geólogos também distinguiam sub-regiões: jurássica superior, meso-jurássica, jurássica inferior etc.

Os estratos nomeados geralmente são identificados pelos fósseis que contêm. (Dawkins, 2009, p. 88)

Segundo Freeman e Herron (2009, p. 61), "Quando Darwin iniciou seu trabalho, Hutton e seus seguidores já estavam em meio a um esforço de 50 anos para colocar as principais formações rochosas e estratos fossilíferos da Europa em sequência, dos mais recentes aos mais antigos". Essa técnica era denominada datação relativa, pois pretendia determinar a idade das formações rochosas analisando seus estratos, funcionava como um exercício de lógica.

Quadro 5.2 – Pressupostos da estratigrafia

Princípio da superposição	Baseia-se no fato de que rochas mais jovens estão depositadas sobre rochas mais antigas.
Princípio da horizontalidade original	Baseia-se no fato de que a lava e as rochas sedimentares, como arenitos, calcários, xistos limosos, entre outros, depositaram-se inicialmente na posição horizontal; como consequência, caso ocorresse uma inclinação ou elevação, só poderia ter acontecido após essa deposição.
Princípio das relações transversais	Baseia-se no fato de que as rochas "que se intrometem entre as camadas de outras rochas ou formam filões ou diques são mais recentes do que suas rochas hospedeiras" (Freeman; Herron, 2009, p. 61).
Princípio das inclusões	Baseia-se no fato de que fragmentos rochosos, como pedregulhos, cascalhos e outros encontrados dentro das rochas, são mais antigos do que a rocha hospedeira.
Princípio da sucessão faunística	Baseia-se no fato de que "formas de vida de fósseis mais antigas são mais simples do que as formas mais recentes, e essas últimas são mais semelhantes às formas existentes" (Freeman; Herron, 2009, p. 61).

Fonte: Elaborado com base em Freeman; Herron, 2009.

Os geólogos utilizavam essas regras para determinar a cronologia com datas relativas, formulando a escala geológica do tempo e o conceito de coluna geológica (história geológica da terra), "fundamentada em uma sequência complexa de estratos rochosos, partindo dos mais antigos para os mais recentes" (Freeman; Herron, 2009, p. 61). Kardong (2016, p. 73) explica como a sequência estratigráfica é utilizada para determinar a geológica:

> Cada camada de rocha se denomina horizonte temporal, porque contém restos de organismos de outras partes do tempo. Quaisquer fósseis contidos em camadas separadas podem ser ordenados do mais antigo para o mais recente, de baixo para cima. Embora isso não forneça a idade absoluta, gera uma sequência geológica da espécie de fóssil com relação a outro. Ao colocarmos os fósseis em sequência estratigráfica, é possível determinar quais surgiram primeiro e quais por último, com relação a outros fósseis expostos na mesma rocha como um todo.

Segundo Freeman e Herron (2009, p. 61), "Não há lugar algum da Terra em que todos os estratos rochosos que se formaram ao longo do tempo ainda estejam presentes. Ao contrário, ocorrem sempre lacunas onde alguns estratos sofreram erosão completa." Isso obriga os pesquisadores a fazerem algumas generalizações, como explica Dawkins (2009) sobre a utilização das listas de fósseis:

O método realmente usado e mais refinado. [...] Os sedimentos devonianos são reconhecivelmente devonianos, não só em Devon (o condado no sudoeste da Inglaterra que lhes deu o nome), mas em outras partes do mundo. Eles são reconhecivelmente semelhantes entre si e contêm listas semelhantes de fósseis. Os geólogos há muito tempo conhecem a ordem na qual esses sedimentos nomeados se depositaram. Só que, antes do advento dos relógios radioativos, não sabíamos quando eles haviam se depositado. (Dawkins, 2009, p. 88)

Essas listas de fósseis são um exemplo do que Kardong (2016, p. 74) chama de fósseis-índice:

> são marcadores característicos que podem facilitar a comparação de estratos rochosos. Essas espécies de animais, em geral invertebrados de concha dura, que conhecemos a partir de trabalho prévio, só ocorrem em um horizonte temporal específico. Portanto, a presença de um fóssil índice confirma que a camada estratigráfica é equivalente em idade a uma camada similar contendo a mesma espécie de fóssil em outro local.

As escalas geológicas (Figura 5.5) contêm representações de fósseis-índice ou listas de fósseis reconhecíveis para cada período geológico e servem como parâmetro para determinar sua cronologia.

Figura 5.5 – Escala geocronológica: unidades, fileiras e nomes cronoestratigráficos internacionais

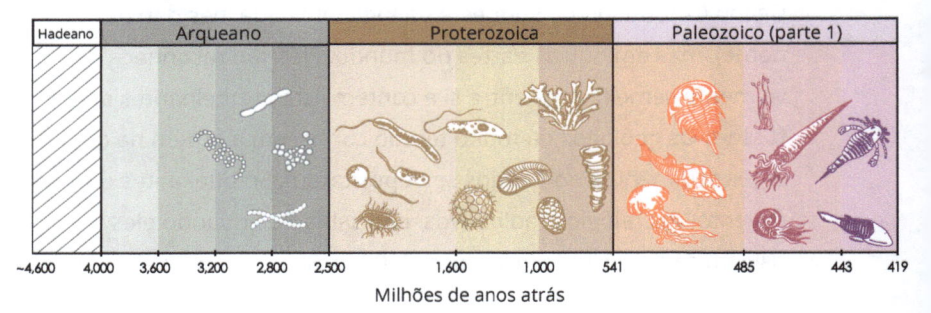

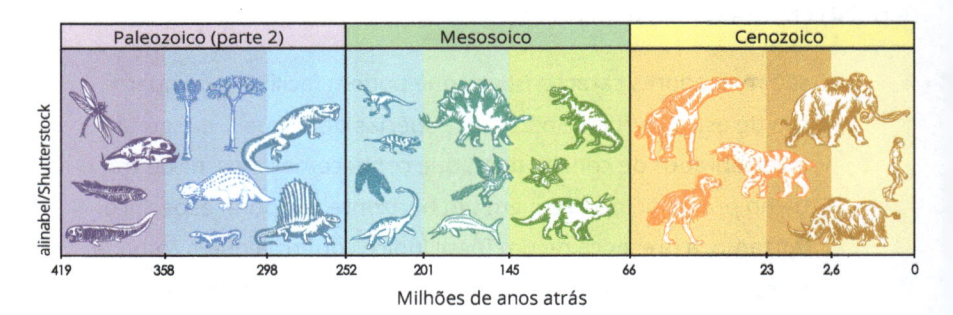

| Hadeano | Arqueano | Proterozoica | Paleozoico (parte 1) |

~4.600   4.000   3.600   3.200   2.800   2.500   1.600   1.000   541   485   443   419
Milhões de anos atrás

| Paleozoico (parte 2) | Mesosoico | Cenozoico |

419   358   298   252   201   145   66   23   2,6   0
Milhões de anos atrás

alinabel/Shutterstock

A Figura 5.6 representa o éon Arqueano, com bactérias filamentosas que podem ser encontradas nos fósseis estromatólitos.

Figura 5.6 – Escala Geocronológica. Parte 1: Éons Hadeano e Arqueano. Unidades, posições, nomes cronoestratigráficos internacionais

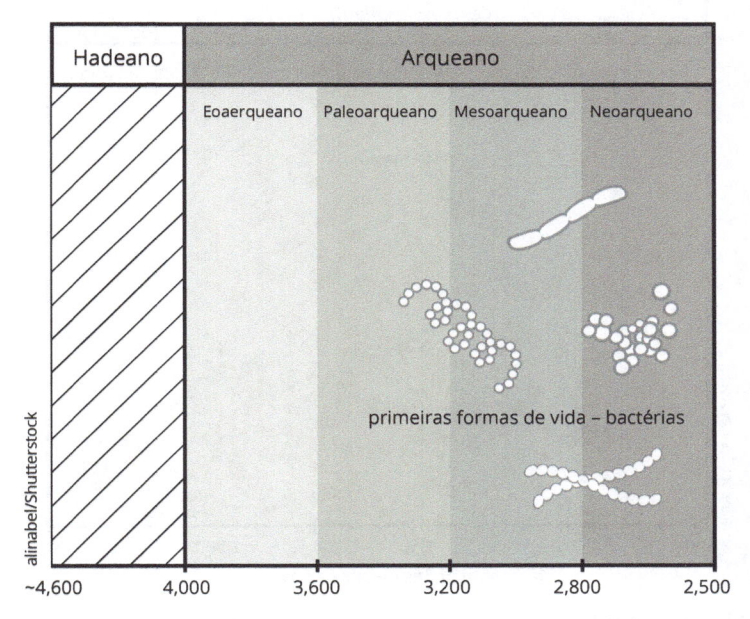

Na Figura 5.7, há exemplos da Era Proterozoica, com os primeiros eucariontes (protozoários) e multicelulares (algas e esponjas).

Figura 5.7 – Escala Geocronológica. Parte 2: Éon Proterozoico. Unidades, fileiras e nomes cronoestratigráficos internacionais

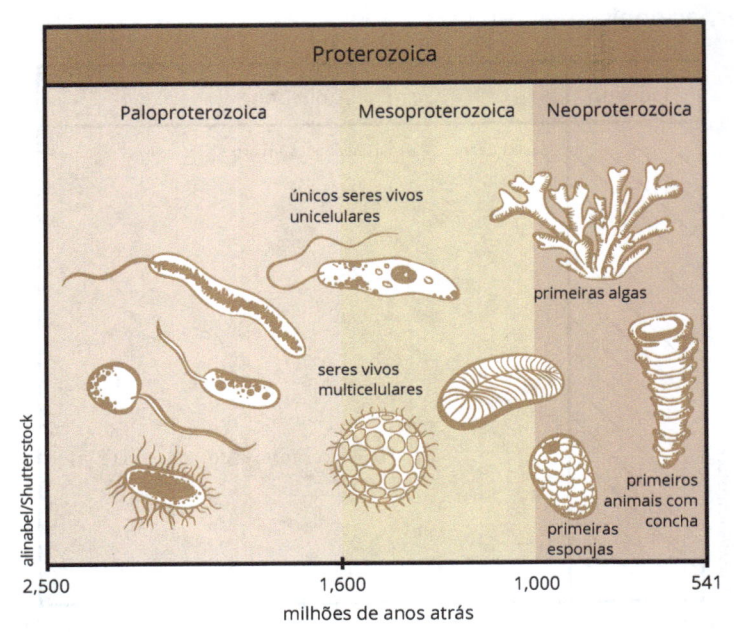

Na Figura 5.8, podemos observar a Era Paleozoica, que compreende o período Cambriano, com os trilobitas, os primeiros peixes e as águas-vivas; o Ordoviciano, com as primeiras plantas e os animais com conchas; e o Siluriano, com os peixes conhecidos como cabeça-de-escudo.

Figura 5.8 – Escala Geocronológica. Parte 3: Éon Paleozoico (Parte 1). Unidades, fileiras e nomes cronoestratigráficos

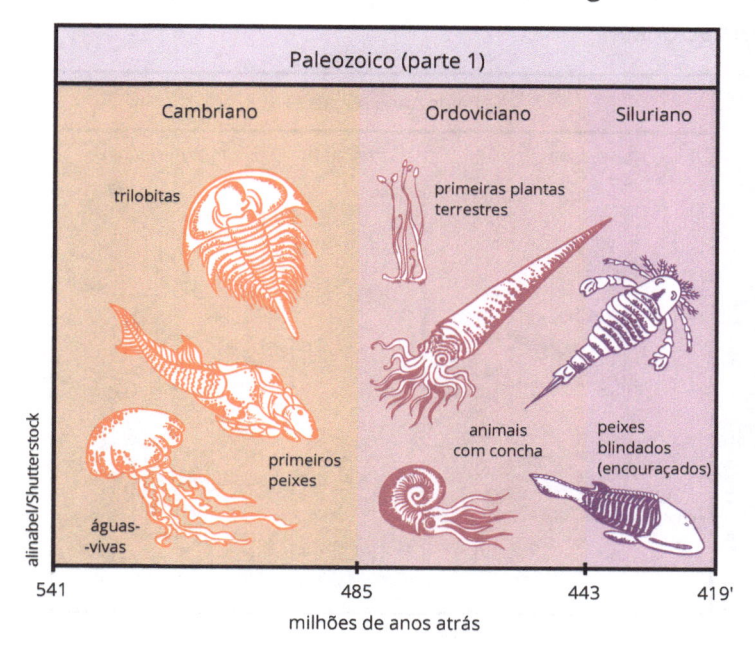

Na Figura 5.9, podemos ver a mesma era (Paleozoica) focando, desta vez, no Devoniano, com os primeiros insetos, os anfíbios e muitos tipos de peixes; no Carbonífero, com os primeiros répteis e as plantas conhecidas como *fetos*, atualmente classificadas como pteridófitas, como a samambaiaçu (xaxim); e no Permiano, com uma diversificação dos répteis.

Figura 5.9 – Escala Geocronológica. Parte 3: Éon Paleozoico (Parte 2). Unidades, fileiras e nomes cronoestratigráficos internacionais

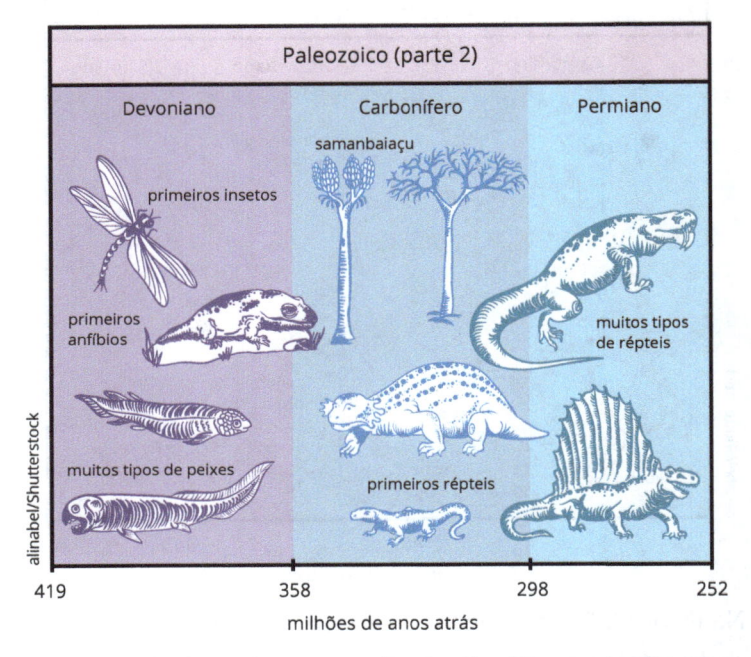

Na Figura 5.10, podemos analisar a Era Mesozoica, compreendendo o período Triássico, com os primeiros dinossauros, os primeiros mamíferos, as árvores coníferas (pinheiros/gimnospermas); o Jurássico, com os primeiros pássaros e os répteis marinhos; e, por fim, o Cretáceo, com vários tipos de dinossauros e as primeiras plantas com flores (angiospermas).

Figura 5.10 – Escala Geocronológica. Parte 4 – Éon Mesozoico. Unidades, fileiras e nomes cronoestratigráficos internacionais

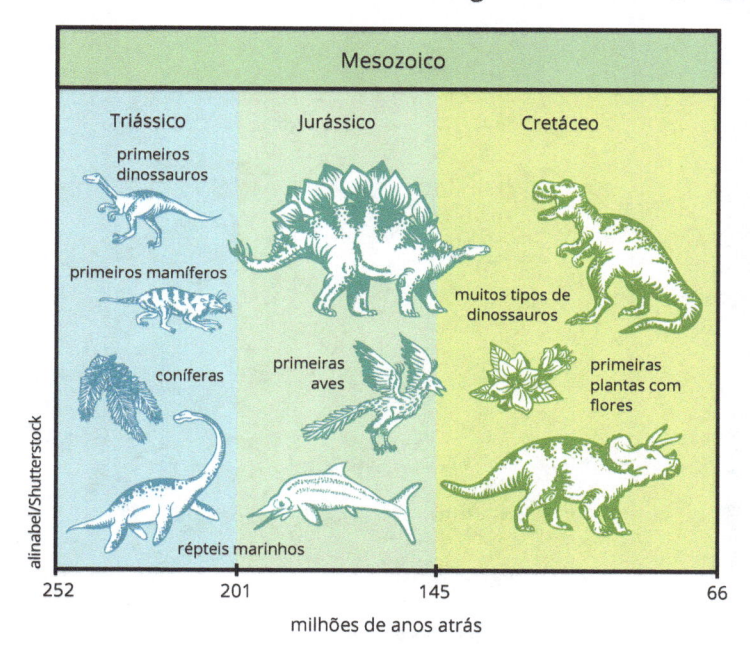

Na figura 5.11, está representada a Era Cenozoica, constituída pelo período Paleogênico, com muitos tipos de mamíferos e a ave carnívora *Diatryma* (*Gastornis giganteus*); pelo Neogênico, com o tigre-dentes-de-sabre, do gênero *Smilodon*; além do mamute e do rinoceronte-lanudo e dos primeiros humanos.

Figura 5.11 – Escala Geocronológica. Parte 5: Éon Cenozoico. Unidades, fileiras e nomes cronoestratigráficos internacionais

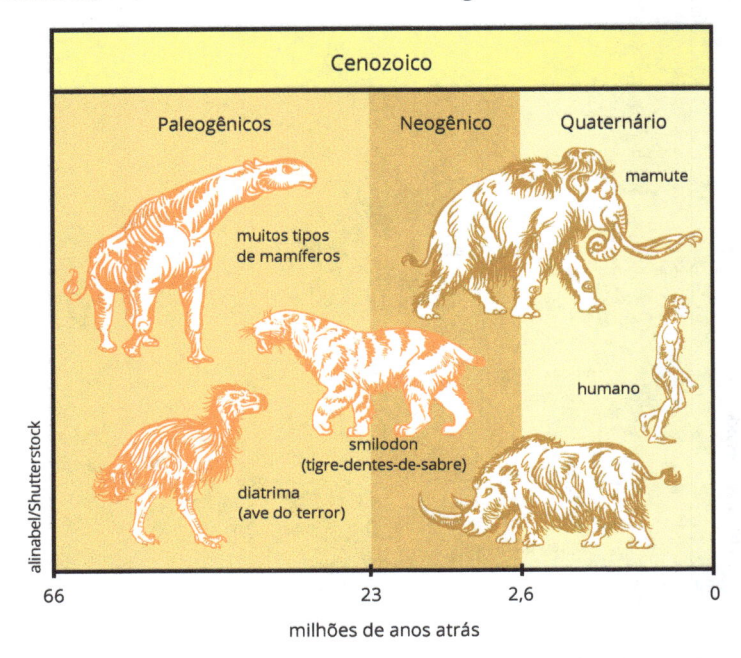

A estratigrafia está no que Santos (2017) chama de técnicas de datação incremental, que incluem a dendrocronologia, a datação por varvito e a datação pelo campo magnético terrestre.

Segundo o autor, utiliza-se a dendrocronologia para, com a identificação dos anéis de crescimento da madeira, estimar sua idade, levando em consideração as flutuações climáticas. "Esse método é limitado pela própria longevidade da árvore, o que restringe a datação para, no máximo, até 3000 anos. Essa técnica também é usada para aferição do método de datação por carbono-14" (Santos, 2017, p. 20).

A datação por varvito, com a análise de varves, que são camadas de sedimentos em lagos glaciais, e de campo magnético

> Consiste em analisar depósitos de camadas anuais, tipicamente em geleiras. São camadas que se formam rapidamente deixando uma fina e periódica lâmina no solo. Essas lâminas podem ser formadas por areia, cascalho, lodo, sedimentos, etc. [sic] Também é muito utilizada para se estudar o Sol, uma vez que registra com precisão as anomalias climáticas na formação do gelo nas regiões mais frias da Terra [...].
>
> O campo magnético da Terra varia em intensidade e direção ao longo do tempo. Em grandes períodos de tempo, essa variação pode ser bastante acentuada. Há registros em rochas mostrando que os polos magnéticos da Terra já se inverteram várias vezes. Quando um vulcão entra em erupção e expõe o magma, este esfria registrando a direção do campo magnético. Esse método também é usado como aferição para técnicas de datação por radioisótopos. (Santos, 2017, p. 20-21)

Essas técnicas chamadas de "datação incremental" servem como ajuste e devem ser levadas em consideração para determinar a cronologia de uma espécie e para designar corretamente seu modo de vida antes de ter sido extinta. A datação radiométrica, segundo Freeman e Herron (2009), só se tornou possível a partir da descoberta da radioatividade por Marie Curie (1867-1934), no início do século XX, permitindo a confirmação da antiguidade da Terra proposta por cientistas como James Hutton (1726-1797), Charles Lyell (1797-1875) e seus seguidores.

> Usando uma técnica denominada datação radiométrica, os físicos e os geólogos começaram a atribuir idades absolutas às idades relativas estabelecidas pela escala geológica de tempo
>
> A técnica de datação radiométrica utiliza isótopos instáveis de elementos de ocorrência natural. Esses isótopos decaem, significando que se transformam em diferentes elementos ou em diferentes isótopos do mesmo elemento. Cada isótopo apresenta decaimento em uma taxa específica e constante, medida em uma unidade denominada meia-vida. Uma meia-vida é a quantidade de tempo despendida para que 50% do isótopo parental presente decaiam em seu isótopo-filho. O número de eventos de decaimento observados em uma amostra rochosa, ao longo do tempo, depende apenas do número de átomos radioativos presentes nessa amostra. As taxas de decaimento não são afetadas por temperatura, umidade ou qualquer outro fator ambiental. Consequentemente, os isótopos radioativos funcionam como relógios naturais [...].
>
> Em razão de suas longas meias-vidas, os sistemas do potássio-argônio e do urânio-chumbo são os isótopos de escolha para se determinar a idade da Terra. (Freeman; Herron, 2009, p. 63)

A dificuldade encontra-se no fato de os modelos atuais estabelecerem que, naquele período inicial do planeta, os elementos da Terra estavam em estado líquido. Contudo, é possível basear-se na formação de outros componentes do sistema solar que têm duas classes de rochas disponíveis e passíveis de serem utilizadas nessa datação: as rochas da lua e os meteoritos.

> Ambos os sistemas de datação (urânio-chumbo e potássio-argônio) conferem a idade de 4,53 bilhões de anos às rochas lunares

trazidas pelos astronautas da Apolo. Além disso, praticamente todos os meteoritos encontrados na Terra, que tenham sido datados, fornecem uma idade de 4,6 bilhões de anos. Portanto, os cientistas podem inferir que nosso planeta tem aproximadamente 4,6 bilhões de anos. (Freeman; Herron, 2009, p. 65)

Segundo Santos (2017, p. 24), foram Willard Frank Libby (1908-1980) e sua equipe que criaram a técnica do carbono-14, com base em estudos feitos nos anos 1940 que demonstraram que "na atmosfera, o carbono-14 (isótopo instável) era produzido através da colisão das partículas solares energizadas com moléculas de nitrogênio". Por esse feito, Libby recebeu o prêmio Nobel em 1960.

> Todos os seres vivos, animais e vegetais, têm aproximadamente idêntica razão entre carbono-12 e carbono-14, a qual é a mesma encontrada na atmosfera.
>
> [...] Com o passar dos séculos, o carbono-14 no corpo, pedaço de madeira, pedaço de tecido, ou seja, lá o que for, decai constantemente para nitrogênio-14. A razão entre carbono-14 e carbono-12 no espécime, portanto, gradualmente diminui, ficando cada vez mais abaixo da razão geral que todos os seres vivos têm em comum com a atmosfera. Por fim, haverá apenas carbono-12, ou, mais estritamente, o teor de carbono-14 estará reduzido demais para ser medido. E a razão entre o carbono-12 e o carbono-14 pode ser usada para calcular o tempo que decorreu desde a morte da criatura removida da cadeia alimentar e de seu intercâmbio com a atmosfera. (Dawkins, 2009, p. 93)

Para Santos (2017, p. 28), "De fato, descobrimos mais uma vez o quanto somos pequenos diante da natureza. Observando a escala temporal do nosso planeta, o aparecimento do homem na Terra pode ser considerado um evento recente". Mesmo reconhecendo a importância das técnicas descritas para datação, elas apresentam discrepâncias entre si, necessitando, portanto, de aprimoramento para melhorar sua confiabilidade.

5.5 Anatomia comparada e semelhanças genéticas como evidências evolutivas

Os estudos de anatomia comparada, bem como os de embriologia e fisiologia, têm papel complementar ao registro fóssil. No caso dos vertebrados, é possível perceber que todos "têm características básicas em comum, as quais são produto de sua ancestralidade comum, e o progresso da evolução pode ser analisado pela sequência das modificações destes caracteres" (Pough; Janis; Heiser, 2008, p. 1). Além dessas características, Kardong (2016) considera importantes os estudos relacionados à simetria e à fisiologia evolutiva, no conjunto que dá suporte à teoria evolutiva e compreende as pesquisas de paleontologia e geologia (registro fóssil) e de zoologia e botânica (anatomia e fisiologia comparadas). Retomaremos os conceitos relacionados a essas semelhanças e conheceremos alguns estudos que tratam desse assunto.

As modificações anatômicas já eram estudadas por anatomistas antes de Charles Darwin propor sua teoria. Richard Dawkins (2009, p. 309) dá uma explicação sobre a maneira como são estudadas as estruturas em anatomia comparada, como ele mesmo define "em termos evolucionistas" e em "tempos pós-darwinianos", comparando alguns animais e oferecendo exemplos:

Nos tempos pós-darwinianos, quando se tornou geralmente aceito que morcegos e humanos têm um ancestral comum, os zoólogos começaram a definir a homologia em termos evolucionários. Semelhanças homólogas são aquelas herdadas do ancestral comum. A palavra "análogo" passou a ser usada para denotar semelhanças devidas a uma função comum, e não à descendência. Por exemplo, a asa dos morcegos e a asa dos insetos são consideradas análogas, em contraste com a asa do morcego e a mão humana, que são homólogas. Se quisermos usar a homologia como evidência do fato da evolução, não podemos usar a evolução para defini-la. Portanto, para esse fim, convém reverter à definição pré-evolucionária de homologia. A asa do morcego e a mão humana são homeomórficas: podemos transformar uma na outra distorcendo a borracha na qual ela é desenhada. Não podemos transformar dessa maneira uma asa de morcego numa asa de inseto, pois não existem partes correspondentes. A disseminada existência de homeomorfismos, os quais não são definidos com base na evolução, pode ser apresentada como evidência da evolução. É fácil ver como a evolução poderia atuar sobre qualquer braço de vertebrado e transformá-lo no braço de qualquer outro vertebrado simplesmente mudando as taxas relativas de crescimento do embrião. (Dawkins, 2009, p. 309)

Como o leitor deve ter percebido, falamos agora das mesmas modificações anatômicas tratadas no Capítulo 2. Para obter explicações mais detalhadas sobre o tema, basta fazer uma releitura sobre as semelhanças análogas e homólogas abordadas anteriormente. Kardong (2016, p. 42) afirma que, além dessa classificação, existem as

Estruturas homoplásicas se parecem e podem ou não ser homólogas ou análogas. Além de compartilharem origem (homologia) e função (analogia) comuns, os membros natatórios de tartarugas e golfinhos são similares superficialmente; eles são homoplásicos. Os exemplos mais óbvios de homoplasia vêm da simulação ou camuflagem, em que um organismo busca disfarçar em parte sua presença, assemelhando-se a algo não atraente. Alguns insetos têm asas formadas e esculpidas como folhas. Tais asas funcionam no voo, não na fotossíntese (não são análogas a folhas), e certamente tais pares não compartilham um ancestral comum (não são homólogas de folhas), mas têm a aparência externa semelhante à de folhas; elas são homoplásicas.

Contudo, são considerados, ainda, os mecanismos que podem levar à formação dessas estruturas. Nesse caso, Kardong (2016, p. 42) afirma que

> pode surgir similaridade estrutural de várias maneiras. A função similar em habitats similares pode produzir convergência de forma (analogia); a ancestralidade histórica comum pode levar adiante a estrutura compartilhada e similar para os descendentes (homologia); ocasionalmente, eventos acidentais ou incidentais podem resultar em partes que simplesmente se parecem (homoplasia). Ao explicar a constituição, invocamos um, dois ou todos os três fatores combinados. Para entender a constituição, precisamos reconhecer a possível contribuição de cada fator separadamente.

Anteriormente, esses estudos eram feitos em campo e em laboratórios com a tecnologia disponível. As técnicas para análise da anatomia e da morfologia comparadas foram aprimoradas e, atualmente, até mesmo a tomografia computadorizada pode ser utilizada em estudos de fósseis, gerando arquivos tridimensionais, como na pesquisa "Utilização de ferramentas computacionais avançadas para obtenção de arquivos digitais e análise de vertebrados fósseis", conduzida por Monalize Pinto da Cruz para o Departamento de Geologia e Paleontologia do Museu Nacional do Rio de Janeiro, em 2002. A técnica consiste em

> A Tomografia Computadorizada (TC) e a Digitalização Tridimensional (DT) foram aplicadas para fins da primeira etapa. Restrita à área médica até a década de 1980, a TC vem sendo aplicada com êxito no campo da paleontologia. Esta técnica permite a captação da morfologia externa e de cavidades internas (*e.g.* cavidade cerebral) de organismos, podendo ser aplicada, em alguns casos, em fósseis ainda inclusos em sua matriz sedimentar. A DT permite a apreensão da forma de espécimes a partir da varredura de sua superfície externa. Ambas as metodologias geram arquivos tridimensionais que podem ser convertidos em outros formatos para edição (segunda etapa), o que envolve a utilização de *softwares* específicos e permite desde a correção de problemas tafonômicos até a complementação de partes ausentes do fóssil. Após a edição da imagem, uma base de dados virtual (o arquivo tridimensional dos exemplares analisados) torna-se disponível para estudos avançados. (Cruz et al., 2005, p. 64)

As estruturas de animais e de plantas guardam similaridades entre si. Quanto mais próximo é o parentesco entre os seres vivos, mais fácil é perceber as semelhanças:

> Assim como o esqueleto dos vertebrados é invariável para todos os vertebrados enquanto os ossos individualmente considerados diferem, e assim como o exoesqueleto dos crustáceos é invariável para todos os crustáceos enquanto os "tubos" individualmente considerados variam, também o código do DNA é invariável para todos os seres vivos enquanto os genes individualmente considerados variam. Esse é um fato assombroso, que mostra muito mais claramente do que qualquer outra coisa que todos os seres vivos descendem de um único ancestral.
> Não só o código genético em si, mas todo o sistema de genes/proteínas que gerem a vida, [...] é o mesmo em todos os animais, plantas, fungos, bactérias, arqueias e vírus. O que varia é o que está escrito nesse código, e não o código em si. E quando examinamos comparativamente o que está escrito no código – as sequências genéticas em todos esses seres díspares –, encontramos o mesmo tipo de árvore hierárquica de semelhanças. Encontramos a mesma árvore de parentesco – porém expressa de modo muito mais completo e convincente –, que pode ser vista no esqueleto dos vertebrados, no esqueleto dos crustáceos e, de fato, em todo o padrão de semelhanças anatômicas em todos os reinos da vida. (Dawkins, 2009, p. 312)

Freeman e Herron (2009) apontam que as pesquisas em genética molecular revelam similaridades ainda maiores entre os organismos, já que existe homologia molecular, especialmente no código genético. Com algumas exceções, "todos os organismos estudados até o presente usam as mesmas trincas de nucleotídeos, ou códons, para especificar os mesmos aminoácidos a serem incorporados em proteínas" (Freeman; Herron,

2009, p. 56). Isso faz que ocorra redução de efeitos prejudiciais e mutações em pontos específicos ou erros de tradução.

No caso da homologia, Ridley (2007) afirma que esta passa a fazer sentido se considerarmos que as espécies descendem de um ancestral comum. Um exemplo disso é o código genético, mais conhecido como DNA, que é uma homologia universal. "Acredita-se que isso ocorre porque o código genético evoluiu cedo na história da vida e uma das formas iniciais acabou tornando-se o ancestral comum de todas as espécies surgidas posteriormente" (Ridley, 2007, p. 81). Salientamos que, ao afirmar que todos os seres vivos compartilham um mesmo ancestral, não estamos de maneira alguma dizendo que a vida evoluiu uma única vez.

Em teoria, existe a possibilidade de uma grande quantidade de códigos genéticos alternativos, que poderiam funcionar tão bem quanto ou talvez até melhor que os reais (Judson; Haydon, citados por Freeman; Herron, 2009, p. 56), o que garantiria vantagens evolutivas: "se os humanos usassem um código genético diferente do dos chimpanzés, não teriam sido suscetíveis aos vírus transmitidos pelos chimpanzés, que os invadiram e se transformaram no HIV". Caso esse vírus tentasse se reproduzir em células humanas, suas proteínas seriam travadas durante a tradução do código genético viral, impedindo a infecção no organismo humano.

A grande questão é se existe a possibilidade de códigos genéticos variados e como isso poderia apresentar vantagens, porque "praticamente todos os organismos utilizam este mesmo código (genético). O darwinismo fornece uma resposta lógica: a totalidade dos organismos herdou seu código genético de um ancestral comum" (Freeman; Herron, 2009, p. 56). Podem ser consideradas evidências de ancestralidade comum entre os seres vivos a similaridade genética, no desenvolvimento e na estrutura dos corpos, semelhanças funcionais e não funcionais, como "os pseudogenes processados nos humanos e em primatas, [que] têm pouco ou nenhum sentido funcional, sendo explicadas com mais facilidade à luz da visão de Darwin, de que os organismos são descendentes de um ancestral comum" (Freeman; Herron, 2009, p. 60).

As novas tecnologias, o aprimoramento dos microscópios e o uso de modelos matemáticos e de computadores alavancou o avanço desses estudos moleculares, permitindo análises de homologias no genoma dos seres vivos:

> A genômica comparativa compara o conteúdo gênico, a função e a organização dos genomas de diferentes organismos. A comparação das sequências do genoma está proporcionando uma maior compreensão das relações evolutivas entre os organismos. O impacto dessas comparações é evidente na diversidade nos capítulos deste livro sobre diversidade. O primeiro resultado definido da genômica comparativa foi a comparação da existência de três domínios de organismos vivos: Bacteria, Archaea e Eukarya.
>
> [...]
>
> A genômica comparativa compara o conteúdo e a organização dos genomas de diferentes espécies e fornece informações sobre as relações evolutivas. (Raven; Evert; Eichhorn, 2014, p. 414-417)

Os estudos de taxonomia foram impactados com essa mudança, dando origem à classificação em três domínios abordada anteriormente. Os avanços no campo tecnológico impulsionam todas as áreas de pesquisa, porém na biologia esse impacto pode ser avaliado mais recentemente com o Projeto Genoma, de 2004, considerado um marco:

> O Projeto Genoma Humano (PGH) teve como objetivo o sequenciamento dos 3,1 bilhões de bases nitrogenadas do genoma humano. O genoma é o conjunto de DNA de um ser vivo, e o DNA é formado pela ligação sequencial de moléculas denominadas nucleotídeos. Estes são constituídos por três componentes [...]: a molécula de fosfato, a molécula de açúcar, denominada desoxirribose e a base nitrogenada. As bases nitrogenadas podem ser de quatro tipos: adenina (A), timina (T), citosina (C) e guanina (G). A ordem com que os nucleotídeos são dispostos no DNA é que faz com que uma molécula difira da outra. Podemos determinar esta diferença por meio do sequenciamento dos genomas. Como as moléculas de fosfato e açúcar são sempre as mesmas, a ordem da sequência é dada pelas bases nitrogenadas. (Góes; Oliveira, 2014, p. 562)

Esse projeto deu impulso ao que os pesquisadores Andréia Carla de Souza Góes e Bruno Vinícius Ximenes de Oliveira chamam de "era pós-genômica". Analisando suas implicações, os autores afirmam que culminou no "desenvolvimento da proteômica, transcriptômica e metabolômica, assim como no estudo de regiões não codificantes do DNA, rico em micro-RNAs e sequências reguladoras da expressão gênica" (Góes; Oliveira, 2014, p. 574). Essas áreas de estudo já existiam e tiveram avanços depois de 2004:

Na proteômica, estuda-se um mapa análogo de proteínas dos tipos celulares e suas interações. Isso reflete a conscientização dos geneticistas e bioquímicos quanto aos limites dos resultados do PGH, que, por sua vez, revelou a necessidade da formulação de novas perguntas quanto ao objetivo de entender o completo funcionamento do organismo e suas células. (Góes; Oliveira, 2014, p. 570)

Já os estudos de transcriptômica, segundo os autores, estão relacionados à síntese de proteínas com o RNA mensageiro e os demais RNAs na expressão gênica, sendo que a metabolômica corresponde ao estudo dos metabólicos gerados por uma célula (Góes; Oliveira, 2014). A análise molecular de proteínas (proteômica), nesse caso, não em seres humanos, mas em bactérias e arqueobactérias, deu origem às conclusões sobre o *Last Universal Common Ancestor* (LUCA). As pesquisas do genoma em humanos originaram a medicina genômica, que, segundo Pena (2010), serve para que a medicina se torne personalizada, pois

> Nossas características físicas, nossa saúde e nossas predisposições e resistências a doenças dependem dos nossos genes, do nosso genoma. A pesquisa genômica dos últimos 10 anos, ao mapear completamente a diversidade genética humana, permite cada vez mais identificar seus efeitos sobre a saúde de um indivíduo. (Pena, 2010, p. 330)

Diversas áreas além da biologia evolutiva estão se expandindo devido a essas pesquisas. As análises moleculares são bem antigas e tiveram como um marco a descrição da estrutura do DNA, fruto do trabalho de Rosalind Franklin (1920-1958), Maurice Wilkins (1916-2004), Francis Crick (1916-2004) e

James Watson (1928-). Segundo as geneticistas Andreia Carina Turchetto-Zolet, Caroline Turchetto, Camila Martini Zanella e Gisele Passaia, organizadoras do livro *Marcadores moleculares na era genômica: metodologias e aplicações* (2007), a construção de mapas genéticos com a técnica RFLP (polimorfismo de comprimento de fragmentos de restrição) teve início na década de 1980, mas evoluiu e, atualmente, encontra-se em sua terceira geração (Turchetto-Zolet et al., 2017).

De acordo com De Robertis e Hib (2006), uma das técnicas para análise molecular (função dos genes, nesse caso), chamada *inferência do RNA*, seria uma opção para tentar a cura de algumas doenças:

> além de permitir o estudo da função dos genes, pode se converter num meio eficaz para curar doenças. Por exemplo, tendo em vista que durante a hepatite não haveria dificuldades para introduzir nas células hepáticas o RNApi que silencia o gene da proteína Fas [...] conseguiria evitar-se a morte dessas células, uma das complicações mais temida da doença. Por outro lado, se com a ajuda de RNApi específicos se conseguisse silenciar a atividade de genes relacionados com a divisão celular, seria possível deter o avanço do câncer. (De Robertis; Hib, 2006, p. 386)

Antigamente, esses mapas eram impressos, após serem desenhados em placas de gel, e as análises eram feitas manualmente (Figura 5.12). Atualmente quase todo o trabalho é feito por supercomputadores e algoritmos baseados em modelos matemáticos que utilizam enzimas de restrição de alta especificidade e automação. Isso tornou o trabalho mais econômico e dinâmico (Turchetto-Zolet et al., 2017).

Figura 5.12 – Análise molecular de mapa genético usada em genética, medicina, biologia, pesquisa farmacêutica e forense

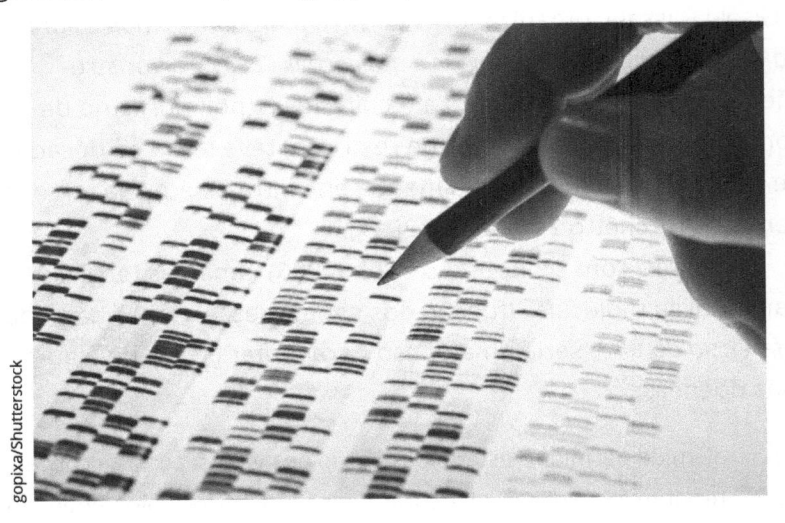

gopixa/Shutterstock

As metodologias de sequenciamento de DNA de nova geração, conhecidas como *sequenciamento de alto desempenho*, estão cada dia mais presentes em nosso cotidiano, revolucionando a pesquisa biológica em áreas como a genética, genômica, biotecnologia, medicina, etc. Podemos observar o incrível aumento na qualidade dos dados gerados, assim como no tamanho de sequências (*reads*), contando ainda com uma diminuição na quantidade inicial de amostra necessária, além de uma diminuição significativa no custo por base sequenciada. (Turchetto-Zolet et al., 2017, p. 24)

Freeman e Herron (2009) afirmam que constatações paleontológicas ratificam as transformações incidentes nas espécies atuais. Exemplos são a existência de estruturas primordiais em etapas de transição do desenvolvimento, além de "sequências vestigiais de DNA em organismos contemporâneos" (Freeman; Herron, 2009, p. 68), possíveis consequências de modificações ocorridas durante um período evolutivo. Essa hipótese pode ser apoiada por evidências, como no caso das grandes extinções amplamente documentadas no registro fóssil.

Os autores citam como evidências moleculares os pseudogenes processados (estudados em epigenia), o erro no cromossomo 17 em humanos (genoma discutido em capítulo anterior) e a especificidade dos códons e aminoácidos. Sobre o parentesco entre humanos e macacos modernos, Leakey (1995, p. 20) afirma que

> Embora alguns geneticistas acreditem que os dados moleculares ainda impliquem uma ramificação igual e tríplice entre humanos, chimpanzés e gorilas, outros veem isto de modo diferente. Do seu ponto de vista, humanos e chimpanzés são os parentes mais próximos uns dos outros, com os gorilas situados a uma distância evolutiva maior.

Como pontuamos, os estudos moleculares poderão ser usados no futuro e já existem diversas pesquisas em andamento na área médica. Esses avanços têm extrema importância para a análise das evidências moleculares da evolução biológica, pois "A sequência nucleotídica que compõe o DNA genômico é um dos principais elos evolutivos entre os seres vivos que habitam o planeta Terra" (Turchetto-Zolet et al., 2017, p. 21). O surgimento do gênero *Homo* e sua divergência evolutiva dos demais grandes primatas serão abordados no próximo capítulo com mais detalhes.

> **Prescrições da autora**
>
> TURCHETTO-ZOLET, A. C. et al. (Org.). **Marcadores moleculares na era genômica**: metodologias e aplicações. Ribeirão Preto: Sociedade Brasileira de Genética, 2017.
> Esse material aborda todo o histórico de pesquisas com marcadores moleculares e a evolução das técnicas utilizadas, além de suas implicações para a era genômica.

Síntese proteica

Neste capítulo, discutimos as evidências da evolução biológica. Inicialmente, explicamos sobre os fósseis que são encontrados por paleontólogos e outros profissionais, como geólogos, e observamos que até mesmo no Brasil são encontrados microfósseis, como das bactérias filamentosas conhecidas como estromatólitos (além de outros tipos não citados). Tratamos um pouco da formação de colônias de estromatólitos e da importância desses estudos como evidência evolutiva e para a construção da história da vida no planeta Terra.

Descrevemos os tipos de fósseis: de compressão (marcas de pé na lama), modelos e moldes (técnicas de escultura), permineralizados (petrificados) e restos intactos (conservados no âmbar ou *permafrost*). Propusemos uma atividade prática e lúdica a fim de melhor compreendermos o processo de formação dos fósseis. Esta pode ser uma ferramenta de ensino a ser utilizada por professores.

No tópico seguinte, tratamos das técnicas de datação fóssil, como a estratigrafia, que segue alguns princípios: a superposição, a horizontalidade original, as relações transversais, as inclusões e a sucessão faunística; e a técnica de datação radiométrica mais moderna, que utiliza isótopos instáveis para a determinação da idade geológica com urânio-chumbo, potássio-argônio e carbono-14. Além dessas, utilizam-se como acessórios a dendrocronologia (datação de anéis de árvores fossilizadas), a datação de varvito para sedimentos de lagos congelados e a datação de campo magnético, que pode determinar as mudanças climáticas ocorridas há milhões de anos.

Observamos, ainda, que a anatomia comparada de microrganismos, animais e plantas é uma ferramenta de estudo evolutivo e exploramos um pouco as pesquisas atuais de comparação das semelhanças genéticas, a evidência evolutiva molecular (pseudogenes, erro do cromossomo humano 17 e especificidades de códons e de aminoácidos) no caso do Projeto Genoma e seus desdobramentos em diversas áreas. Para concluir, compreendemos que os seres vivos têm alto grau de similaridade genética – estrutural e de desenvolvimento –, analisada pelas mais diversas técnicas descritas, e que os estudos citados geram dados utilizados para alavancar outras áreas além da biologia evolutiva.

Rede neural

1. Qual é a importância dos estudos paleontológicos e das evidências evolutivas para o conhecimento da trajetória evolutiva dos seres vivos?

    A Os estudos paleontológicos são importantes para avaliar rochas (sem fósseis), datando-as corretamente e reconstruindo a trajetória evolutiva dos seres vivos.

    B Os estudos geológicos são importantes para avaliar animais e plantas, datando-os corretamente e reconstruindo a trajetória evolutiva dos seres vivos.

- C) Os estudos paleontológicos não são importantes para avaliar fósseis, datando-os corretamente e reconstruindo a trajetória evolutiva dos seres vivos.
- D) Os estudos paleontológicos são importantes para avaliar fósseis, datando-os corretamente e reconstruindo a trajetória evolutiva dos seres vivos.
- E) Os estudos paleontológicos são importantes para avaliar a radiação, datando-a corretamente e reconstruindo a trajetória evolutiva dos seres vivos.

2. Quais são os tipos de fósseis?
   - A) Estratigráficos, geográficos e geológicos e permineralizados.
   - B) Filamentosos, radiométricos e geológicos e petrificados.
   - C) Permineralizados, de molde ou modelo, de compressão e intactos.
   - D) Genômicos, proteômicos, transcriptômicos e análogos.
   - E) Análogos, homólogos, homeomórficos e modelados.

3. Quais são as técnicas de determinação da idade fóssil utilizada por paleontólogos?
   - A) Datação radiométrica de cloro-chumbo, de cloreto de potássio e carbono-17, fonocronologia, varvito e datação de campo magnético.
   - B) Datação radiométrica de césio-urânio, de potássio-hidrogênio e carbono-21, dendrocronologia, varvito e datação de campo magnético.
   - C) Datação radiométrica de urânio-plutônio, de ferro-argônio e carbono-25, dendrocronologia, varvito e datação de campo magnético.

- **D** Datação radiométrica de urânio-alumínio, de potássio-plutônio e carbono-14, dendrocronologia, varvito e datação de campo magnético.
- **E** Datação radiométrica de urânio-chumbo, de potássio-argônio e carbono-14, dendrocronologia, varvito e datação de campo magnético.

4. Quais são as principais evidências para a determinação de parentesco entre as espécies?

- **A** Anatomia comparada (analogia e homologia), estudo de fósseis e análises moleculares.
- **B** Estratigrafia comparada (geologia e homologia), estudo de fósseis e análises molares.
- **C** Anatomia comparada (geografia e historiografia), estudo de recifes e análises moleculares.
- **D** Anatomia comparada (biogeografia e homuncologia), estudo de radiações e análises de exoesqueletos.
- **E** Anatomia incorporada (fenologia e micologia), estudo de fósseis e análises estratigráficas.

5. O que são estromatólitos?

- **A** São rochas formadas por moldagem de répteis pré-históricos.
- **B** São microfósseis formados pela permineralização de bactérias fotossintetizantes filamentosas.
- **C** São micorrizas associadas a raízes de plantas que vivem em mutualismo com fungos.
- **D** São ictiossauros cobertos por lava vulcânica e que viveram em terra firme.
- **E** São mitólogos que estudam plantas terrestres e aquáticas.

Biologia da mente

Análise biológica

1. Qual é a importância do estudo molecular do DNA para a reconstrução da história evolutiva?
2. Quais são as principais evidências moleculares estudadas?

No laboratório

1. Objetivando ampliar o conhecimento sobre estudos paleontológicos e ter acesso a materiais de divulgação científica, é possível consultar um conteúdo gratuito produzido pela Sociedade Brasileira de Paleontologia (SBP): *A Paleontologia na sala de aula*. O livro está em formato digital e pode ser baixado em qualquer equipamento compatível. Foi produzido com o objetivo de melhorar o ensino de Paleontologia. Destina-se a professores, com diversos artigos, *links* com recursos externos e materiais didáticos que podem ser impressos, como jogos de tabuleiro: *Ciclo das Rochas*, *Navegator 100*, *Vida em Camadas*, *A viagem do Beagle*, *Corrida Paleontológica*, *Paleocombate*, *Extincta: O Jogo das Extinções*, *Tafonogame: O Jogo da Fossilização*, *Paleontológica*, *Paleodetetive*, entre outros que podem auxiliar o aprendizado.

Realize uma pesquisa sobre os processos responsáveis pela formação, pela transformação e pela destruição dos diferentes tipos de rochas no planeta Terra. Em seguida, imprima o jogo *Ciclo das Rochas* e simule uma partida. Na sequência, realize um relato de sua experiência e relacione o jogo com o conteúdo pesquisado.

Prescrições da autora

SOARES, M. B. (Org.). **A paleontologia na sala de aula.** Disponível em: <https://www.paleontologianasaladeaula.com>. Acesso em: 26 maio 2020.

CAPÍTULO 6

EVOLUÇÃO HUMANA,

Estrutura da matéria

Neste capítulo, conheceremos a origem dos grandes grupos de primatas e como a descoberta de fósseis humanos é utilizada na reconstrução da história da humanidade, servindo de explicação para a origem e a evolução do gênero *Homo* até chegar ao *Homo sapiens*. Compreenderemos as descobertas da ciência, seus métodos para analisar a vida do ser humano e sua relação com outros seres durante o processo evolutivo.

Essas manifestações nos levam a reconhecer o parentesco da espécie humana e sua ancestralidade primata. Dessa maneira, poderemos caracterizar e explicar os estágios conhecidos até o momento pelos quais os hominídeos devem ter passado, diferenciando as características que nos tornam humanos. Finalizaremos com reflexões sobre as evoluções humanas biológica e cultural, que estão interligadas desde os primórdios da origem do *Homo sapiens*.

Observaremos que estudar a origem dos grandes grupos de primatas corresponde a conhecer nossa própria história e analisaremos as principais evidências da evolução humana e da nossa relação de parentesco com os demais animais. Identificaremos, ainda, quais são as diferenças que nos afastam de nossos "primos", além de pontuarmos que a evolução humana está ligada a nosso desenvolvimento cultural.

Nos capítulos anteriores, estudamos vários aspectos da evolução biológica, do primeiro ser ancestral até a atualidade. A Figura 6.1 ilustra o caminho evolutivo desde um microrganismo, passando por alguns dos estágios evolutivos do reino animal, até chegar à nossa espécie atual.

Figura 6.1 – Algumas etapas evolutivas do homem desde o primeiro unicelular

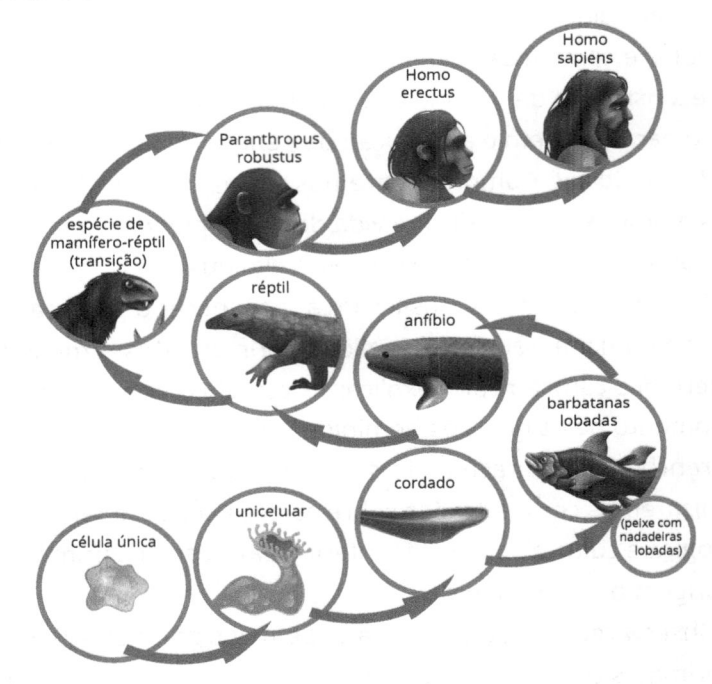

Assim, podemos observar algumas das etapas evolutivas humanas inicialmente com uma célula primitiva, evoluindo para o primeiro ser unicelular. Depois, há a passagem para animais do filo Chordata, então, para os peixes de nadadeira lobada e os exemplares dos anfíbios, dos répteis e dos mamíferos. Por último, observamos uma sequência de hominídeos: *Paranthrophus robustus*, *Homo erectus* e *Homo sapiens*.

6.1 Origem dos grandes grupos de primatas

Os grandes primatas, segundo Pough, Janis e Heiser (2008), eram um grupo abundante na Era Cenozoica e reduziu-se no fim do Eoceno, ficando restrito a algumas áreas tropicais. Esses grupos incluem os símios, os antropoides e os macacos do novo mundo, como prossímios, lêmures e társios. Sobre a divergência evolutiva entre macacos não humanos e humanos:

> Técnicas moleculares para o estudo das relações genéticas, sugerem que a separação entre os humanos e os demais grandes símios africanos foi há menos de 10 milhões de anos. Fósseis do gênero hominídeo *Australopithecus*, o grupo irmão de nosso gênero *Homo*, mostram claramente que o andar bípede surgiu anteriormente à aquisição de um grande cérebro. A grande diversidade de novos fósseis mostra que o quadro da evolução humana foi muito mais complexo e diversificado do que se acreditava anteriormente. Representantes dos gêneros *Homo* e *Australopithecus* viveram juntos, na África, por mais de um milhão de anos; e a extinção dos australopitecíneos se relacionou, provavelmente, às alterações climáticas em vez da competição com nossos ancestrais. Nossa atual situação, na qual nós – *Homo sapiens* – é [sic] a única espécie de hominídeos sobre a Terra é nova – há recentes 30.000 anos, nós compartilhamos o planeta com representantes de *Homo erectus* e *Homo neanderthalensis*. (Pough; Janis; Heiser, 2008, p. 629)

Para Leakey (1995), existe uma proposta para explicar a divergência entre os humanos e os outros grandes primatas diferente daquela que afirma que os homens migraram para as savanas africanas, devido ao fato de análises químicas do solo indicarem que essas formações são recentes e têm cerca de 3 milhões de anos. Nesse caso, imagina-se que a África com grandes florestas tem 15 milhões de anos, o que levou o antropólogo Yves Coppens a propor uma hipótese *East Side Story*, na qual a divergência ocorreu por uma barreira geográfica entre o leste e o oeste africanos, dividindo a população de primatas em duas.

Nessa proposta, os primatas que se encontravam no ocidente prosseguiram seu curso evolutivo e as adaptações ocorreram em meio à floresta úmida, enquanto os da área oriental (os humanos) enfrentaram uma pressão seletiva totalmente diferente em campo aberto (Leakey, 1995, p. 27-28):

> Populações de uma espécie que antes eram amplamente disseminadas e contínuas podem tornar-se isoladas e expostas a novas forças de seleção natural. Esta é a receita da transformação evolutiva. Algumas vezes esta transformação leva ao esquecimento, se o ambiente favorável desaparece. Este, certamente, foi o destino da maioria dos macacos africanos: apenas três espécies existem hoje – o gorila, o chimpanzé comum e o chimpanzé pigmeu. Mas, enquanto a maioria dos macacos sofreu com a mudança ambiental, um deles foi agraciado com uma nova adaptação que lhe permitiu sobreviver e prosperar. Este foi o primeiro macaco bípede. Ser bípede conferiu-lhe claramente vantagens importantes na luta pela sobrevivência em condições variáveis. (Leakey, 1995, p. 28)

Na Figura 6.2, podemos observar a diferenciação anatômica entre um crânio de chimpanzé e o de um humano moderno.

Nota-se dissemelhança no tamanho da mandíbula e na arcada dentária, que nos humanos é modificada, sem os caninos afiados, e no crânio, que tem espaço para acomodar cérebro maior, além de outras mais sutis.

Figura 6.2 – Comparação entre o crânio de chimpanzés e o de humanos atuais

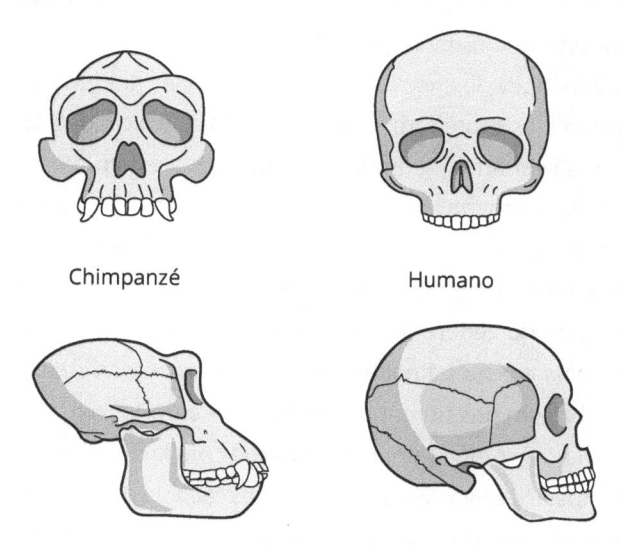

Chimpanzé   Humano

Usagi-P/Shutterstock

Em 1961, o pesquisador Elwyn L. Simons, da Universidade Yale, publicou um trabalho a propósito do que ficou conhecido erroneamente como o primeiro hominídeo, o *Ramapithecus*. Após muitas discussões e análises, concluiu-se que se tratava de um macaco primitivo com mandíbula em formato de V, diferente dos macacos atuais, cuja mandíbula tem formato de U, e não apresentava outras características que possam classificá-lo como hominídeo (Leakey, 1995). Apesar das divergências sobre a classificação dos fósseis de hominídeos encontrados até aquela data (1995), estabeleceu-se uma boa dose de concordância entre os pesquisadores sobre a forma geral da pré-história humana. Nela, quatro etapas-chave podem ser identificadas com toda a confiança. A primeira foi a origem da família humana propriamente dita, há cerca de 7 milhões de anos, quando espécies semelhantes aos macacos com um modo de locomoção bípede, ou ereta, evoluíram. A segunda etapa foi a da proliferação das espécies bípedes, um processo que os biólogos chamam irradiação adaptativa. Entre 7 e 2 milhões de anos atrás, muitas espécies diferentes de macacos bípedes evoluíram, cada uma adaptada a circunstâncias ecológicas ligeiramente diferentes. Em meio a esta proliferação de espécies humanas houve uma, entre 3 e 2 milhões de anos atrás, que desenvolveu um cérebro significativamente maior. A expansão em tamanho do cérebro marca a terceira etapa e sinaliza a origem do gênero *Homo*, o ramo da árvore humana que levou ao *Homo erectus* e finalmente ao *Homo sapiens*. A quarta etapa foi a origem dos humanos modernos – a evolução de gente como nós, completamente equipada com linguagem, consciência, imaginação artística, e inovações tecnológicas jamais vistas antes em qualquer parte da natureza. (Leakey, 1995, p. 13-14)

Segundo Lieberman (2015), as principais adaptações ou diferenciações entre primatas humanos e não humanos são cinco, apresentadas, no Quadro 6.1, acrescidas das evidências paleontológicas do livro de Richard Leakey, *A origem da espécie humana* (1995).

Quadro 6.1 – Mudanças evolutivas humanas

01	A passagem da locomoção em quatro patas para a posição bípede é de extrema importância e chega a ser uma justificativa para diferenciar os macacos antropoides de nossos ancestrais humanos.
02	Existem duas hipóteses para que a posição bípede seja uma adaptação vantajosa: uma está relacionada à liberação dos braços para carregar objetos; a outra, definida por Peter Rodman e Henry McHenry, propõe que economiza energia. De qualquer maneira, nossos ancestrais australopitecos tiveram acesso a uma diversidade de alimentos, podendo se deslocar para mais longe, modificando sua alimentação antes restrita a frutas.
03	O consenso entre os antropólogos é de que 2 milhões de anos atrás existiam dois ramos principais na árvore genealógica humana: os australopitecos e o gênero *Homo*, sendo os primeiros extintos há cerca de 1 milhão de anos e o segundo persistindo e dando origem a nós. Os primeiros indivíduos da humanidade tinham adaptações corporais similares às dos *Homo sapiens*, como cérebro desenvolvido, permitindo que surgissem os caçadores-coletores.
04	A irradiação para o Velho Mundo (Eurásia) trouxe adaptações como o aumento de estatura e o crescimento do cérebro, propiciando a produção de artefatos de corte há cerca de 2,5 milhões de anos, com o domínio do fogo, que pode ser considerado um indício tecnológico.
05	Existe um consenso de que a capacidade intelectual humana, que inclui linguagem, cultura e vida em sociedade, facilitou a dispersão territorial e a sobrevivência. Sobre esse tema, o biólogo Chistopher Wilis publicou o livro *The Runaway Brain*, em 1993, no qual propôs como o crescimento do cérebro humano estaria relacionado aos elementos da cultura.

Fonte: Elaborado com base em Lieberman, 2015; Leakey, 1995.

Lieberman (2015, p. 29) afirma que considera a postura bípede dos primeiros hominídeos como a sua principal adaptação, sendo as demais apenas consequências:

> Se houve apenas uma adaptação-chave inicial, uma centelha que lançou a linhagem humana num caminho evolutivo separado

daquele traçado por outros primatas, foi provavelmente o bipedalismo, a capacidade de postar-se e caminhar sobre dois pés. À sua maneira tipicamente presciente, Darwin foi o primeiro a sugerir essa ideia em 1871. Não possuindo nenhum registro fóssil, fez essa conjectura raciocinando que os primeiros ancestrais humanos evoluíram a partir de macacos antropoides; ao se tornar eretos, eles emanciparam suas mãos da locomoção, libertando-as para fazer ferramentas e usá-las, o que depois favoreceu a evolução de cérebros maiores, da linguagem e de outras características humanas distintivas.

Ridley (2007) considera que, além dessas adaptações, existem as mudanças culturais, sociais e, até mesmo, da linguagem, sendo que estas podem apenas ser inferidas através dos registros de objetos manufaturados. Isso permite imaginar como foram as relações sociais e culturais dos povos primitivos que os produziram. Nesse sentido, além dos fósseis, é verificada, nesses estudos, a produção de objetos manufaturados:

> Os exemplos mais antigos de tais artefatos – lâminas grosseiras, raspadeiras e talhadeiras feitas de seixos dos quais algumas lascas foram tiradas – aparecem nos registros de cerca de 2,5 milhões de anos atrás. Se o indício molecular estiver correto e a primeira espécie humana apareceu há uns 7 milhões de anos, então quase 5 milhões de anos se passaram entre a época em que nossos ancestrais se tornaram bípedes e a época em que começaram a fazer artefatos de pedra. (Leakey, 1995, p. 25)

Na próxima seção trataremos em detalhes dos fósseis de hominídeos encontrados até o momento.

6.2 Fósseis humanos

Santos (2014) afirma ter encontrado registros de mais de duas dezenas de fósseis que fazem parte da genealogia humana. Nessas espécies, seria possível perceber várias características compartilhadas entre esses ancestrais e o humano moderno. Segundo o autor, são como as semelhanças observáveis atualmente entre chimpanzés e humanos, como a estrutura corporal similar. Para Leakey (1995, p. 34), a enorme diversidade de fósseis foi organizada da seguinte maneira:

> Nos anos 50, os antropólogos decidiram racionalizar a grande quantidade de espécies de hominídeos propostas e reconheceram apenas duas. Ambas eram de macacos bípedes, é claro, e ambas eram semelhantes aos macacos do mesmo modo pelo qual a criança Taung era. A principal diferença entre as duas espécies estava nos seus maxilares e dentes: em ambas, estes eram grandes, mas uma das criaturas era uma versão mais corpulenta da outra. A espécie mais graciosa recebeu o nome de *Australopithecus africanus*, que era o nome que Dart dera à criança Taung em 1924; o termo significa "macaco do sul da África". A espécie mais robusta foi apropriadamente chamada *Australopithecus robustus*.

Ridley (2007) afirma que a linhagem de hominídeos teve origem há aproximadamente 5 milhões de anos, sendo que os fósseis mais antigos reconhecidos como membros dessa linhagem datam de 4,4 milhões de anos, classificados em duas espécies: *Australopithecus anamensis* e *Australopithecus afarensis*.

Quadro 6.2 – Principais características do *Homo habilis*, do *Homo erectus* e do *Homo sapiens*

Homo habilis	• Os fósseis foram encontrados com ferramentas de pedra; • Tamanho do cérebro: de 600 cm³ a 750 cm³; • Mandíbulas e dentes menores, mandíbula levemente prógnata; • Dimorfismo sexual, com machos cerca de 1,20 vez maiores, em média, do que as fêmeas.
Homo erectus	• Migrou da África, colonizando a Ásia, a leste, há cerca de 1,5 milhão de anos; • Colonizou a Europa em data incerta; • Existe divergência entre os especialistas sobre sua árvore evolutiva.
Homo sapiens	• As principais diferenças para os demais são os inúmeros detalhes da anatomia craniana e o formato diferente do cérebro, além das formas achatadas da face.

Fonte: Elaborado com base em Ridley, 2007.

As divergências entre chimpanzés e humanos ocorreram há aproximadamente 6 milhões de anos. A linhagem humana passou a habitar ambientes diversos, além da floresta equatorial, sendo bem-sucedida nesse processo evolutivo. O aumento da capacidade cerebral e a especiação do gênero *Homo* provavelmente provocou uma "especialização a nichos particulares, com o uso cada vez mais importante do intelecto para a obtenção de recursos alimentares como na caça e coleta, na fuga de predadores e para a vida em sociedade" (Santos, 2014, p. 96).

Na Figura 6.3, há exemplos de fósseis de primatas representados por crânios em um cladograma. Neste se admite que o ancestral comum aos macacos atuais e aos humanos deve ter vivido entre 5 milhões e 7 milhões de anos atrás.

Figura 6.3 – Em um dos ramos, um chimpanzé (*Pan troglodytes*); no outro, exemplares do *Australopithecus afarensis*, outros *Australopithecus* e *Homo habilis*, *Homo erectus* e *Homo sapiens* (arcaico)

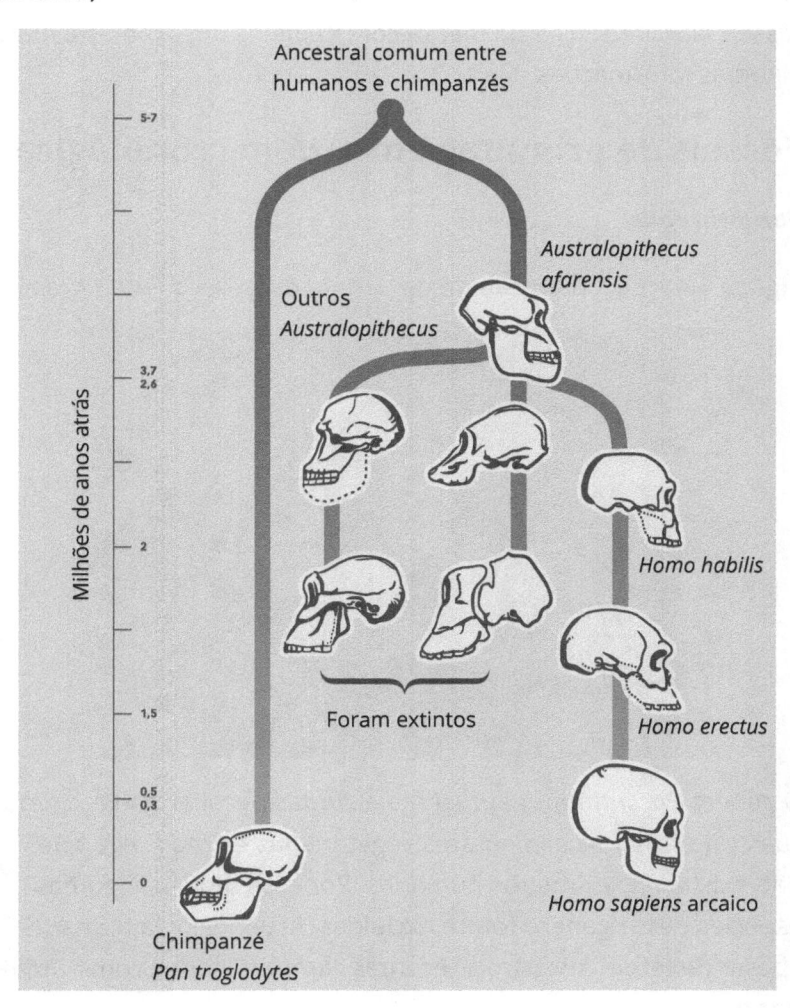

A classificação dos fósseis foi reorganizada nos anos 1950, mesmo assim, a cada nova descoberta, essa sequência cronológica pode ser alterada. Para tentar esclarecer essa organização, criamos, com base em Santos (2014), um esquema com os fósseis classificados atualmente com imagens dos crânios e mais algumas informações.

Fósseis de primatas em ordem cronológica

Paranthropus

Figura 6.4 – Reconstrução de um crânio do gênero *Paranthropus*

Giorgio Rossi/Shutterstock

O gênero *Paranthropus* apresenta algumas peculiaridades, como suas caraterísticas alimentares vegetarianas estritas, algo que não existia nos primeiros humanos. Por esse motivo, algumas espécies desse gênero foram excluídas da genealogia humana, apesar de terem ancestrais recentes compartilhados com humanos e chimpanzés.

Sahelanthropus tchadensis

Figura 6.5 – Crânio de *Sahelanthropus tchadensis* (Toumai) descoberto em 2001 no Deserto de Djurab, no norte do Chade, na África Central. Datado de 7 a 6 milhões de anos atrás

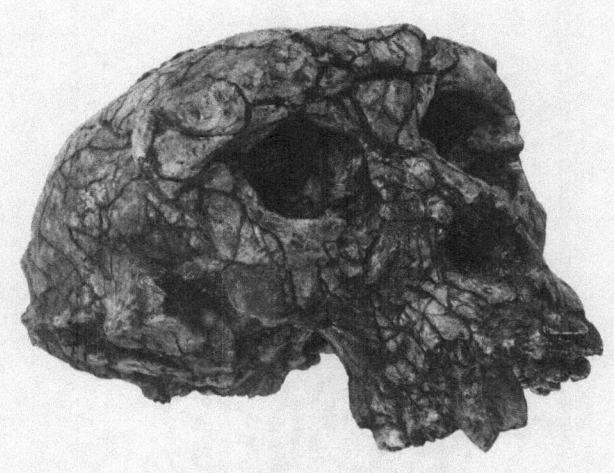

O *Sahelanthropus tchadensis*, também conhecido como homem de Toumai (atual Chade, na África), viveu em uma região que na época era transição entre floresta e savana. Alguns pesquisadores o consideram um ancestral direto da espécie humana, mas não existe consenso a esse respeito. Sua anatomia sugere postura bípede.

Australopithecus afarensis

Figura 6.6 – Reconstrução do crânio de Lucy, uma fêmea da espécie *Australopithecus afarensis*, datada de 4,5 a 3,5 milhões de anos atrás

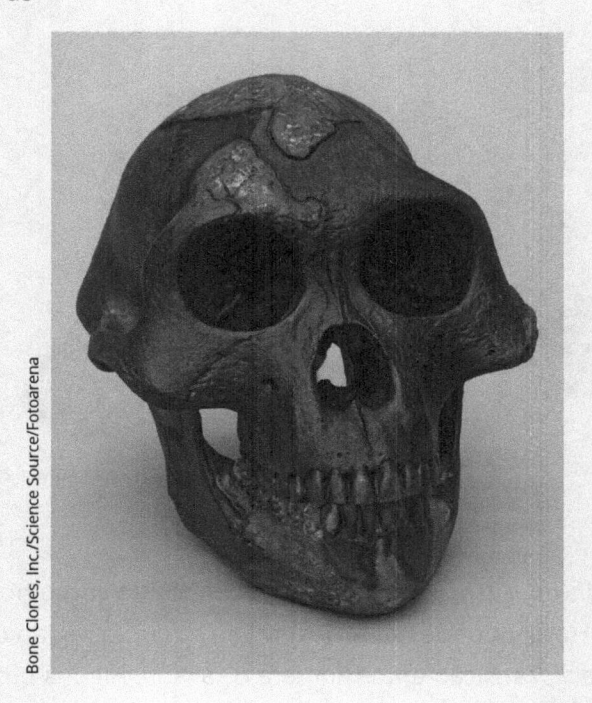

O *Australopithecus afarensis*, cujo fóssil mais conhecido foi nomeado Lucy – em homenagem a uma música dos Beatles que tocava no momento da descoberta –, é um provável ancestral humano que viveu no Quênia (África). As análises anatômicas (crânio, coluna vertebral e pelve) desse esqueleto completo indicam se tratar de uma fêmea com postura bípede.

Homo habilis

Muitos fósseis, datando de a partir de 1,8 milhão de anos, foram encontrados, como os do *Homo erectus*, do *Homo ergaster*, do *Homo heidelbergensis*, do *Homo antecessor*, entre outros.

Homo erectus

Figura 6.7 – Crânio de *Homo erectus* (visão oblíqua) descoberto em 1969 em Sangiran, Java, Indonésia, datado de 1 milhão de anos atrás

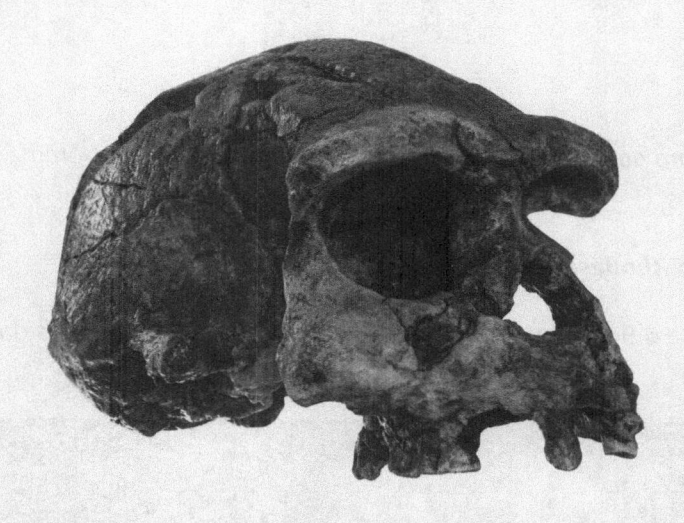

Puwadol Jaturawutthichai/Shutterstock

Foram encontrados fósseis de a partir de 1,8 milhão de anos atrás, e mais recentemente sua classificação foi revista, bem como a de vários outros encontrados na África, na Ásia, na Europa e no Oriente Médio, passando a ser considerados variantes da espécie *Homo erectus*, como os chamados *Homo sapiens* arcaicos (*Homo ergaster*, *Homo heidelbergensis*, *Homo antecessor*).

Homo Antecessor

Figura 6.8 – Crânio do *Homo antecessor*, a primeira espécie humana conhecida na Europa

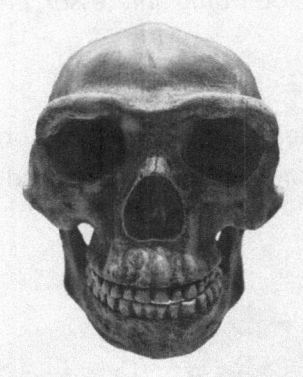

O *Homo antecessor* é considerado uma variedade de *Homo erectus*.

Homo Rhodesiensis

Figura 6.9 – Crânio de 200 mil anos de *Homo Rhodesiensis* da África

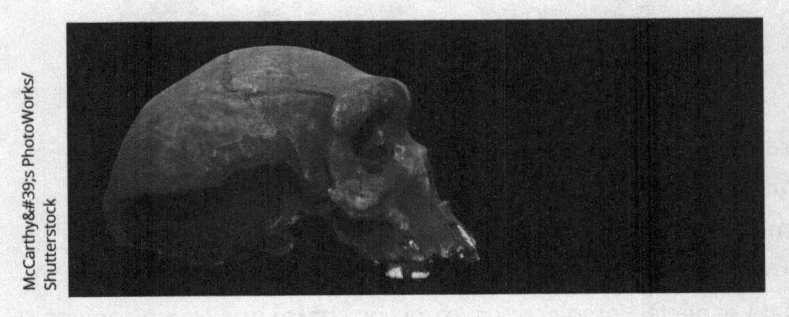

Os *Homo Rhodesiensis* também podem ser considerados variedades de *Homo erectus*, podendo ser denominados *Homo ergaster* ou *Homo heidelbergensis* da Europa.

Homo neanderthalensis

Figura 6.10 – Crânio de neandertal

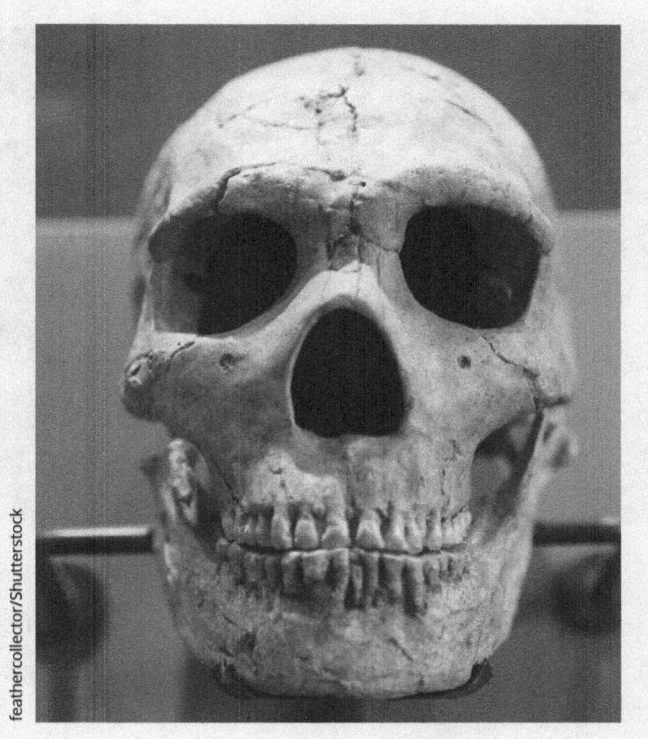

Datado de 40 mil anos, o *Homo neanderthalensis* viveu entre 80 mil e 30 mil anos atrás e conviveu com o Cro-Magnon (*Homo sapiens*). Foi considerado extinto há cerca de 28 mil anos pela ausência de fósseis posteriores a esse período.

Homo floresiensis

Figura 6.11 – *Homo floresiensis*, o Hobbit

Considerado extinto há cerca de 13 mil anos, pois, a partir desse período, não foram mais encontrados fósseis. Não há registros de contato com o *Homo sapiens*.

Homo sapiens

Figura 6.12 – Réplica do crânio pré-histórico de um *Homo Sapiens* encontrado na Etiópia

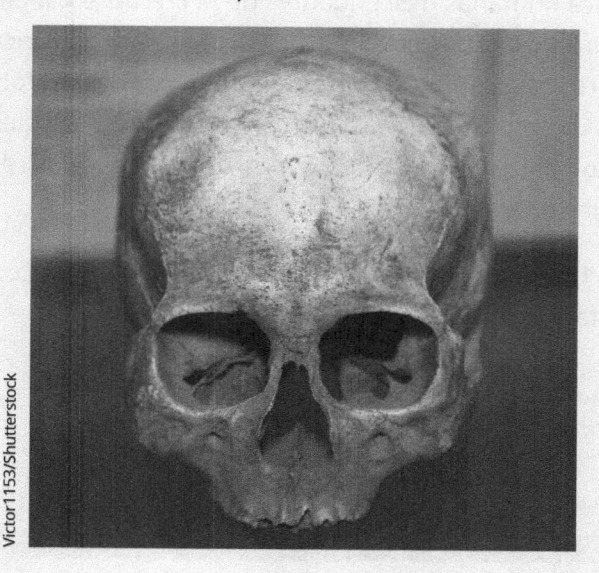

O *Homo sapiens* da Europa data de 30 mil a 20 mil anos atrás, com média de 1.500 cm³ de volume cerebral. Existe uma grande discussão sobre a hierarquia dos antepassados da espécie humana, não havendo consenso sobre se algumas das variantes do *Homo erectus* devem ser consideras ancestrais diretas ou se homem de neandertal deve ocupar esse lugar.

Embora não exista ainda consenso sobre a interpretação correta dos registros fósseis, "todos os pesquisadores aceitam que o homem anatomicamente moderno (*Homo sapiens*) apareceu inicialmente na África. Os fósseis mais antigos de *H. sapiens* são encontrados no rio Omo, na Etiópia, e foram datados ao redor de 190 [mil anos]" (Santos, 2014, p. 99).

6.3 Origem e evolução do gênero *Homo*

Ridley (2007, p. 570) afirma que "Há cerca de 500 mil anos, populações humanas descendentes de *H. erectus* estabeleceram-se na Ásia (e na Austrália) e na Europa, além da África. Não há concordância sobre os nomes taxonômicos dessas formas regionais". Como pontuamos, alguns taxonomistas os classificaram como *Homo sapiens arcaico* e outros como formas regionais de espécies diferentes.

Figura 6.13 – Evolução humana e migração de acordo com a proposta atualmente aceita

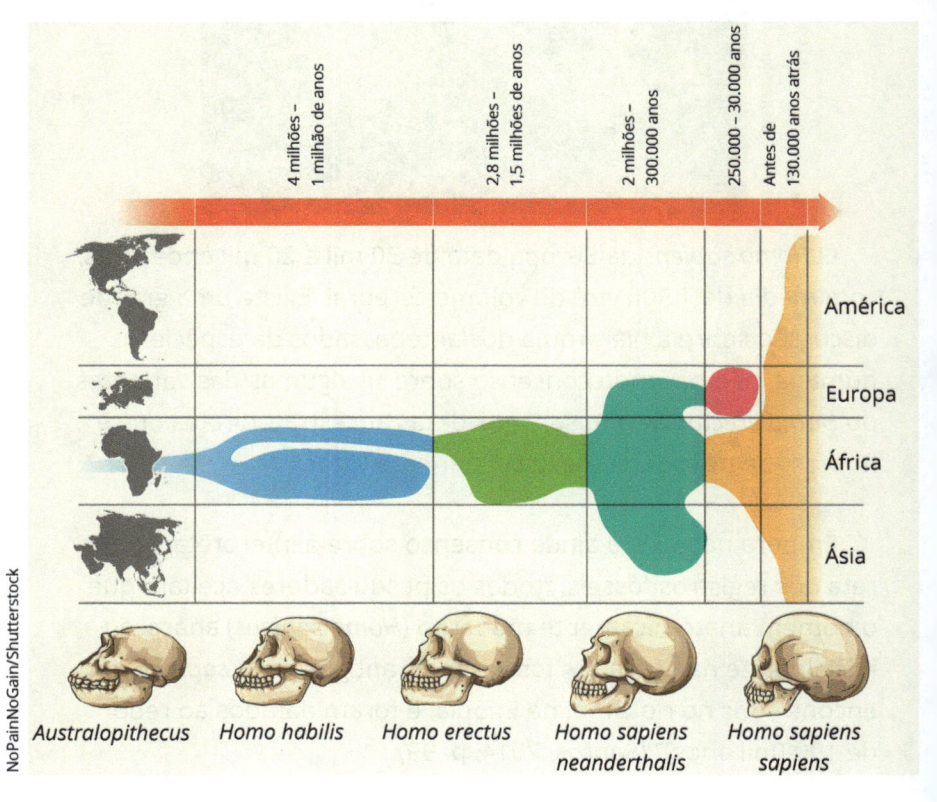

Existem muitos estudos com conclusões diferentes sobre esse tema:

> Inúmeros estudos de genomas antigos foram publicados nos últimos dois anos, inclusive a análise de genomas completos de Neandertais (Sankararaman et al., 2014; Prufer et al. 2014) e de outra linhagem da Sibéria, proximamente relacionada aos Neandertais, chamada de Denisovanos (Meyer et al. 2012). As análises desses genomas antigos demonstraram que ocorreu alguma hibridização interespecífica entre o homem moderno e as linhagens de Neandertal e Denisovanos, provavelmente na região do Oriente Médio e Ásia Central, ao redor de 100 mil anos atrás. Isso resultou em um legado genético de menos de 4% de alelos derivados de outras espécies no genoma dos homens modernos, encontrados principalmente nas populações nativas (indígenas) de regiões de fora da África subsaariana. (Santos, 2014, p. 107)

Duas hipóteses são válidas atualmente para explicar a irradiação e a evolução humana: multirregional e "vindos da África" (Ridley, 2007). O resumo de cada uma dessas duas hipóteses está no Quadro 6.3.

Quadro 6.3 – Hipóteses de evolução humana

Hipótese multirregional ou candelabro	Sugere que os humanos anatomicamente modernos evoluíram de modo independente, por evolução paralela, na África, na Europa e na Ásia, a partir de populações que inicialmente se originaram na África e dali migraram há cerca de 1,8 milhão de anos.
Hipótese "vindos da África"	Sugere que os humanos anatomicamente modernos evoluíram, somente na África, em uma época entre 500 mil e 100 mil anos, migraram dali e substituíram os humanos indígenas da Ásia e da Europa. A primeira emigração da África, há 1,8 milhão de anos, não é contestada.

Fonte: Elaborado com base em Ridley, 2007; Freeman; Herron, 2009.

No modelo "vindos da África" (substituição africana) afirma-se, segundo Freeman e Herron (2009), que o *Homo sapiens* evoluiu na África e só então mudou para a Europa e a Ásia, onde substituiu o *Homo erectus* e o *Homo Neanderthalensis* sem que houvesse intercruzamentos. No modelo multirregional (candelabro), há sustentação de que o *Homo sapiens* evoluiu de maneira independente "na Europa, na África e na Ásia, sem fluxo gênico entre essas regiões" (Freeman; Herron, 2009, p. 774).

Essas hipóteses antagônicas propõem combinações diferentes de formas para que tenham ocorrido "migração, fluxo gênico e transições evolutivas locais de *H. ergaster/erectus* para *H. sapiens*" (Freeman; Herron, 2009, p. 775). São essas duas hipóteses que concorrem para explicar a origem e a antiguidade geográfica da humanidade, mas ainda existe uma proposta intermediária entre elas. Fazendo um exercício de imaginação, Freeman e Herron (2009, p, 774) propõem:

> Se o modelo de substituição africana está correto, então as atuais variações raciais são resultantes da diferenciação geográfica recente, que ocorreu nos últimos 100.000 a 200.000 anos, depois do surgimento do *H. sapiens* moderno na África. Se um dos modelos intermediários é o correto, então as atuais variações raciais representam alguma mistura de diferenciações geográficas recentes e antigas. Se o modelo candelabro é o correto, então as atuais variações raciais derivam de diferenciações geográficas entre populações *de H. ergaster/erectus* e podem ter idades de até 1,5 a 2 milhões de anos.

Os autores afirmam que o modelo multirregional ou "modelo candelabro tem sido ampla e completamente rejeitado por cientistas" de todas as áreas (Freeman; Herron, 2009, p. 775).

"É altamente implausível que uma mesma e única espécie descendente, o *H. sapiens*, viesse a emergir paralelamente, em três regiões diferentes, sem um fluxo gênico", que manteria sua continuidade (Freeman; Herron, 2009, p. 775).

Figura 6.14 – *Homo sapiens* espalhando-se pelo mundo no modelo "vindos da África"

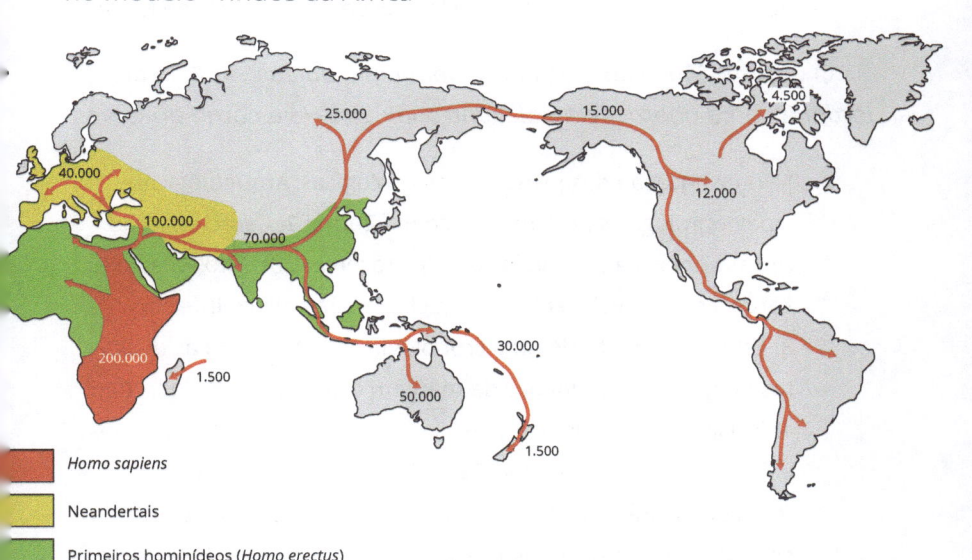

- Homo sapiens
- Neandertais
- Primeiros hominídeos (*Homo erectus*)

A história da evolução humana é um estudo dinâmico, suscetível a mudanças a cada nova descoberta, e o avanço da tecnologia dá novas informações e modifica conclusões anteriores. Segundo Araújo, Parenti e Scardia (2016):

> A evolução hominínia se restringiu à África, entre aproximadamente 7 e 2 milhões de anos. Aparentemente, os Primeiros hominínios a deixarem o continente africano pertenciam ao gênero Homo, como atestam as descobertas em Dmanisi, na

Georgia, datadas de 1,8 milhões de anos. O Levante deve ter desempenhado um papel importante nessa expansão da África para o Cáucaso. No longo prazo, o objetivo principal deste projeto é mostrar que o Vale do Rio Zarqa foi um importante corredor de expansão do gênero Homo a partir da África em direção à Ásia, inserindo as jazidas pleistocênicas da Jordânia central no debate científico sobre o primeiro povoamento do Velho Mundo.

O projeto *Evolução biocultural hominínia do Vale do Rio Zarqa, Jordânia: uma abordagem paleoantropológica* teve como objetivos

> 1. Intensificação das prospecções geológicas, arqueológicas e paleontológicas no Alto Vale do Rio Zarqa; 2. Caracterização técno-tipológica das indústrias pleistocênicas do Alto Vale do Rio Zarqa, com especial ênfase naquelas do Paleolítico Inferior; 3. Estabelecimento de uma cronologia confiável para as distintas ocupações hominínias da margem oriental do rio do Jordão; 4. Prospecções geológicas, arqueológicas e paleontológicas nos Vales Médio e Baixo do Rio Zarca [sic] (até o momento praticamente desconhecidos). 5. Instrução e treinamento de alunos brasileiros num ambiente de pesquisa internacional; 6. Inserção do Brasil na restrita e seleta comunidade que desenvolve pesquisas paleoantropológicas no Velho Mundo. (Araújo; Parenti; Scardia, 2016)

Com base nesses dados, entre 2014 e 2016, o pesquisador italiano e professor da Universidade Federal do Paraná (UFPR), Fabio Parenti, juntamente com Walter Neves, Giancarlo Scardia e um grupo de pesquisadores de diversas nacionalidades (Daniel P. Miggins, da Universidade do Estado do Oregon, nos Estados Unidos, e Axel Gerdes, da Universidade Goethe, da Alemanha) participaram do projeto. Parte das descobertas foram publicadas no artigo intitulado "Restrições cronológicas na dispersão de hominídeos para fora da África a partir de 2.48Ma do Vale de Zarqa, na Jordânia", na revista *Quaternary Science Reviews*, em 2019 (Scardia et al., 2019, tradução nossa).

Segundo Walter Neves, coordenador da equipe, em entrevista concedida a Marcos Pivetta, da Fundação de Amparo à Pesquisa do Estado de São Paulo (Fapesp), "Nosso estudo muda a história da humanidade em quase meio milhão de anos" (Neves, citado por Pivetta, 2019):

> No vale do rio Zarqa não foram identificados fósseis de ossadas de hominídeos nas escavações, apenas vestígios de uma espécie de mamute, do bovídeo auroque, de um cavalo e de mastodonte. "É muito raro encontrar esqueletos humanos em sítios paleolíticos", comenta o arqueólogo italiano Fabio Parenti, da Universidade Federal do Paraná (UFPR), outro membro da equipe e coautor do trabalho. "Quando não temos ossos, falamos das pedras [lascadas pelo homem]." Segundo os pesquisadores, os artefatos de pedras de Zarqa apresentam características inequívocas de terem sido feitas por mãos humanas e não de forma natural, debate que sempre surge quando são achadas novas evidências arqueológicas com potencial de "reescrever" a pré-história. (Pivetta, 2019)

Segundo o relato de Pivetta (2019), os achados de arqueologia seriam artefatos de pedra produzidos pelo *Homo habilis* há 2,5 milhões de anos, algo que pode ser corroborado pelo trabalho publicado em 2017 pelo pesquisadores Walter Neves, Danilo Bernardo e Ivan Pantaleoni intitulado "Morphological affinities of *Homo naledi* with other Plio-Pleistocene hominins: a phenetic approach", no qual concluem que o *Australopithecus garhi* e o *Homo habilis* estiveram na África e que "há um intervalo de 700 mil anos entre essas duas espécies. O *Australopithecus garhi* é cronologicamente adequado para ser o ancestral do *Homo habilis*" (Neves; Bernardo; Pantaleoni, 2017, p. 2203, tradução nossa). Os autores também concluíram que,

> Em resumo, nossas análises geraram uma imagem muito mais clara sobre as novas descobertas na África do Sul, quando comparadas a investigações anteriores. O *Homo habilis*, o *Homo naledi* e o *Australopithecus sediba* parecem pertencer a um único táxon, o *Homo habilis*. Trabalhos futuros baseados em mais material fóssil da África Oriental e do Sul, melhor contextualização cronológica do *Homo naledi*, e o uso de ferramentas estatísticas mais sofisticadas serão de suma importância para uma melhor compreensão do estado taxonômico e filogenético dos restos da câmara de Dinadeli, se não da diversidade do início do *Homo* na África como um todo. (Neves; Bernardo; Pantaleoni, 2017, p. 2205, tradução nossa)

Na modelo atual, o *Homo habilis* deu origem ao *Homo erectus* na África há 2 milhões de anos, partindo em migração para a Eurásia. As evidências são crânios fossilizados atribuídos ao *Homo erectus* de 1,8 milhão de anos atrás, encontrados no Cáucaso. Então, ocorreu a irradiação do *Homo erectus*, de acordo com dentes fossilizados de 1,7 milhão de anos atrás encontrados na Ásia e um crânio atribuído ao homem de Java, na Indonésia, datado de 1,3 milhão de anos. Além disso, os fósseis de *Homo floresiensis*, datados de 20 mil anos atrás, são considerados uma variante do *Homo erectus*, o pigmeu da Ilha de Flores (Leal, 2019).

No modelo proposto pelos brasileiros, o *Homo habilis* teria surgido na África há cerca de 2,5 milhões de anos e iniciado a migração pela península de Sinai, cruzando a Jordânia, de acordo com evidências fósseis de artefatos encontradas em 2019. O registro fóssil do Cáucaso corresponderia a uma espécie de transição entre o *Homo habilis* ancestral e o *Homo erectus*. Nota-se que, nesse caso, o *Homo erectus* teria se originado no Cáucaso. Os hominídeos irradiaram pela Eurásia, conforme registro fóssil do homem de Java na Indonésia e ferramentas de pedra encontradas no leste da China, datadas 2,1 milhões de anos e atribuídas ao *Homo erectus*, que, no modelo antigo, surgiu há 2 milhões de anos. Parecia, então, haver uma incompatibilidade, mas, com o novo modelo, elas podem ser atribuídas ao *Homo habilis*. Ainda pelo novo modelo, o *Homo floresiensis* teria surgido a partir do *Homo habilis*, cujo tamanho seria proporcional (Leal, 2019).

6.4 A espécie humana moderna

Para tratar da evolução humana sem repetir tudo que estudamos nas seções anteriores, buscamos referências fora da área biológica. Com isso, encontramos o *best-seller Sapiens: uma breve história da humanidade*, escrito pelo israelense Yuval Noah Harari. Esperávamos uma visão diferente sobre a evolução humana, mas não tão sombria. Escolhemos alguns trechos da obra para serem comentados, considerando que seria uma irresponsabilidade deixar sem esclarecimento alguns pontos que, talvez, devido à formação do autor, que é professor de História, sejam totalmente divergentes dos conceitos aceitos para a biologia.

O autor propõe 13 mil anos atrás como data para o início da humanidade, com a extinção do *Homo floresiensis*, restando o *Homo sapiens* como único sobrevivente. Além disso, coloca vários marcos para a história humana, mas escolhemos apenas alguns para este relato:

- 12 mil anos atrás: revolução agrícola;
- 500 anos atrás: revolução científica;
- 200 anos atrás: revolução industrial;
- presente: ameaças nucleares e organismos moldados por *design* inteligente;
- futuro: povoado por super-humanos.

Começaremos com o ponto de vista sobre a revolução agrícola:

> A primeira fenda no velho regime apareceu há cerca de 10 mil anos, durante a Revolução Agrícola. Os *sapiens* que sonharam com galinhas gordas e lentas descobriram que, se acasalassem as galinhas mais gordas com os galos mais lentos, parte de seus descendentes seria gorda e lenta. Se acasalassem esses descendentes uns com os outros, poderiam produzir uma linhagem de aves gordas e lentas. Era uma raça de galinhas desconhecida na natureza, produzida pelo design inteligente não de um deus, mas de um humano. (Harari, 2015, p. 409)

Harari descreve a seleção artificial feita por humanos há milênios em criações de animais e no cultivo de plantas e que, por sinal, faz a produção de alimentos atualmente ser suficiente para alimentar nossa espécie. Para ele, "*design* inteligente" significa um misto de seleção artificial com bioengenharia mesclado com áreas da medicina de implantes de próteses cibernéticas e biologia sintética – nesse caso, comandadas pelo homem intencionalmente. "No momento em que escrevo este livro, a substituição da seleção natural pelo design inteligente poderia acontecer de três maneiras: por meio de engenharia biológica, engenharia cyborg (cyborgs são seres que combinam partes orgânicas e inorgânicas) ou engenharia de vida inorgânica" (Harari, 2015, p. 410).

Supomos que sua fala seja sobre a bioengenharia, que engloba estudos de genomas humano e animal, clonagem, transgenia, terapia gênica e, mais recentemente, edição genética. Quando fala em *cyborgs*, possivelmente esteja tratando de medicina regenerativa com uso de implantes tecnológicos, como braços biônicos e similares (Antonio, 2004; Camargo, 2008).

Sobre "engenharia de vida inorgânica", ele é generoso, pois estamos longe disso. Há, no máximo, os trabalhos de John Craig Venter e de colaboradores que trabalharam no projeto Genoma, atualmente focados em pesquisas com organismos biológicos sintéticos. Essa atividade nada mais é do que "desmontar" as bases do DNA e as "remontar" em um DNA sintético, criando organismos programados geneticamente. Mas isso não significa criar vida a partir do zero (Venter; Smith; Hutchison, 2003). Sobre esse assunto, há um documentário com título original *Creating Synthetic Life* (*Criando vida artificial*, em tradução livre), apresentado por Venter e sua equipe de cientistas. A obra mostra as dificuldades, os erros e os acertos da pesquisa citada.

Harari fala sobre a "revolução científica", afirmando que teve início em 1500. Na maior parte do tempo, sua leitura dos acontecimentos lista as grandes navegações, a chegada do homem à Lua, a bomba de Hiroshima, as pesquisas médicas e genéticas, a biologia e o financiamento das pesquisas desde Charles Darwin (1809-1882) e Alfred Russel Wallace (1823-1913) até os dias atuais (Harari, 2015).

O autor finaliza seu relato afirmando que "se a humanidade não aniquilar a si mesma até lá [...], a Revolução Científica pode se mostrar muito maior do que uma mera revolução histórica. Pode se revelar a mais importante revolução **biológica**" (Harari, 2015, p. 410, grifo do original). Sobre as ameaças nucleares do presente, diz que

> As guerras internacionais só se tornaram raras após 1945, em grande parte graças à nova ameaça de aniquilação nuclear. Portanto, embora as últimas décadas tenham sido uma era de ouro sem precedentes para a humanidade, é cedo demais para saber se isso representa uma mudança fundamental nas correntes da história ou uma onda efêmera de boa sorte. (Harari, 2015, p. 389)

Em nossa opinião, é contraproducente ver apenas um lado da situação, pois cada um vê o mundo com suas próprias lentes, e não vemos motivos para a interpretação de Harari sobre a evolução humana e sobre a própria biologia como ciência. Primeiramente, porque "*design* inteligente" é reconhecido como a ação de um criador divino (um Deus), e não do homem, sendo que, nesse caso, as definições propostas estão equivocadas e não correspondem à visão da biologia sobre o tema.

Em segundo lugar, o mundo é, sim, um lugar melhor graças ao avanço da ciência, mas para enxergar isso é necessário estudar a evolução biológica, as extinções, as modificações no planeta Terra, perceber o caminho percorrido pela evolução humana superando as grandes epidemias e entender que esses desafios forçaram a ciência e a tecnologia a avançarem (Ridley, 2014).

Para esse ponto de vista, preferimos o biólogo Edward O. Wilson, que, em seu livro *A criação: receita para salvar a vida na Terra* (2008), faz uma defesa da espécie humana:

> A biologia atualmente lidera a reconstrução da autoimagem humana. Ela se tornou a mais predominante das ciências, superando as demais disciplinas, inclusive a física e a química, no tumulto criativo das suas descobertas e disputas. A chave para a saúde humana e para o manejo do meio ambiente vivo, ela assumiu extrema relevância no que diz respeito às questões centrais da filosofia, ao procurar explicar não só a natureza da mente e da realidade como também o significado da vida. Outro papel não menos importante: a biologia é a ponte lógica entre os três grandes ramos do conhecimento: as ciências naturais, as ciências sociais e as humanidades. (Wilson, 2008, p. 96)

Talvez o fato de estar "em alta" faça da biologia uma vitrine a ser atacada, o que pode explicar o motivo das investidas, principalmente à Teoria da Evolução e às ideias evolucionistas de Darwin. Mas, para o bem ou para o mal, sua reputação continua sem um arranhão e, a cada nova pesquisa, há apenas a confirmação de suas premissas, mesmo em estudos antigos, como no caso dos focados no DNA mitocondrial, que confirmaram a origem africana da espécie humana, como explicado por Leakey (1995, p. 184-185):

> Quando o óvulo de uma mãe e um espermatozoide do pai unem-se, as únicas mitocôndrias que se tornam parte das células do embrião recém-formado são as do óvulo. Portanto,

o ADN mitocondrial é herdado somente pelo lado materno. Por diversas razões técnicas, o ADN mitocondrial é particularmente apto em permitir uma olhada para trás através das gerações para visualizar o curso da evolução. E como o ADN é herdado pelo lado materno, ele finalmente conduz a uma única ancestral fêmea. De acordo com as análises, os humanos modernos podem traçar sua ancestralidade genética até uma fêmea que viveu na África há talvez 150 mil anos. (Devemos nos lembrar, entretanto, que esta única fêmea era parte de uma única população de mais ou menos 10 mil indivíduos; ela não era uma Eva solitária com seu Adão). As análises não apenas indicaram uma origem africana para os humanos modernos, como também revelaram a ausência de indício de intercruzamento com a população pré-moderna. Todas as amostras de ADN mitocondrial originárias de populações humanas existentes analisadas até agora são notavelmente similares umas às outras, indicando uma origem recente e comum. Se a mistura genética entre *sapiens* modernos e antigos tivesse ocorrido, algumas pessoas teriam ADN mitocondrial muito diferente da média, indicando sua origem antiga. Até agora, com mais de 4.000 pessoas de todo o mundo testadas, nenhum ADN mitocondrial antigo foi encontrado. Todos os tipos de ADN mitocondrial oriundos de populações modernas que têm sido examinados parecem ter uma origem recente. Isto implica que os recém-chegados modernos substituíram completamente as populações antigas – tendo o processo começado na África há 150 mil anos e então se disseminado através da Eurásia nos 100 mil anos seguintes.

Sobre esse tema, o documentário *A origem do homem – a Eva real*, produzido pelo Discovery Channel, conta como foi feita a pesquisa e refaz a trajetória da migração da África. Também há o livro de Stephen Oppenheimer intitulado *The Real Eve* (2004), que recebeu inúmeras críticas dos moralistas, pois utilizava a Eva bíblica para explicar genética e evolução por meio da ciência e, ainda por cima, apresentava uma primeira ancestral mulher e vários homens, o que para muitos ainda é moralmente inaceitável. Outras críticas vieram pela não aceitação da origem africana, mesmo à luz das evidências científicas.

Talvez não aceitemos nossa origem africana e primata pois temos problemas de relacionamento social e inúmeros outros, mas, com certeza, se alguém pode nos levar à extinção ou nos salvar dela somos nós mesmos. Precisamos aprender mais sobre a evolução biológica e temos de olhar para os outros primatas e nos reconhecer neles. Sobre esse assunto, recomendamos o livro chamado *Eu, primata* (2007), de Frans Waal, que faz comparações comportamentais entre chimpanzés, bonobos e um terceiro macaco, o humano. São raciocínios bastante pertinentes e até engraçados, que podem ajudar a reconhecer que compartilhamos com nossos primos primatas muito mais do que estruturas anatômicas.

Os chimpanzés mantêm uma hierarquia patriarcal, na qual o macho "*alpha*" comanda um grupo e tem prioridade de acasalar com as fêmeas do bando, diferentemente dos bonobos, também conhecidos como chimpanzés pigmeus, que têm uma sociedade matriarcal baseada na partilha e com baixo nível de agressão entre seus membros. Observando essas duas sociedades em comparação com nosso estilo de vida, podemos supor que nosso comportamento mescla padrões desses dois grupos de primatas (Waal, 2007). Podemos ter uma ideia sobre esses comportamentos semelhantes quando Waal (2007, p. 48) aborda a hierarquia que temos em nossa sociedade, o que ele considera um

paradoxo: embora as posições em uma hierarquia nasçam da competição, a estrutura hierárquica propriamente dita, uma vez estabelecida, elimina a necessidade de mais conflitos. Obviamente os que se encontram mais abaixo na escala prefeririam estar mais acima, mas contentam-se com a segunda melhor alternativa, que é ser deixados em paz. A troca frequente de sinais de status assegura aos superiores que não precisam confirmar sua posição pela força. Mesmo quem acredita que os humanos são mais igualitários que os chimpanzés têm de admitir que nossas sociedades não poderiam funcionar de modo algum sem uma ordem reconhecida. Ansiamos pela transparência hierárquica. Imagine as confusões em que nos meteríamos se ninguém nos desse o menor indício de sua posição em relação a nós, seja com base em sua aparência, seja no modo como se apresenta. Os pais entrariam na escola do filho e não saberiam se estão falando com a faxineira ou com a diretora. Seríamos forçados a sondar os outros continuamente, torcendo para não ofender a pessoa tomando-a por outra. Seria como convidar clérigos para uma reunião na qual decisões de suma importância precisassem ser tomadas e eles viessem com trajes idênticos. Com uma gama de funções variando de padre a papa, ninguém seria capaz de distinguir quem é quem. O resultado provavelmente seria uma indecorosa atrapalhação, com os "primatas" superiores sendo obrigados a espetaculares demonstrações de intimidação – dependurar-se no lustre, talvez – para compensar a ausência da codificação por cores.

Se existe uma certeza sobre o conhecimento científico é que ele está sempre sendo reelaborado, portanto os estudos sobre a evolução humana estão neste momento sendo reescritos. As novas tecnologias possibilitam uma datação mais precisa, a anatomia comparada está fazendo uso de novas metodologias, como na pesquisa que gerou o livro *A vantagem humana: como nosso cérebro se tornou superpoderoso*, da neurocientista brasileira Suzana Herculano-Houzel, que criou uma padronização para calcular o número de células do cérebro humano e descobriu que, em vez de 100 bilhões de neurônios, temos uma média de 86 bilhões de neurônios:

> mostrando como seria um primata genérico com 86 bilhões de neurônios, segundo as regras de proporcionalidade que descobrimos: um animal de 66 quilos com um cérebro de 1,240 gramas, que ilustro com um conhecido retrato de Darwin e "seu cérebro" exposto por uma transparência. "Portanto, Darwin era um primata, assim como eu e cada um de vocês na plateia", concluo. Para minha surpresa – e, confesso, no começo para minha decepção – sempre vejo sorrisos e cabeças assentindo placidamente entre meus ouvintes.
>
> Como bióloga, eu me sinto lisonjeada e honrada por ser quem apresenta Darwin com evidências póstumas de que, como ele mesmo afirmou, fomos criados à imagem de outros primatas (agrada-me pensar que ele gostaria muito dessa descoberta). (Herculano-Houzel, 2017, p. 185-186)

Como explicado tanto em pesquisas antigas quanto nas descobertas atuais, observamos a confirmação das premissas darwinianas. Para os futuros biólogos, restam ainda muitas perguntas a serem respondidas sobre a evolução humana, não apenas enigmas. São inúmeras oportunidades, e a evolução biológica está presente em todas as áreas de pesquisa da biologia.

Rede neural

1. Quais são as principais diferenças entre o *Homo habilis*, o *Homo erectus* e o *Homo sapiens*?

    A O *Homo habilis* produzia ferramentas de pedra; e a classificação do *Homo erectus* está atualmente em discussão, sendo considerada uma série de variantes deste, como o *Homo ergaster*, o *Homo heidelbergensis*, o *Homo antecessor* e outros; já o *Homo sapiens* apresenta várias diferenças no formato do cérebro e da face.

    B O *Homo heidelbergensis* produzia ferramentas de pedra; e a classificação do *Homo antecessor* está atualmente em discussão, sendo considerada uma série de variantes deste, como o *Homo ergaster*, o *Homo habilis*, o *Homo antecessor* e outros; já o *Homo sapiens* apresenta várias diferenças no formato do cérebro e da face.

    C O *Homo antecessor* produzia ferramentas de pedra; e a classificação do *Homo erectus* está atualmente em discussão, sendo considerada uma série de variantes deste, como o *Homo ergaster*, o *Homo heidelbergensis*, o *Homo habilis* e outros; já o *Homo sapiens* apresenta várias diferenças no formato do cérebro e da face.

    D O *Homo ergaster* produzia ferramentas de pedra; e a classificação do *Homo erectus* está atualmente em discussão, sendo considerada uma série de variantes deste, como o *Homo ergaster*, o *Homo heidelbergensis*, o *Homo* *antecessor* e outros; já o *Homo heidelbergensis antecessor* apresenta várias diferenças no formato do cérebro e da face.

E O *Homo Habilis* produzia ferramentas de pedra; e a classificação do *Homo ergaster* está atualmente em discussão, sendo considerada uma série de variantes deste, como o *Homo erectus,* o *Homo heidelbergensis,* o *Homo antecessor* e outros; já o *Homo sapiens* apresenta várias diferenças no formato do cérebro e da face.

2. Quais são as hipóteses sobre a origem e a evolução do homem aceitas na atualidade?

   A Hipótese multirregional e hipótese candelabro.
   B Hipótese super-regional e hipótese vindos da África.
   C Hipótese multirregional e hipótese vindos da África.
   D Hipótese suprarregional e hipótese vindos da Ásia.
   E Hipótese multirregional e hipótese vindos da Antártica.

Prescrições da autora

USP – Universidade de São Paulo. Instituto de Biociências. Museu Virtual da Evolução Humana. Laboratório de Estudos Evolutivos Humanos. Disponível em: <http://www.ib.usp.br/biologia/evolucaohumana>. Acesso em: 26 maio 2020.
O Museu Virtual da Evolução Humana tem reproduções digitais de réplicas arqueológicas alocadas no Instituto de Biociências da Universidade de São Paulo (IB-USP), além de informações referentes à catalogação, aos táxons, ao georreferenciamento, ao hábito de vida etc., com o objetivo de esclarecer teorias e questões relativas à formação da humanidade.

RAPCHAN, E. S. Cultura e inteligência: reflexos antropológicos sobre aspectos físicos da evolução em chimpanzés e humanos. **História, Ciências, Saúde – Manguinhos**, v. 19, n. 3, p. 793-813, jul./set. 2012. Disponível em: <http://www.redalyc.org/articulo.oa?id=386138065002>. Acesso em: 26 maio 2020.

RAPCHAN, E. S. Por uma "teoria das culturas de chimpanzés". **Revista de Arqueologia**, v. 24, n. 1, p. 112-129, jul. 2011. Disponível em: <https://revista.sabnet.com.br/revista/index.php/SAB/article/view/318>. Acesso em: 26 maio 2020.

Esses artigos apresentam uma discussão entre os defensores da antropologia cultural, propondo a existência de uma teoria de culturas dos primatas, e os etologistas, defendendo que esse estudo fique restrito ao comportamento animal, e, por fim, os primatólogos, propondo como solução uma linha de estudo chamada etoarqueologia, abrangendo as duas correntes de pensamento.

6.4.1 Texto baseado em "A grande árvore genealógica", de Fabrício Santos

As reflexões a seguir foram embasadas no artigo "A grande árvore genealógica humana", publicado em 2014 na *Revista da Universidade Federal de Minas Gerais*, de autoria de Fabrício Santos, que traz uma revisão histórica atualizada sobre as pesquisas de evolução humana, além de reflexões sobre cultura e sociedade. O artigo contém dados atualizados do Projeto Genográfico, análise de genomas antigos, que o autor chama de "arqueologia molecular", além de dados do Projeto Genoma Humano (Santos, 2014, p. 100).

A origem do humano moderno é um tema em debate em grupos multidisciplinares que envolvem "evidências de arqueologia, genética e linguística [que] se somam aos dados de antropologia física [...], para a reconstrução histórica do passado de nossa espécie" (Santos, 2014, p. 100). O autor afirma que há vários estudos genéticos e de paleoantropologia que apontam a espécie humana como recente, não tendo surgido no planeta Terra antes de 200 mil anos, considerada pertencente à espécie *Homo sapiens*, conhecida pelos estudiosos como homem *"anatomicamente moderno"*. Poucos pesquisadores defenderam a possibilidade de o homem moderno pertencer a "uma raça ou subespécie, o *Homo sapiens sapiens*, pois acreditavam que o homem de Neandertal seria outra raça extinta recentemente, o *Homo sapiens neanderthalensis*" (Santos, 2014, p. 100). A discussão atual está entre dois modelos de migração evolutiva: multirregional e de substituição (vindos da África).

Santos (2014, p. 100) expõe dados que demonstram que essa é "uma separação bem antiga entre essas duas linhagens, que, embora tenham convivido por 5.000 anos na Europa, não se hibridizaram" significativamente. As duas linhagens de hominídeos são, atualmente, segundo a taxonomia moderna, consideradas espécies: *Homo sapiens* e *Homo neanderthalensis*:

> Somos a única espécie remanescente de uma linhagem de primatas bípedes que, por meio da inteligência, construiu um nicho único neste planeta. A análise detalhada desse passado de espécies diversas e relacionadas e das relações entre populações da espécie humana moderna sugere a existência exclusivista de uma espécie inteligente em sociedade, que depende da modificação artificial do ambiente ao seu redor, em prol

de sua sobrevivência e reprodução. Cabe à sociedade utilizar esse conhecimento científico para ajudar a traçar um futuro que garanta o benefício coletivo da humanidade. (Santos, 2014, p. 111)

Cabem muitos questionamentos e discussões sobre o conceito de construção de nicho único e outras questões que devem ser ponderadas, assim como a "existência exclusivista" de uma espécie inteligente. Mesmo que isso ficasse claro, surgiriam outras dúvidas complexas, como sobre quais seriam as formas para garantir o "benefício coletivo" do uso da ciência (Santos, 2014).

Rede neural

1. De que maneira o conhecimento científico sobre a origem e a evolução humana pode nos mostrar caminhos que sirvam para traçar o futuro de nossa espécie?

    A Conhecer os caminhos evolutivos pode nos permitir reconhecer que o altruísmo e a cooperação levaram a espécie humana às guerras e à fome e que só os mais fortes devem sobreviver.

    B Conhecer os caminhos evolutivos pode nos levar a reconhecer a importância do altruísmo e da cooperação que levaram a espécie humana a colonizar todas as regiões do Planeta, percebendo que somos parte da biodiversidade e interdependentes dela.

    C Conhecer os caminhos evolutivos pode nos levar a reconhecer a importância do egoísmo, que permitiu que a espécie humana pudesse destruir os outros hominídeos.

D Conhecer os caminhos evolutivos pode nos levar a perceber que a espécie humana é a única importante e as demais podem ser extintas do planeta.

E Conhecer os caminhos evolutivos pode nos levar a reconhecer o problema de proteger a biodiversidade e que o altruísmo e a cooperação levarão à destruição do planeta.

2. Diversos estudos apontam para a caminhada evolutiva em direção a uma sexta extinção. De que modo conhecer as causas que levaram a extinções anteriores pode nos ajudar a prever, minimizar ou, na melhor das hipóteses, evitar que isso ocorra?

A Não tem nenhuma importância, pois as extinções anteriores não foram causadas por humanos.

B As extinções anteriores ocorreram por modificações ambientais, então conhecer essas modificações pode ajudar a prever os próximos acontecimentos, minimizando os fatores que estão acelerando os processos naturais e até criando tecnologias que possam nos proteger futuramente.

C Não tem nenhuma importância, pois as extinções anteriores foram causadas pelos dinossauros.

D As extinções anteriores ocorreram por modificações ambientais, então conhecê-las não faz a menor diferença, pois vão ocorrer de qualquer maneira.

E As extinções anteriores não ocorreram por modificações ambientais, então não é importante conhecer o passado com tantos problemas para serem resolvidos no presente.

> **Prescrições da autora**
>
> NATIONAL GEOGRAPHIC. Origens: a jornada da humanidade. 2017. Disponível em: <https://www.natgeo.pt/video/tv/origens-jornada-da-humanidade>. Acesso em: 26 maio 2020. A série apresenta descobertas de espeleólogos que vasculham cavernas em busca de fósseis que forneçam novas evidências capazes de basear uma reescrita de nossas origens.

6.4.2 Texto baseado em "Dos genes aos memes: a emergência do replicador", de Ricardo Waizbort

As reflexões a seguir foram embasadas no artigo "Dos genes aos memes: a emergência do replicador", produto do Programa de Pós-Graduação em História das Ciências da Saúde na *Revista Episteme*, de Porto Alegre, em 2003, de autoria de Ricardo Waizbort. Há uma introdução sobre a "memética, as investigações sobre os memes, unidades culturais de imitação que pretensamente são os átomos da cultura e da história" (Waizbort, 2003, p. 23).

Segundo o autor, o surgimento da genética como campo de estudo ocorreu no início do século XX, e seu desenvolvimento levou a uma união com a Teoria da Evolução, culminando na Teoria Sintética da Evolução, no fim da década de 1930. Os avanços da biologia molecular, a partir de 1953, "instigaram os cientistas a compreender, a partir de meados da década de 1960, que o nível mais profundo em que a seleção natural age, não é nem os indivíduos ou as espécies, mas os genes, na verdade, a informação contida nos genes" (Waizbort, 2003, p. 24).

Para Waizbort (2003), os animais e as plantas hospedam os genes, que são replicadores (copiadores) biológicos, sendo sua informação transmitida, e isso pode ocorrer por bilhões de anos. "Um replicador é uma entidade que, dadas certas condições, intermedia a produção de cópias de si mesmo. Os memes, as ideias, seriam replicadores de uma natureza diferente" (Waizbort, 2003, p. 25).

O autor afirma que a "informação de que são feitos não está inscrita em fitas de DNA, mas em substâncias muito mais tênues. As ideias são transmitidas por muitos veículos, muitas mídias. A linguagem falada no dia a dia, os rádios, os telefones, os jornais, os livros" (Waizbort, 2003, p. 25), as mídias sonoras e outros veiculam as informações rapidamente. Essa velocidade está aumentando com o desenvolvimento tecnológico dos veículos de comunicação.

Waizbort (2003, p. 25) afirma que a "memética, como a chamam seus adeptos, pretende estar de acordo com aquilo que Dennett e Blackmore denominam 'darwinismo universal'. Partindo da concepção de que as ideias são replicadores", a Teoria da Evolução poderia ser estudada utilizando um algoritmo darwinista (herança submetida à seleção natural).

Avaliando o trabalho de Blackmore (1999), Waizbort (2003, p. 26) afirma que "em *The meme machine*, publicado nos EUA em 1999, Susan Blackmore defendeu que a história evolutiva do homem tem sido perversamente guiada pela lógica de unidades culturais de imitação chamadas memes". Para o autor, memes são informações ou ideias que têm capacidade de replicação de uma mente para outra, indo de um ser humano para outro. Seriam instruções utilizadas para a realização de comportamentos, acumuladas no cérebro humano, em mídias ou livros, por exemplo, de modo que possam ser passadas para frente por processos de imitação ou cópia. O cérebro humano seria ferramenta de reprodução de informações e de ideias, sendo o mecanismo de reprodução de informações a imitação ou, mais precisamente, o processo de aprendizagem.

Waizbort (2003, p. 25), sobre o trabalho de Dennett (1998), afirma que essa não foi a primeira vez que os conceitos provenientes da mente e a sua reprodução foram cogitados como mecanismos evolutivos na história humana. O filósofo "já afirmara anteriormente que a evolução biológica de todos os seres vivos, incluindo o homem, poderia ser interpretada como um processo algorítmico". Ainda sobre Dennett (1998), Waizbort (2003, p. 26) explica que, nesse processo algorítmico, a proposta era de que "os elementos fundamentais seriam a hereditariedade (genes), a variação (mutação) e a seleção natural".

Para o autor, os genes podem ser definidos como replicadores genéticos existentes há bilhões de anos, sendo os seres vivos criaturas constituídas de proteínas, como máquinas utilizadas pelos genes para sobreviver. Assim, estes mantêm a integridade de seus códigos por um tempo "milhares de vezes maior do que a duração de uma vida humana e mesmo de toda uma espécie e a humanidade" (Waizbort, 2003, p. 26).

Waizbort (2003) considera que, no caso específico do *Homo sapiens*, existe um segundo replicador, corresponsável ao aumento do tamanho do cérebro, à evolução das ferramentas, além da cultura e da sociedade. São exemplos de memes (unidades memoráveis distintas): "arco, roda, vestir roupas, vingança, triângulo retângulo, alfabeto, a *Odisseia*, cálculo, xadrez, desenho em perspectiva, evolução pela seleção natural, impressionismo,

Greensleeves, desconstrutivismo" (Dennett, citado por Waizbort, 2003, p. 26).

A ideia de memética é bem mais antiga, com sua primeira publicação feita por Dawkins, um biólogo contemporâneo, conhecido por ser "mais darwinista que o próprio Darwin". "Quase vinte anos antes de Dennett, em 1976, Richard Dawkins defendeu pela primeira vez essa estranha ideia" (Waizbort, 2003, p. 27):

> [O meme é] uma unidade de transmissão cultural, ou unidade de imitação. "Mimeme" vem da raiz grega adequada, mas quero um termo que soe mais como "gene"... Também se pode pensar que ele está relacionado com "memória" ou com a palavra même, do francês... Exemplos de memes são melodias, ideias, expressões, estilos de roupa, maneiras de fazer potes ou construir arcos. Assim como os genes se propagavam no pool gênico saltando de corpo em corpo via espermas ou óvulos, os memes se propagam no pool memético saltando de cérebro em cérebro por um processo que, no sentido mais amplo, pode ser chamado de imitação. Se um cientista ouve falar ou lê a respeito de uma ideia, ele a transmite para seus colegas e alunos. Ele a menciona em seus artigos e palestras. Se a ideia for bem-sucedida, pode-se dizer que ela se propaga, espalhando-se de cérebro em cérebro. (Dawkins, citado por Waizbort, 2003, p. 27)

Waizbort (2003, p. 28) afirma que a "capacidade de imitação que nos é inerente, que um grande cérebro genético e cultural nos proporciona, favorece que as ideias se frutifiquem e como consequência de sua multiplicação" elas irão disputar espaço em nosso cérebro. Algumas podem ser transmitidas pelo tempo e pelas gerações humanas; outras, porém, têm menor durabilidade, de alguns minutos ou o tempo de um sonho.

Rede neural

1. Considere o seguinte trecho de Waizbort (2003):

   > Dawkins procura divulgar a ideia de que muitos comportamentos dentro do mundo animal (o egoísmo, o altruísmo, o cooperativismo) podem ser melhor compreendidos se admitirmos que os indivíduos e as espécies são como que um campo de batalha onde os genes lutam para serem representados nas gerações subsequentes. (Waizbort, 2003, p. 32)

   O que o autor pretende dizer com essa afirmação?

   A Pretende apontar que devemos reconhecer a importância dos genes em nosso comportamento, como no caso do egoísmo, do altruísmo e do cooperativismo.

   B Pretende apontar que nossos comportamentos, como o egoísmo, o altruísmo e o cooperativismo, são moldados exclusivamente pelo aprendizado e pela educação.

   C Pretende apontar que a genética não interfere no comportamento humano no caso do egoísmo, do altruísmo e do cooperativismo.

   D Pretende apontar que a genética é a única explicação para comportamentos humanos como o egoísmo, o altruísmo e o cooperativismo.

   E Pretende apontar que o egoísmo, o altruísmo e o cooperativismo são traços culturais e ambientais e em nada se influenciam pelos genes.

📋 Prescrições da autora

ENTREVISTA com Richard Dawkins, por Alexandre Versignassi (legendada). Disponível em: <https://www.youtube.com/watch?v=_cU2rRky1_o>. Acesso em: 26 maio 2020.

DAWKINS, R. De genes egoístas a indivíduos cooperativos. Fronteiras do Pensamento, 1º jun. 2015. Entrevista. Disponível em: <htttps://www.youtube.com/watch?v=P7PopQgAjao&t>. Acesso em: 26 maio 2020.

DAWKINS, R. O gene egoísta parte 1: audiolivro de ciência. Disponível em: <https://www.youtube.com/watch?v=ycffTxj-398&t>. Acesso em: 26 maio 2020.

Existem diversas entrevistas concedidas por Dawkins, além de audiolivros e palestras sobre os temas tratados nesta seção. Caso tenha interesse, recomendamos visitar esses *sites*.

6.4.3 Texto baseado em "A evolução do comportamento cultural humano: apontamentos sobre darwinismo e complexidade", de Mikael Peric e Rui Sérgio Murrieta

As reflexões a seguir foram embasadas no artigo "A evolução do comportamento cultural humano: apontamentos sobre darwinismo e complexidade", publicado na *Revista História, Ciências, Saúde* e de autoria de Mikael Peric, Mestrando da Escola de Artes, Ciências e Humanidades da Universidade de São Paulo (USP), e Rui Sérgio Sereni Murrieta, professor do Departamento de Genética do Instituto de Biociências da USP. O trabalho apresenta uma análise sobre a tríade de pensamento que é atualmente o cerne dos estudos comportamentais humanos "dentro do paradigma da evolução por seleção natural", a saber: "a ecologia comportamental humana, a psicologia evolutiva e a herança dual" (Peric; Murrieta, 2015, p. 1715). Os autores afirmam que

> A herança dual juntamente com a ecologia comportamental humana e a psicologia evolutiva formam o recorte e o eixo a ser discutidos neste artigo, selecionadas devido à sua contribuição paradigmática ao debate da evolução do comportamento humano. (Peric; Murrieta, 2015, p. 1716)

Eles refletem sobre a busca para compreender a natureza humana, que, sem dúvida, requer uma abordagem interdisciplinar que se apresenta como uma alternativa sólida, "na qual o debate acerca da evolução do comportamento humano é também conduzido por antropólogos e psicólogos". Uma parcela dessa reflexão se torna possível, também, com a contribuição da teoria darwinista. Esse debate teve início na filosofia pré-socrática, com questionamentos como: "'quem somos nós?' e 'o que é a vida?'" (Peric; Murrieta, 2015, p. 1716).

Peric e Murrieta (2015, p. 1716) afirmam que a "teoria da evolução por seleção natural de Charles Darwin (1859), proposta em *A origem das espécies*, permeia essas questões primordialmente filosóficas. O que pode ser visto no livro *A descendência do homem*, no qual Darwin (1871) cristalizou suas ideias sobre a evolução do comportamento humano". Pontuam, ainda, que "Dos muitos pesquisadores que deram sequência ao pensamento darwinista destaca-se Edward O. Wilson (1975), autor de *Sociobiologia: a nova síntese*" e sua influência "na composição de algumas das escolas que abordam a evolução" comportamental humana pode ser vista ainda hoje (Peric; Murrieta, 2015, p. 1716).

Suas contribuições e controvérsias ficam mais claras:

> Em contrapartida ele foi, também, em certa medida, responsável pelo aprofundamento da cisma entre as ciências humanas e as biológicas, acusado de incitar a eugenia e o racismo devido às más interpretações de suas associações entre genes e comportamento (Pinker, 2010).

Apesar dessa verve polêmica, a tradição sociobiológica deixou seu legado – ainda que informalmente – associado à ecologia comportamental humana e à psicologia evolutiva. Escolas que surgiram pouco antes da publicação da obra seminal de E. O. Wilson e que ocupam posições centrais dentro do debate no qual estão inseridas outras correntes, como a terceira escola que irá compor a discussão deste artigo: a herança dual. (Peric; Murrieta, 2015, p. 1716)

Os autores definem que a "herança dual é a escola cuja contribuição tem alargado a condução do debate acerca da evolução humana, influenciando diferentes áreas, assim como as próprias escolas citadas anteriormente" (Peric; Murrieta, 2015, p. 1716). Essa escola surgiu quase contemporaneamente às outras duas, mas suas influências divergiram, sendo a herança dual influenciada por áreas biológicas como o avanço da genética de populações e a proposição do meme de Dawkins, em 1989, como entidade cognitiva transmissível e hereditária.

Rede neural

1. Sobre a herança dual, Peric e Murrieta (2015, p. 1721) afirmam que: "Para os proponentes dessa corrente, adquirir o conhecimento dos outros pode ser muito mais rápido e barato do que desenvolvê-los individualmente (Richerson, Boyd 1996), sendo essa a característica que teria sido determinante à nossa evolução". Seria possível associar essa afirmação com as contribuições para evolução humana biológica e cultural ocasionadas pela existência de sistemas de ensino estruturados em nossa sociedade?

    A Não importa a estrutura de ensino, tendo em vista que é possível chegar ao mesmo nível de conhecimento sozinho.
    B Sim, o conhecimento compartilhado é importante, pois não atingiríamos o nível atual de conhecimento sem a estrutura de ensino.
    C Nem sempre, existem pessoas autodidatas que conseguem construir o conhecimento sozinhas.
    D Não. Poderíamos adquirir os mesmos conhecimentos sem a estrutura de ensino e de maneira mais rápida.
    E Não. Poderíamos adquirir ainda mais conhecimentos sem a estrutura de ensino e de maneira mais barata.

2. "Um sistema cultural de herança, ao tornar o aprendizado individual cumulativo, pode rastrear ambientes em mudança mais rápido do que os genes, ainda economizando substancialmente os custos e erros associados ao aprendizado individual" (Richerson; Boyd, citados por Peric; Murrieta, 2015, p. 1721). O que é possível inferir dessa afirmação?

A A cultura pode ser adquirida e não tem importância para a mudança ambiental, por exemplo, não é necessário entender nada sobre aquecimento global, pois nossos genes vão detectar as mudanças e nos adaptaremos automaticamente.

B Os autores fazem essas afirmações baseando-se nas concepções darwinianas, mas sabemos que estão errados, pois, de acordo com Jean-Baptiste de Lamarck, podemos nos modificar quando necessário para o processo de adaptação.

C Os autores fazem tais afirmações acreditando que nossa espécie contou não só com adaptações genéticas benéficas, mas também com a herança cultural para que, caso nossas adaptações não fossem adequadas às mudanças ambientais, pudéssemos encontrar outras soluções.

D A cultura não pode ser adquirida e não tem importância para a mudança ambiental, por exemplo, não é necessário entender sobre mudanças ambientais, nossos genes vão nos adaptar à vida em qualquer circunstância.

E Os autores fazem essas afirmações baseados em concepções errôneas, pois sabemos que podemos nos adaptar e modificar quando necessário, de acordo com a ortogenética.

Prescrições da autora

KOLBERT, E. **A sexta extinção**: uma história não natural. Rio de Janeiro: Intrínseca, 2014.

O livro apresenta um histórico sobre as cinco grandes extinções, além de propor que as mudanças no planeta Terra nos encaminham para uma possível sexta extinção por efeitos antrópicos.

No laboratório

Visite o museu virtual arqueológico da Universidade Católica de Pernambuco (Unicap), que apresenta como tema um cemitério indígena de 2000 anos (Furna do estrago) e a pré-história de Pernambuco, com representantes da megafauna do Pleistoceno como a preguiça gigante. Além disso conta com um vídeo de aproximadamente 3 minutos que aborda o surgimento do planeta, relacionando a evolução humana e as alterações climáticas à deriva continental:

MUSEU DE ARQUEOLOGIA DA UNICAP. Disponível em: <http://museu.unicap.br/tourvirtual>. Acesso em: 26 maio 2020.

Em seguida, leia este artigo sobre as práticas funerárias do sítio pré-histórico Furna do Estrago, localizado no Município do Brejo da Madre de Deus, em Pernambuco:

CASTRO, V. M. C. de. Sítio Furna do Estrago, PE: práticas funerárias e marcadores de identidades coletivas. **Clio Arqueológica**, v. 33, n. 2, p. 330-371, 2018. Disponível em: <https://www3.ufpe.br/clioarq/images/documentos/V33N2-2018/artigo9v33n2.pdf>. Acesso em: 26 maio 2020.

Após a visita virtual e a leitura do artigo, relacione a evolução humana reconstruída por paleontologistas à história humana construída na atualidade.

Síntese proteica

Neste capítulo, discutimos temas relacionados à evolução humana. Começamos com a evolução do grupo dos grandes primatas antropoides ao qual pertencemos. Em seguida, acompanhamos uma discussão sobre as principais modificações evolutivas baseadas em evidências fósseis e estudos paleontológicos que convergem para definir como principais as alterações que nos diferenciaram dos demais primatas, a saber: o aumento de tamanho do cérebro, a mudanças nas mandíbulas e nos dentes em tamanho, estrutura e funcionalidade, a postura bípede e, principalmente, as mudanças nos comportamentos sociais e culturais.

Quanto às evidências fósseis, percebemos que existe uma grande discussão sobre a hierarquia que classifica as espécies como nossas ancestrais ou não, mesmo conhecendo a reflexão sobre as principais hipóteses a propósito da origem e da evolução do gênero *Homo* e a espécie humana moderna: a "multirregional" e a "vindos da África". Sabemos que novas pesquisas são apresentadas a todo momento, e a história humana está sendo reescrita.

Finalizamos com reflexões sobre três textos de divulgação científica que tratam da evolução humana e cultural. O primeiro, "A grande árvore genealógica", discute as principais teorias aceitas atualmente sobre a migração e a irradiação dos hominídeos, se partiram da África ou não. O segundo, "Dos genes aos memes: a emergência do replicador", discorre sobre a replicação dos genes que fazem cópias de si mesmos em contraposição às ideias, que podem ser copiadas e multiplicadas em um sistema similar à replicação do DNA. No terceiro, "A evolução do comportamento cultural humano: apontamentos sobre darwinismo e complexidade", discute o comportamento humano em uma perspectiva evolutiva, considerando a importância da cultura compartilhada e seu papel aliado à evolução biológica no caso da espécie humana.

Rede neural

1. Em 1961, Elwyn L. Simons publicou um trabalho que sobre o *Ramapithecus*, que ficou conhecido erroneamente como o primeiro hominídeo. Assinale a alternativa que explica por que esse fóssil, segundo os pesquisadores, não pode ser considerado "o primeiro hominídeo".

   A) Concluiu-se que se tratava de um macaco primitivo com mandíbula em formato de U, diferente dos macacos atuais, cuja mandíbula tem formato de V, e não apresentava outras características que poderiam classificá-lo como hominídeo.

   B) Concluiu-se que se tratava de um macaco primitivo com mandíbula em formato de V, como dos macacos atuais, e apresentava outras características que poderiam o classificar como hominídeo.

   C) Concluiu-se que se tratava de um macaco primitivo com mandíbula em formato de V, diferente dos macacos atuais, cuja mandíbula tem formato de U, e não apresentava outras características que poderiam o classificar como hominídeo.

   D) Concluiu-se que não se tratava de um macaco primitivo com mandíbula em formato de V, igual à dos macacos atuais, mas não apresentava outras características que poderiam o classificar como hominídeo.

   E) Concluiu-se que se tratava de um macaco como os atuais, com mandíbula em formato de U e que apresentava outras características que poderiam o classificar como hominídeo.

2. Segundo Lieberman (2015), as principais adaptações ou diferenciações entre primatas humanos e não humanos são cinco:

    A) Mudança de locomoção de bípede para quadrúpede; maior acesso a alimentos em locais altos, como frutas; desenvolvimento do cérebro para caçadores-coletores; domínio do fogo como indício de desenvolvimento tecnológico; e desenvolvimento de capacidade intelectual, linguagem, cultura e vida em sociedade.

    B) Mudança de locomoção de quadrúpede para bípede; maior acesso a alimentos em locais baixos, como cogumelos; desenvolvimento do cérebro para caçadores-coletores; domínio do fogo como indício de desenvolvimento tecnológico; e desenvolvimento de capacidade intelectual, linguagem, cultura e vida em sociedade.

    C) Mudança de locomoção de quadrúpede para bípede; maior acesso a alimentos em locais altos, como frutas; falta de desenvolvimento do cérebro para caçadores-coletores; domínio do fogo como indício de desenvolvimento tecnológico; e desenvolvimento de capacidade intelectual, linguagem, cultura e vida em sociedade.

    D) Mudança de locomoção de quadrúpede para bípede; maior acesso a alimentos em locais altos, como frutas; desenvolvimento do cérebro para caçadores-coletores; domínio do fogo como indício de desenvolvimento tecnológico; e não desenvolvimento de capacidade intelectual, linguagem, cultura e vida em sociedade.

    E) Mudança de locomoção de quadrúpede para bípede; maior acesso a alimentos em locais altos, como frutas;

desenvolvimento do cérebro para caçadores-coletores; domínio do fogo como indício de desenvolvimento tecnológico; desenvolvimento de capacidade intelectual, linguagem, cultura e vida em sociedade.

3. Sobre as principais características de *Homo habilis*, *Homo erectus* e *Homo sapiens*, assinale com V para verdadeiro ou F para falso:

( ) Fósseis foram encontrados com ferramentas de pedra, uma das características do *Homo sapiens*.
( ) O *Homo sapiens* migrou da África, colonizando a Ásia, a leste, há cerca de 1,5 milhão de anos.
( ) O *Homo sapiens* migrou da Ásia, colonizando a África, a leste, há cerca de 1,5 milhão de anos.
( ) O *Homo habilis* apresentava dentes menores e mandíbulas levemente prógnatas.
( ) O *Homo erectus* apresentava dentes menores e mandíbula levemente prógnatas.

A) F, F, F, F, V.
B) F, F, V, V, F.
C) V, V, F, F, V.
D) F, F, F, V, F.
E) F, F, F, F, F.

4. O *Homo sapiens* da Europa é datado de 30 mil a 20 mil anos atrás. Qual o valor do volume cerebral do fóssil encontrado que serviu de base para essa conclusão?

A) 1.200 cm³.
B) 2.500 cm³.
C) 1.700 cm³.
D) 1.300 cm³.
E) 1.500 cm³.

5. É considerado extinto há cerca 13 mil anos, pois a partir desse período não foram mais encontrados fósseis, não há registros de contato com o *Homo sapiens*. Essa afirmação se refere a qual hominídeo?

   A *Homo habilis.*
   B *Homo antecessor.*
   C *Homo floresiensis.*
   D *Homo erectus.*
   E *Homo heidelbergensis.*

Biologia da mente

Análise biológica

1. Inúmeros estudos de genomas antigos foram publicados nos últimos dois anos, inclusive a análise de genomas completos de Neandertais e de outra linhagem da Sibéria, proximamente relacionada aos Neandertais, chamada de Denisovanos. Essas análises demonstraram que ocorreu alguma hibridização interespecífica entre o homem moderno e as linhagens citadas, provavelmente na região do Oriente Médio e da Ásia Central, cerca de 100 mil anos atrás. Qual é a importância dos estudos genômicos das linhagens antigas?

2. A história da evolução humana é um estudo dinâmico, suscetível a mudanças a cada nova descoberta, e o avanço da tecnologia dá novas informações e modifica conclusões anteriores. Segundo essa afirmação, qual é a importância de novas pesquisas sobre a evolução humana (em sítios arqueológicos, genômica e de outros tipos)?

No laboratório

1. Realize uma pesquisa bibliográfica sobre os fósseis de hominídeos encontrados e construa uma tabela com as seguintes informações sobre cada um deles:

    - *Sahelanthropus tchadensis*, *Homo habilis*, *Homo erectus* e suas variantes, *Homo neanderthalensis*, *Homo floresiensis*, *Homo sapiens*;
    - Características gerais: altura, tamanho do cérebro e peso;
    - Principais fósseis e onde foram encontrados.

‘ DIAGNÓSTICO

As pesquisas em ciência e tecnologia avançam incessantemente, fazendo com que o estudo das ciências, em especial da biologia, precise manter o dinamismo. Este livro apresenta um guia de estudos com os principais conceitos e teorias evolutivas, além de sugestões de leitura e de documentários acerca desse tema.

Procuramos explicitar as ideias de Charles Darwin, apresentando, sucintamente, aspectos de sua vida e de sua obra de modo a contextualizar o momento histórico e as circunstâncias que permearam a construção da teoria evolutiva. Nessa descrição, consideramos os eventos cronologicamente.

Descrevemos a Síntese Moderna sistematizada por Ronald Fisher, J. B. S. Haldane e Sewall Wright entre os anos 1920 e 1950. Esses autores realizaram diversas pesquisas convergentes e sintetizaram em vários artigos e livros o que ficou conhecido como uma união entre a Teoria da Evolução de Darwin e a genética mendeliana, baseando-se na genética de populações, sendo a teoria aceita atualmente. Discutimos a proposta de Síntese Ampliada para a Evolução, que tenta ampliar a teoria evolutiva acrescentando conceitos relacionados a áreas biológicas – como a biologia do desenvolvimento e a ecologia – e humanísticas. Não existe consenso sobre esse tema no momento.

Não existem dogmas em ciência, e esse desacordo faz parte do compromisso com a verdade. Os conceitos científicos são questionados e postos à prova constantemente, mas nem sempre as áreas que buscam reconhecimento conseguem convencer os demais. Desse modo, a discussão desse tema faz parte da proposta pedagógica da disciplina, justificando sua inclusão nesta obra.

Procuramos definir os fatores da variabilidade genética, que podem ser avaliados pelo teorema ou lei de Hardy-Weinberg e sua importância no estudo da genética de populações, que propõe um modelo matemático para a análise de populações ecológicas e pode ser usado para medir as modificações e as adaptações de determinada espécie. Discutimos a microevolução com base nas teorias da origem da vida, na evolução dos genomas e das organelas celulares portadoras de genoma próprio, como a mitocôndria e o cloroplasto, assim como na teoria endossimbiótica para essas duas organelas e nas técnicas utilizadas atualmente para análise molecular, como no caso do ancestral comum LUCA (*Last Universal Common Ancestor*).

A propósito da macroevolução, iniciamos com as grandes transições evolutivas com o Hadeano, no período de 4,6 bilhões de anos em que são encontradas apenas rochas terrestres mais antigas e entre 4,6 e 4,404 bilhões de anos no Arqueano, no qual foram encontradas as primeiras evidências de bactérias, datadas de aproximadamente 3,6 bilhões de anos atrás. No Proterozoico (2,5 bilhões de anos), quando surgiram os primeiros eucariontes (unicelulares nucleados como os protozoários) e os primeiros pluricelulares.

Na sequência, tratamos da coevolução, nome dado à evolução de uma espécie em conjunto com outras e que ocorre sempre que uma delas interfere diretamente na evolução da outra, como no caso dos parasitas e dos hospedeiros e no sistema presa-predador. Esses temas também são estudados dentro da dinâmica de populações, que faz parte da ecologia. Em seguida, conhecemos alguns métodos de pesquisa filogenética, os marcos nas pesquisas que alteram a classificação dos seres vivos e as metodologias atuais de datação de rochas e de formação dos fósseis, que são urânio-chumbo, potássio-argônio e carbono-14, sendo ainda algumas acessórias, como a dendrocronologia e a datação de varvito. O conjunto dessas técnicas leva a uma datação mais eficiente e com menor distorção.

Finalmente, chegamos ao estudo da evolução humana, que, mesmo não sendo o único motivo para o estudo das teorias evolutivas, certamente é o mais fascinante. Iniciamos com algumas respostas da ciência a respeito da origem dos grandes grupos de primatas, assim como discutimos as evidências fósseis e as principais hipóteses sobre a origem e a evolução do gênero *Homo* e da espécie humana moderna. No decorrer da leitura, percebemos que essa história ainda está sendo construída e que o consenso é dificultado pelas inúmeras metodologias de pesquisa, que muitas vezes divergem.

Quando os pesquisadores entrarem em um acordo a propósito de qual método de análise é mais adequado, a história humana talvez seja reescrita. Enquanto esperamos, precisamos acompanhar cada nova descoberta. Finalizamos com perguntas para reflexão sobre três artigos científicos cujo assunto é a evolução humana e cultural. O tema das teorias evolutivas é bem abrangente, e as respostas para muitas dúvidas estão hoje mais próximas do que no passado. Muitas perguntas foram respondidas e muitas terão respostas em breve, mas várias outras ainda vão surgir. Como o conhecimento científico é dinâmico, para nos mantermos atualizados, devemos estar atentos às novidades em artigos, dissertações, teses e diversas outras formas de comunicação científica.

GLOSSÁRIO

Adenina: base nitrogenada do tipo púrica, que faz par com a timina no DNA e com a uracila no RNA, presente na ATP.

ADN: sigla em inglês para *deoxyribonucleic acid*, o mesmo que DNA (ácido desoxirribonucleico), conjunto de moléculas que contêm as instruções genéticas.

Alelos: cromossomos com variantes de um gene para determinada característica, herdados um da mãe e outro do pai.

Análogos: órgãos que têm origem embrionária diferente, mas apresentam a mesma função.

Archaea: domínio composto por arqueobactérias pela classificação biológica de Carl Woese.

ARN: sigla em inglês para *ribonucleic acid*, o mesmo que RNA (ácido ribonucleico), relacionado à síntese de proteínas. Pode ser mensageiro, transportador ou ribossômico ou, ainda, microRNAs.

Árvore evolutiva: também chamada de árvore filogenética, trata-se de um diagrama das relações de ancestralidade e descendência entre um grupo de espécies ou de populações, pode constar espécies atuais ou extintas no caso de reconstruções filogenéticas.

ATP: adenosina trifosfato, molécula responsável por armazenar a energia produzida durante a respiração celular.

Bases nitrogenadas: composto contendo nitrogênio que faz parte da estrutura do DNA.

Carbono-14: apresenta massa atômica 14 e é utilizado para datação radiométrica.

Citosina: base nitrogenada do tipo pirimídica que faz par com a guanina no DNA ou no RNA.

Classe: conjunto de ordens de seres vivos, nomenclatura usada em taxonomia.

Coevolução: ocorre quando duas espécies diferentes, vivendo em um mesmo ambiente, passam pelo processo de evolução biológica de maneira interdependente. Um ser vivo interfere na evolução biológica do outro e vice-versa, como no parasitismo, na predação e na herbivoria.

Competição interespecífica: ocorre entre espécies diferentes.

Competição intraespecífica: ocorre entre indivíduos de mesma espécie.

Cromossomo: filamento único de DNA contendo genes.

Cromossomos homólogos: cromossomos que contêm genes alelos.

Darwinismo: movimento que considera as conclusões de Charles Darwin como as mais completas para explicar a evolução dos seres vivos.

Deriva continental: teoria que está intimamente ligada à teoria das placas tectônicas e propõe que os continentes se separaram devido à movimentação dessas placas.

Deriva genética: mecanismo evolutivo de modificação das frequências de alelos em uma população biológica.

***Design* inteligente**: linha de pensamento considerada pseudocientífica que tenta contestar o evolucionismo propondo que os seres vivos foram criados por um ser divino inteligente.

Eukarya: domínio da classificação biológica (Woese) no qual se encontram todos os seres que têm células do tipo eucarionte, com núcleo delimitado por uma membrana chamada carioteca.

Especiação: surgimento ou formação de novas espécies.
Fenótipo: conjunto de características de um organismo resultando da interação entre os genes e o ambiente.
Fenotípico: referente ao fenótipo.
Filogenia: ciência que estuda a classificação dos seres vivos considerando sua história evolutiva, atualmente utilizando dados de análise molecular.
Filogenistas: pesquisadores que trabalham com filogenia (classificação biológica por filos).
Fitófagos: insetos que se alimentam de plantas.
Fluxo gênico: alteração nas frequências de alelos ocasionada por migração e cruzamento com pares de outra região geográfica, como na polinização, quando o pólen percorre grandes distâncias.
Fóssil: composto por vestígios de seres que viveram no passado e foram conservados, geralmente ossos fossilizados, impressões em material rochoso. Raramente o ser vivo é encontrado completamente fossilizado. São evidências da evolução e material de pesquisa para a paleontologia.
Galápagos: conjunto de ilhas localizadas no Oceano Pacífico e pertencentes ao Equador.
Gene: sequência de nucleotídeos (pares de bases nitrogenadas) que contém a informação genética ou o código para a produção da cadeia polipeptídica (proteínas).
Gênero: em classificação biológica, é um conjunto de espécies, termo usado em taxonomia.
Genética ecológica: estudo da evolução ecológica usado para descrever pesquisas sobre variação genética em populações naturais.
Genoma: conjunto de genes de uma espécie biológica.

Genótipo: conjunto de genes de um indivíduo.
Genotípico: referente ao genótipo.
Guanina: base nitrogenada do tipo púrica que faz par com a citosina no DNA.
Herbivoria: interação ecológica em que os seres se alimentam de plantas.
Homólogos: órgãos que têm a mesma origem embrionária, mas funções diferentes.
Lineana: sociedade científica com nome em homenagem a Carlos Lineu, responsável pelo sistema de nomenclatura biológica.
LUCA: sigla para *Last Universal Common Ancestor* ou o último ancestral comum.
Macromutações: alterações ocorridas no DNA em larga escala, causando mudanças abruptas na espécie.
Metabolômica: análise dos produtos do metabolismo, ou seja, metabólicos.
Metabolismo: conjunto de reações de síntese e degradação de compostos realizadas por um organismo para produção de energia.
Monofilético: táxons ou clados em que em um único ramo todos os descendentes têm um ancestral comum único.
Neodarwinismo: síntese proposta por Ronald Fisher (1890-1962), J. B. S. Haldane (1892-1964) e Sewall Wright (1889-1988) que engloba as ideias da Teoria da Evolução de Darwin, as ideias da genética moderna de Gregor Mendel (1822-1884) e a genética de populações com a equação de Hardy-Weinberg, também conhecida como Síntese Moderna da Evolução.
Nicho ecológico: conjunto de condições ou fatores que tornam viável a sobrevivência de uma espécie.

Ordem: conjunto de famílias biológicas, termo usado em taxonomia.

Paleontologia: ciência que reúne conhecimentos de geologia, biologia molecular, química e outras para o estudo de fósseis.

Paleontologista: profissional que trabalha com paleontologia.

Parasitismo: interação ecológica na qual apenas um dos indivíduos, o parasita, obtém vantagens.

Período geológico: espaço de tempo entre a formação do planeta Terra e os dias atuais; dividido em éons, épocas ou idades.

Piramboia: espécie de peixe cujo nome científico é *Lepidosiren paradoxa*.

Plasticidade: capacidade de um corpo ou órgão de se modificar, como na remodelação de funções cerebrais ocorrida após um trauma (acidente) – nesse caso, diz-se que o cérebro é dotado de plasticidade.

Plasticidade fenotípica: capacidade de um organismo alterar seu comportamento, morfologia ou fisiologia em resposta a mudanças nas condições ambientais; às vezes usado como sinônimo de plasticidade do desenvolvimento.

Predação: interação ecológica em que o predador se alimenta de outros seres vivos, que são suas presas.

Populações mendelianas: populações biológicas que transmitem suas características genéticas seguindo as leis de Gregor Mendel (1822-1884).

Populações naturais: conjunto de seres de mesma espécie vivendo na natureza.

Projeto Genoma Humano: pesquisa que realizou o sequenciamento do genoma humano.

Proteômica: área das ciências que estuda os proteomas, que são conjuntos de proteínas, utilizando, para isso, ferramentas de bioinformática.

Seleção artificial: processo de seleção de características genéticas desejáveis feito pelo homem.

Seleção disruptiva: quando ocorrem mutações em pontos extremos da mesma população de modo que ambos os conjuntos de indivíduos apresentem as modificações vantajosas e se diversifiquem formando duas outras espécies.

Seleção natural: processo pelo qual os indivíduos mais adaptados ao ambiente são selecionados positivamente, reproduzindo-se e passando essas características favoráveis aos descendentes.

Táxon: unidade taxonômica usada na classificação biológica.

Taxonomia: ciência que estuda a classificação dos seres vivos utilizando sua descrição para identificação em táxons.

Tentilhão: ave que pertence à família *Fringillidae* e no Brasil é representada por pintassilgos, gaturamos e outros.

Teoria das placas tectônicas: teoria segundo a qual a camada da Terra denominada litosfera está dividida em placas.

Timina: base nitrogenada pirimídica que faz par com a adenina no DNA.

Transcriptase reversa: tradução de *reverse transcriptase*, trata-se de uma enzima (tipo especial de proteína) que atua na transcrição do RNA (*ribonucleic acid*) em DNA (*deoxyribonucleic acid*). Exemplo: o vírus HIV.

Uracila: base nitrogenada do tipo pirimídica que faz par com a adenina no RNA.

Variabilidade genética: produzida pela reprodução sexuada, que, por meio da recombinação de genes, forma novos conjuntos de genes.

ACERVO GENÉTICO

ANDRADE, E. M. B. **Especiação sem barreiras e padrões de diversidade.** 82 f. Tese (Doutorado em Ciências) – Universidade Estadual de Campinas, Campinas, 2010. Disponível em: <http://repositorio.unicamp.br/jspui/handle/REPOSIP/278393>. Acesso em: 26 maio 2020.

ANTONIO, A. M. **A bioengenharia no Brasil, século XX**: estado da arte. 140 f. Dissertação (Mestrado em Bioengenharia) – Universidade de São Paulo, São Carlos, 2004. Disponível em: <http://www.teses.usp.br/teses/disponiveis/82/82131/tde-28062005-101940/pt-br.php>. Acesso em: 26 maio 2020.

ARAÚJO, A. G. de M.; PARENTI, F.; SCARDIA, G. **Evolução biocultural hominínia do Vale do Rio Zarqa, Jordânia**: uma abordagem paleoantropológica. CDi/FAPESP – Centro de Documentação e Informação da Fundação de Amparo à Pesquisa do Estado de São Paulo, 2016.

AROUCHE, M. M. B. Todos por um: como as múltiplas formas de vida ediacarana moldaram nosso destino evolutivo. **Boletim PETBio**, ano 10, n. 38, p. 22-27, dez. 2016. Disponível em: <https://petbioufma.files.wordpress.com/2017/08/edic3a7c3a3o-38-sec3a7c3a3o-i.pdf>. Acesso em: 26 maio 2020.

BARBIERI, R.; CARVALHO, F. Coevolução de plantas e fungos patogênicos. **Revista Brasileira de Agrociência**, v. 7, n. 2, p. 79-83, maio/ago. 2001. Disponível em: <https://periodicos.ufpel.edu.br/ojs2/index.php/CAST/article/view/376>. Acesso em: 26 maio 2020.

BARROS JÚNIOR, C. P. et al. Melhoramento genético em bovinos de corte (*Bos indicus*): efeitos ambientais, melhoramento genético animal, pecuária de corte, peso ao desmame. **Nutri Time**, v. 13, n. 1, jan./fev, 2016. Disponível em: <https://www.nutritime.com.br/arquivos_internos/artigos/362_-_4558-4564_-_NRE_13-1_jan-fev_2016.pdf>. Acesso em: 26 maio 2020.

BEIGUELMAN, B. **Genética de populações humanas**. Ribeirão Preto: SBG, 2008.

BIZZO, N. M. V. **Ensino de evolução e história do darwinismo**. 494 f. Tese (Doutorado em Educação) – Faculdade de Educação, Universidade de São Paulo, São Paulo, 1991. Disponível em: <http://www.teses.usp.br/teses/disponiveis/48/48133/tde-16082013-145625/pt-br.php>. Acesso em: 26 maio 2020.

BLACKMORE, S. **The meme machine**. Oxford: Oxford University Press, 1999.

BRITISH COUNCIL. **Faça seus próprios fósseis**: guia do aluno. Disponível em: <http://www.sesipr.org.br/colegiosesi/uploadAddress/faca_seus_proprios_fosseis_aluno[18639].pdf>. Acesso em: 18 set. 2019.

BROWNE, J. A. **"A Origem das Espécies" de Darwin**: uma biografia. Rio de Janeiro: Zahar, 2007.

CAMARGO, D. R. de. **Desenvolvimento do protótipo de uma prótese antropomórfica para membros superiores**. 186 f. Dissertação (Mestrado em Engenharia de Reabilitação) – Escola de Engenharia de São Carlos, Universidade de São Paulo, São Carlos, 2008. Disponível em: <https://teses.usp.br/teses/disponiveis/18/18151/tde-15102008-134653/publico/Daniel.pdf>. Acesso em: 26 maio 2020.

CAPONI, G. Aproximação epistemológica à biologia evolutiva do desenvolvimento. In: ABRANTES, P. (Ed.). **Filosofia da biologia**. 2. ed. Rio de Janeiro: Seropédica; Ed. da UFRRJ, 2018. p. 284-302.

CAPRA, F. **O ponto de mutação**. São Paulo: Cultrix, 1982.

CARVALHO, J. A. M. de. **Crescimento populacional e estrutura demográfica no Brasil**. Texto para discussão n. 227. Belo Horizonte: UFMG/Cedeplar, 2004. Disponível em: <http://www.ufjf.br/ladem/files/2009/08/cresc-pop-e-estrutura-demografica-no-br.pdf>. Acesso em: 26 maio 2020.

CASTRO, V. M. C. de. Sítio Furna do Estrago, PE: práticas funerárias e marcadores de identidades coletivas. **Clio Arqueológica**, v. 33, n. 2, p. 330-371, 2018. Disponível em: <https://www3.ufpe.br/clioarq/images/documentos/V33N2-2018/artigo9v33n2.pdf>. Acesso em: 26 maio 2020.

CATALDO, R. A. **Análise dos Estromatólitos e sedimentos associados – Lagoa Salgada/RJ**. 61 f. Dissertação (Mestrado) – Instituto de Geociências, Universidade Estadual de Campinas, Campinas, 2011.

CESCHIM, B.; OLIVEIRA, T. B.; CALDEIRA, A. M. de A. Teoria Sintética e Síntese Estendida: uma discussão epistemológica sobre articulações e afastamentos entre essas teorias, **Revista Filosofia e História da Biologia**, v. 11, n. 1, p. 1-29, 2016. Disponível em: <http://www.abfhib.org/FHB/FHB-11-1/FHB-v11-n1-01.html>. Acesso em: 26 maio 2020.

COLLEY, E.; FISCHER, M. L. Especiação e seus mecanismos: histórico conceitual e avanços recentes. **Revista História, Ciências, Saúde – Manguinhos**, Rio de Janeiro, v. 20, n. 4, p. 1671-1694, out./dez. 2013. Disponível em: <http://www.scielo.br/pdf/hcsm/v20n4/0104-5970-hcsm-20-04-01671.pdf>. Acesso em: 26 maio 2020.

COMPUTERLUNCH. **Cell to Singularity – Evolution Never Ends (Early Access)**. New York, NY, EUA: 2020 [atualização mais recente]. Aplicativo para celular. Disponível em: <https://play.google.com/store/apps/details?id=com.computerlunch.evolution&hl=en_US>. Acesso em: 26 maio 2020.

CORDEIRO, S. T. P. **Desenvolvimento de jogo para o ensino de biologia**: ludo da fotossíntese. Dissertação (Mestrado em Ensino de Ciências) – Universidade Tecnológica Federal do Paraná, Curitiba, 2015.

CRUZ, M. P. et al. Utilização de ferramentas computacionais avançadas para obtenção de arquivos digitais e análise de vertebrados fósseis. **Paleontologia em Destaque**, Rio de Janeiro, v. 49, p. 63-64, 2005.

DARWIN, C. R. **A origem das espécies**. 4. ed. Tradução de Anna Duarte e Carlos Duarte. São Paulo: Martin Claret, 2004.

DARWIN, C. R. **A origem das espécies**. Tradução de Joaquim da Mesquita Paul. Porto: Lello & Irmão, 2003.

DARWIN, C. R. **On the Origin of Species**. London: John Murray; Princeton: Princeton University Press, 1859.

DARWIN, C. R. **The Descent of Man, and Selection in Relation to Sex**. London: John Murray; Princeton: Princeton University Press, 1871.

DARWIN, C. R. **Viagem de um naturalista ao redor do mundo**. Tradução de Pedro Gonzaga. Rio de Janeiro: L&PM, 2008.

DAWKINS, R. De genes egoístas a indivíduos cooperativos. Fronteiras do Pensamento, 1º jun. 2015. Entrevista. Disponível em: <https://www.youtube.com/watch?v=P7PopQgAjao&t>. Acesso em: 26 maio 2020.

DAWKINS, R. O gene egoísta parte 1: audiolivro de ciência. Disponível em: <https://www.youtube.com/watch?v=ycffTxj-398&t>. Acesso em: 26 maio 2020.

DAWKINS, R. **O maior espetáculo da terra**. Tradução de Laura Teixeira Motta. São Paulo: Companhia das Letras, 2009.

DAWKINS, R. **The Extended Phenotype**. New York: Oxford University Press, 1982.

DENNETT, D. C. **A perigosa ideia de Darwin**. Rio de Janeiro: Rocco, 1998.

DE ROBERTIS, E. de; HIB, J. **Bases da biologia celular e molecular**. 4. ed. São Paulo: Guanabara Koogan, 2006.

DIAS, K. N. L. A origem quimérica dos eucariotos: uma história sobre simbioses, promiscuidade e complexidade biológica. **Boletim PETBio**, ano 10, n. 38, p. 5-9, dez. 2016. Disponível em: <https://petbioufma.files.wordpress.com/2017/08/edic3a7c3a3o-38-sec3a7c3a3o-i.pdf>. Acesso em: 26 maio 2020.

DOBZHANSKY, T. Nothing in Biology Makes Sense except in the Light of Evolution. **The American Biology Teacher**, Berkeley, v. 35, n. 3, p. 125-129, Mar., 1973. Disponível em <https://www.jstor.org/stable/4444260?seq=1>. Acesso em: 4 jun. 2020.

DODD, D. Reproductive Isolation as a Consequence of Adaptive Divergence in *Drosophila pseudoobscura*. **Evolution**, New Haven, v. 43, n. 6, p. 1308-1311, 1989. Disponível em: <https://onlinelibrary.wiley.com/doi/abs/10.1111/j.1558-5646.1989.tb02577.x>. Acesso em: 26 maio 2020.

FERNÁNDEZ MEDINA, R. D. Algunas reflexiones sobre la clasificación de los organismos vivos. **História, Ciências, Saúde – Manguinhos**, v. 19, n. 3, p. 883-898, 2012. Disponível em: <http://www.redalyc.org/articulo.oa?id=386138065006>. Acesso em: 26 maio 2020.

FIMTASIA. **Como fazer fósseis de folhas**. 11 abr. 2016. Disponível em: <https://www.youtube.com/watch?v=k-FuvQY77zM>. Acesso em: 26 maio 2020.

FRANCIS, R. **Epigenética**: como a ciência está revolucionando o que sabemos sobre hereditariedade. Rio de Janeiro: Zahar, 2015.

FREEMAN, S.; HERRON, J. C. **Análise evolutiva**. 4. ed. Porto Alegre: Artmed, 2009.

FURLAN, R. de A. et al. Estrutura genética de populações de melhoramento de *Pinus Carbaea var. Hondurensis* por meio de marcadores microssatélites. **Bragantia**, Campinas, v. 66, n. 4, 2007. Disponível em: <http://www.scielo.br/scielo.php?script=sci_arttext&pid=S0006-87052007000400004>. Acesso em: 26 maio 2020.

GOODMAN, D.; SORJ, B.; WILKINSON, J. **Da lavoura às biotecnologias**: agricultura e indústria no sistema internacional. Rio de Janeiro: Centro Edelstein de Pesquisas Sociais, 2008. Disponível em: <http://books.scielo.org/id/zyp2j>. Acesso em: 26 maio 2020.

GÓES, A. C. de S.; OLIVEIRA, B. V. X. Projeto Genoma Humano: um retrato da construção do conhecimento científico sob a ótica da revista Ciência Hoje. **Ciência & Educação**, Bauru, v. 20, n. 3, p. 561-577, 2014.

GPCA. **Control Harvest 2.0.2.0**. Rio de Janeiro, Brasil: 2020. Aplicativo para celular. Disponível em: <https://play.google.com/store/apps/details?id=com.cefet.controlHavest&hl=pt_BR>. Acesso em: 26 maio 2020.

HARARI, Y. N. **Sapiens**: uma breve história da humanidade. L&PM, 2015.

HARTL, D. L. **Princípios de genética de populações**. 3. ed. Ribeirão Preto: Funpec, 2008.

HENNIG, W. **Grundzüge einer Theorie der phylogenetischen Systematik**. Berlin: Deutscher Zentralverlag, 1950.

HENNIG, W. **Phylogenetic systematics**. Urbana: University of Illinois Press, 1966.

HERCULANO-HOUZEL, S. **A vantagem humana**: como nosso cérebro se tornou superpoderoso. São Paulo: Companhia das Letras, 2017.

JABLONKA, E.; LAMB, M. J. **Evolução em quatro dimensões**: DNA, comportamento e a história da vida. São Paulo: Companhia das Letras, 2010.

JUNQUEIRA, L. C.; CARNEIRO, J. **Histologia básica**. 9. ed. Rio de Janeiro: Guanabara Koogan, 1990.

KARASAWA, M. M. G. Genômica populacional: técnicas, aplicações e desafios. **Revista RG News**, v. 4, n. 1, 2018. Disponível em: <https://www.researchgate.net/publication/325652083_Genomica_Populacional_tecnicas_aplicacoes_e_desafios>. Acesso em: 26 maio 2020.

KARDONG, K. V. **Vertebrados**: anatomia comparada, função e evolução. 7. ed. Rio de Janeiro: Guanabara Koogan, 2016.

KOLBERT, E. **A sexta extinção**: uma história não natural. Rio de Janeiro: Intrínseca, 2014.

KUHN, T. S. **A estrutura das revoluções científicas**. 9. ed. São Paulo: Perspectiva, 2006. (Coleção Debates, 115).

LADDARAN, K. C. Poll says Charles Darwin's 'On the Origin of Species' is most Influential Book. **CNN**, 11 Nov. 2015. Disponível em: <https://edition.cnn.com/2015/11/11/world/charles-darwin-irpt/index.html>. Acesso em: 26 maio 2020.

LALAND, K. N. et al. The Extended Evolutionary Synthesis: its Structure, Assumptions and Predictions. **The Royal Society**, 22 Aug. 2015. Disponível em: <https://royalsocietypublishing.org/doi/full/10.1098/rspb.2015.1019>. Acesso em: 26 maio 2020.

LALAND, K.; MATTHEWS, B.; FELDMAN, M. W. An introduction to niche construction theory. **Evolutionary Ecology**, v. 30, n. 2, p. 191-202, Apr. 2016.

LEAKEY, R. **A origem da espécie humana**. Rio de Janeiro: Rocco, 1995.

LEAL, E. Descoberta de ferramentas de pedra lascada na Jordânia leva à reinterpretação dos rumos da evolução humana. **Universidade Federal do Paraná**, Setor de Ciências da Terra, 8 jul. 2019. Disponível em: <http://www.terra.ufpr.br/portal/blog/2019/07/08/descoberta-de-ferramentas-de-pedra-lascada-na-jordania-leva-a-reinterpretacao-dos-rumos-da-evolucao-humana>. Acesso em: 26 maio 2020.

LEVIS, N. A.; PFENNIG, D. W. Evaluating "Plasticity-First" Evolution in Nature: Key Criteria and Empirical Approaches. **Trends in Ecology & Evolution**, Cambridge, v. 31, n. 7, p. 563-574, July 2016. Disponível em: <https://doi.org/10.1016/j.tree.2016.03.012>. Acesso em: 26 maio 2020.

LIEBERMAN, D. E. **A história do corpo humano**: evolução, saúde e doença. Rio de Janeiro: Zahar, 2015.

MARGULIS, L. **O planeta simbiótico**: uma nova perspectiva da evolução. Rio de Janeiro: Rocco, 2001.

MARGULIS, L. **Symbiosis in cell evolution**: life and its environment on the early earth. São Francisco: W.H. Freeman and Company, 1981.

MATIOLI, S. R. (Ed.). **Biologia molecular e evolução**. Ribeirão Preto: Holos, 2001.

MINICLIP. **Plague Inc**. Neuchâtel, Suíça: 2019. Aplicativo para celular. Disponível em: <https://play.google.com/store/apps/details?id=com.miniclip.plagueinc>. Acesso em: 26 maio 2020.

MUSEU DE ARQUEOLOGIA DA UNICAP. Disponível em: <http://museu.unicap.br/tourvirtual>. Acesso em: 26 maio 2020.

NAGAI, M. E. **Coevolução e especiação em populações de predador-presa**. 72 f. Tese (Doutorado em Biologia) – Universidade Estadual de Campinas, Campinas, 2018. Disponível em: <http://www.repositorio.unicamp.br/handle/REPOSIP/333253>. Acesso em: 26 maio 2020.

NATIONAL GEOGRAPHIC. Origens: a jornada da humanidade. 2017. Disponível em: <https://www.natgeo.pt/video/tv/origens-jornada-da-humanidade>. Acesso em: 26 maio 2020.

NEVES, W. A.; BERNARDO, D. V.; PANTALEONI, I. Morphological affinities of *Homo naledi* with other Plio-Pleistocene Hominins: a phenetic approach. **Academia Brasileira de Ciências**, Rio de Janeiro, v. 89, n. 3, p. 2199-2207, 2017. Disponível em: <http://www.scielo.br/scielo.php?script=sci_arttext&pid=S0001-37652017000502199&lng=en&nrm=iso>. Acesso em: 26 maio 2020.

"O GENE Egoísta" é eleito o livro científico mais influente de todos os tempos. **Revista Fronteiras do Pensamento**, Porto Alegre, 23 ago. 2017. Disponível em: <https://www.fronteiras.com/noticias/lo-gene-egoistar-e-eleito-o-livro-cientifico-mais-influente-de-todos-os-tempos>. Acesso em: 26 maio 2020.

OLIVEIRA, T. B. de; CALDEIRA, A. M. de A. Processo de evolução biológica em um Grupo de Pesquisa em Epistemologia da Biologia (GPEB): a contribuição de discussões epistemológicas para o ensino de Biologia. In: ENCONTRO NACIONAL DE PESQUISA EM EDUCAÇÃO EM CIÊNCIAS – ENPEC, 9., 2013, Águas de Lindoia. **Atas...** 2013.

PENA, S. D. J. Medicina genômica personalizada aqui e agora. **Revista Médica de Minas Gerais**, v. 20, n. 3, p. 329-334, 2010.

PERIC, M.; MURRIETA, R. S. S. A evolução do comportamento cultural humano: apontamentos sobre darwinismo e complexidade. **Revista História, Ciências, Saúde – Manguinhos**, Rio de Janeiro, v. 22, p. 1715-1733, dez. 2015. Disponível em: <http://www.scielo.br/scielo.php?script=sci_abstract&pid=S0104-59702015001001715&lng=en&nrm=iso&tlng=pt>. Acesso em: 26 maio 2020.

PIGLIUCCI, M.; MÜLLER, G. B. Elements of an Extended Evolutionary Synthesis. **MIT Press**, p. 3-17, Mar. 2010. Disponível em: <https://www.researchgate.net/publication/258235989_Elements_of_an_extended_evolutionary_synthesis>. Acesso em: 26 maio 2020.

PINTO, F. N. M. **Coleção de paleontologia do Museu de Ciências da Terra/DNPM-RJ**: patrimônio da paleontologia brasileira. Dissertação (Mestrado em Museologia e Patrimônio) – Universidade Federal do Estado do Rio de Janeiro, Rio de Janeiro, 2009.

PIVETTA, M. Achado na Jordânia indica que homem pode ter saído da África 400 mil anos antes do que se pensava. **Revista Pesquisa Fapesp**, 6 jul. 2019. Disponível em: <https://revistapesquisa.fapesp.br/2019/07/06/achado-na-jordania-indica-que-homem-pode-ter-saido-da-africa-400-mil-anos-antes-do-que-se-pensava>. Acesso em: 26 maio 2020.

POMBO, O.; PINA, M. Darwin e a ilustração científica. In: POMBO, O.; PINA, M. (Org.). **Em torno de Darwin**. São Paulo: Fim de Século, 2012. p. 79-100.

POUGH, F. H.; JANIS, C. M.; HEISER, J. B. **A vida dos vertebrados**. 4. ed. São Paulo: Atheneu, 2008.

RAMOS, C. P. da S. **Análise dos padrões de utilização de códons sinônimos no genoma da bactéria Chromobaterium viollaceum**. 133 f. Dissertação (Mestrado em Genética) – Universidade Federal de Pernambuco, Recife, 2006. Disponível em: <https://repositorio.ufpe.br/handle/123456789/6499>. Acesso em: 26 maio 2020.

RAPCHAN, E. S. Cultura e inteligência: reflexos antropológicos sobre aspectos físicos da evolução em chimpanzés e humanos. **História, Ciências, Saúde – Manguinhos**, v. 19, n. 3, p. 793-813, jul./set. 2012. Disponível em: <http://www.redalyc.org/articulo.oa?id=386138065002>. Acesso em: 26 maio 2020.

RAPCHAN, E. S. Por uma "teoria das culturas de chimpanzés". **Revista de Arqueologia**, v. 24, n. 1, p. 112-129, jul. 2011. Disponível em: <https://revista.sabnet.com.br/revista/index.php/SAB/article/view/318>. Acesso em: 25 jan. 2019.

RAVEN, H. P.; EVERT, R. F.; EICHHORN, S. E. **Biologia vegetal**. 8. ed. Rio de Janeiro: Guanabara Koogan, 2014.

REVERSI, L. F. **Síntese estendida**: uma investigação histórico-filosófica. Dissertação (Mestrado em Educação para a Ciência) – Universidade Estadual Paulista Júlio de Mesquita Filho, Bauru, 2015.

RIDLEY, M. **Evolução**. 3. ed. Porto Alegre: Artmed, 2007.

RIDLEY, M. **O otimista racional**. Rio de Janeiro: Record, 2014.

SALLUN FILHO, W.; FAIRCHILD, T. R. Estromatólitos do Grupo Itaiacoca ao sul de Itapeva, Estado de São Paulo, Brasil. **Revista Brasileira de Paleontologia**, v. 7, n. 3, p. 359-370, dez. 2004. Disponível em: <https://www.researchgate.net/publication/250374864_Estromatolitos_do_Grupo_Itaiacoca_ao_sul_de_Itapeva_Estado_de_Sao_Paulo_Brasil>. Acesso em: 26 maio 2020.

SALLUN FILHO, W.; FAIRCHILD, T. R. Um passeio pelo passado no shopping: estromatólitos no Brasil. **Ciência Hoje**, v. 37, dez. 2005. Disponível em: <https://www.researchgate.net/figure/Figura-4-Esquema-de-formacao-dos-estromatolitos-e-detalhes-de-estromatolitos-atuais-em_fig1_326044730>. Acesso em: 26 maio 2020.

SALVATICO, L. et al. Vigencia de creencias filosóficas como obstáculos para la comprensión de la teoría darwiniana. ENCONTRO DE HISTÓRIA E FILOSOFIA DA BIOLOGIA. 2014, Ribeirão Preto. **Caderno de resumos**, 2014. Disponível em: <http://doczz.es/doc/5344184/encontro-de-hist%C3%B3ria-e-filosofia-da-biologia-2014>. Acesso em: 26 maio 2020.

SANTOS, F. R. A grande árvore genealógica humana. **Revista da Universidade Federal de Minas Gerais**, v. 21, n. 1 e 2, 7 abr. 2014. Disponível em: <https://periodicos.ufmg.br/index.php/revistadaufmg/article/view/2643>. Acesso em: 26 maio 2020.

SANTOS, W. A. dos. **Introdução às técnicas de datação por decaimento radioativo**. 34 f. Monografia (Graduação em Física) – Universidade Estadual de Maringá, Maringá, 2017.

SCARDIA, G. et al. Chronologic Constraints on Hominin Dispersal Outside Africa since 2.48 Ma from the Zarqa Valley, Jordan. **Quaternary Science Reviews**, 6 July 2019.

SILVA, M. A. G.; RAMOS, L. M. P. Vamos fazer um fóssil? **Portal do Professor**, 25 out. 2009. Disponível em: <http://portaldoprofessor.mec.gov.br/fichaTecnicaAula.html?aula=7840>. Acesso em 18 set. 2019.

SOARES, M. B. (Org.). **A paleontologia na sala de aula**. Disponível em: <https://www.paleontologianasaladeaula.com>. Acesso em: 26 maio 2020.

TEIXEIRA, I. M.; SILVA, E. P. História da eugenia e ensino de genética. **Revista História da Ciência e Ensino**, v. 15, p. 63-80, 2017. Disponível em: <https://revistas.pucsp.br/index.php/hcensino/article/viewFile/28063/22596>. Acesso em: 26 maio 2020.

THE REAL Eve. Direção: Andrew Piddington. EUA: Discovery Channel, 2002. 103 min.

TRIGUEIRO, E. **História da vida**. Barueri: Novo Século, 2015.

TURCHETTO-ZOLET, A. C. et al. (Org.). **Marcadores moleculares na era genômica**: metodologias e aplicações. Ribeirão Preto: Sociedade Brasileira de Genética, 2017.

USP – Universidade de São Paulo. Instituto de Biociências. Museu Virtual da Evolução Humana. Laboratório de Estudos Evolutivos Humanos. Disponível em: <http://www.ib.usp.br/biologia/evolucaohumana>. Acesso em: 26 maio 2020.

VALEN, L. V. A New Evolutionary Law. **Evolution Theory**, v. 1, p. 1-30, July 1973. The University of Chicago, Chicago, Department of Biology. Disponível em: <https://www.mn.uio.no/cees/english/services/van-valen/evolutionary-theory/volume-1/vol-1-no-1-pages-1-30-l-van-valen-a-new-evolutionary-law.pdf>. Acesso em: 26 maio 2020.

VENTER, C. J.; SMITH, H.; HUTCHISON, C. **First Self-Replicating Synthetic Bacterial Cell**. Proceedings of the National Academy of Sciences (PNAS), 2003. Disponível em: <http://www.jcvi.org/cms/research/projects/first-self-replicating-synthetic-bacterial-cell/overview>. Acesso em: 26 maio 2020.

WAAL, F. de. **Eu, primata**: por que somos como somos. São Paulo: Companhia das Letras, 2007.

WAIZBORT, R. Dos genes aos memes: a emergência do replicador cultural. **Revista Episteme**, Porto Alegre, n. 16, p. 23-44, jan./jun. 2003. Disponível em: <http://www.mettodo.com.br/pdf/Dos_genes_aos_memes.pdf>. Acesso em: 18 set. 2019.

WEISS, M. et al. The physiology and habitat of the last universal common ancestor. **Nature Microbiology**, v. 1, 2016. Disponível em: <https://www.researchgate.net/publication/305645166_The_physiology_and_habitat_of_the_last_universal_common_ancestor>. Acesso em: 26 maio 2020.

WHITTAKER, R. H. New concepts of kingdoms of organisms. **Science**, v. 163, 1969. p. 150-160.

WILSON, E. O. **A criação**: como salvar a vida na Terra. São Paulo: Companhia das Letras, 2008.

WOESE, C. R. Microbiology Bacterial Evolution. **Microbiological Reviews**, v. 51, n. 2, p. 221-271, 1987.

ZAIA, D. A. M. Da geração espontânea à química prebiótica. **Química Nova**, São Paulo, v. 26, n. 2, p. 260-264, mar. 2003. Disponível em: <http://www.scielo.br/scielo.php?script=sci_arttext&pid=S0100-40422003000200020>. Acesso em: 26 maio 2020.

ZAIA, D. A. M. The Origin of Life and the Prebiotic Chemistry. **Semina: ciências exatas e tecnológicas**, Londrina, v. 25, n. 1, p. 3-8, jan./jun. 2004. Disponível em: <https://www.researchgate.net/publication/46485946_The_origin_of_life_and_the_prebiotic_chemistry>. Acesso em: 26 maio 2020.

ZANCAN, G. A microbiologia na era da genômica: o avanço de ciências como a física e a computação criou instrumentos poderosos de análise. **Ciência e Cultura**, São Paulo, v. 54, n. 1, p. 4-5, jun./set. 2002. Disponível em: <http://cienciaecultura.bvs.br/scielo.php?script=sci_arttext&pid=S0009-67252002000100002>. Acesso em: 26 maio 2020.

BIBLIOTHECA BOTANICA

FREEMAN, S.; HERRON, J. C. **Análise evolutiva**. 4. ed. Porto Alegre: Artmed, 2009.

O livro analisa as principais pesquisas sobre os mecanismos da evolução biológica, desde as teorias da origem da vida até a origem do homem moderno, apresentando os dados geológicos obtidos por meio dos instrumentos da época, abrangendo as grandes mudanças geológicas e ambientais, as grandes extinções e um detalhado relatório de registros fósseis. Contém a classificação biológica e filogênica, as análises evolutivas da genética mendeliana e genômica moderna. Trata-se de uma obra completa sobre a história da vida no planeta Terra.

HARTL, D. L. **Princípios de genética de populações**. 3. ed. Ribeirão Preto: Funpec, 2008.

A obra permite compreender a importância da genética para diversos campos das ciências biológicas, entre eles a evolução, o melhoramento agropecuário, a conservação da biodiversidade, a genética médica e a genômica. Trata da variação genética e fenotípica, da organização da variação genética, do cruzamento aleatório, do princípio de Hardy-Weinberg, da deriva genética aleatória, da mutação e da teoria neutra, da seleção darwiniana, do endocruzamento, da subdivisão populacional e da migração, da genética de populações molecular, da genética quantitativa evolutiva, da genômica populacional, da evolução do tamanho e da composição de genomas, dos padrões de polimorfismo no genoma e da genética de populações humanas.

MATIOLI, S. R. (Ed.). **Biologia molecular e evolução**. Ribeirão Preto: Holos, 2001.

O livro trata da evolução em nível molecular e aborda os seguintes temas: a origem da vida, o RNA e a complexidade da vida, as ribozimas artificiais, o papel do RNA, a estabilidade do material genético, a mutagênese e o reparo, a importância da reprodução sexuada, as taxas de evolução e o relógio molecular, a evolução genômica, a biologia evolutiva do desenvolvimento, os métodos de reconstrução filogenética, os polimorfismos e as isozimas, o uso de enzimas de restrição, os métodos baseados em PCR para análise de polimorfismos de ácidos nucleicos, as genealogias e o processo de coalescência, a análise filogeográfica, a biodiversidade molecular e a genética da conservação.

RIDLEY, M. **Evolução**. 3. ed. Porto Alegre: Artmed, 2007.

O trabalho contém um histórico detalhado da construção das teorias evolutivas, além de uma análise da bibliografia original sobre cada um dos pesquisadores que contribuiu nessa definição. Apresenta a análise de cada passo evolutivo com pesquisas em geologia, paleontologia, biologia, química, entre outras. É uma excelente opção de aprofundamento teórico sobre a evolução biológica.

RESPOSTAS

CAPÍTULO 1

Rede neural

1. c
2. c
3. c
4. a
5. a

Biologia da mente

Análise biológica

1. Espera-se que o leitor explique a expressão *luta pela vida*, relacionando-a ao processo de seleção natural no qual alguns indivíduos são mais bem-sucedidos que outros.
2. Espera-se que o leitor não tenha uma opinião formada sobre o tema, mas que argumente sobre a necessidade de maiores discussões antes de chegar a um consenso sobre a ressignificação dos conceitos biológicos, aguardando que essas novas evidências sejam testadas pela comunidade científica. Afinal, a ciência é construída dessa maneira.

No laboratório

1. Espera-se que o leitor compreenda que a produção de alimentos é suficiente para suprir as necessidades populacionais e que as dificuldades são ocasionadas pela desigualdade na distribuição de renda e, consequentemente, de alimentos, percebendo que as tecnologias aumentaram

a produção – pelo menos no caso do Brasil, o contingente populacional encontra-se em declínio no momento atual.

CAPÍTULO 2

Rede neural

1. c
2. a
3. c
4. b
5. c

Biologia da mente

Análise biológica

1. Órgãos análogos podem apresentar funções diferentes, mas têm a mesma origem embriológica. Por exemplo: membros de tetrápodes. Órgãos homólogos apresentam funções similares, mas a origem embriológica é diferente. Por exemplo: asas de insetos e de morcegos.
2. Espera-se que o leitor chegue às seguintes conclusões: a genética de populações é uma ferramenta utilizada no melhoramento genético de animais para produção de carne, leite e derivados, além de ser utilizada no melhoramento vegetal para incrementar a produção de papel e de madeira.

No laboratório

1. Espera-se que o leitor consiga relacionar a seleção artificial feita com defensivos agrícolas com a seleção artificial feita no controle biológico, sendo capaz de avaliar as diferenças e as especificidades de cada tipo. Nesse jogo, é possível

perceber as muitas variáveis, como os efeitos dos processos de presa e de predador, além da competição ecológica entre os seres envolvidos.

CAPÍTULO 3

Rede neural

1. c
2. a
3. d

Resolução:

Frequência de A 80/100 = 0,8 − fAA = 0,8 · 0,8 = 0,64

Frequência de a 20/100 = 0,20 − faa = 0,2 · 0,2 = 0,04

Frequência de Aa fAa = 0,8 · 0,22 + 0,2 · 0,8 = 0,32

$p^2 \cdot 2pq \cdot q^2 = 1$

(0,8 · 0,8) + 2(0,8 · 0,2) + (0,2 · 0,2) = 1

0,64 + 0,04 + 0,32 = 1

4. e
5. c

Biologia da mente

Análise biológica

1. Deriva gênica: inicia-se com um evento aleatório que separa uma população em duas. No caso do fluxo gênico, o que ocorre são migrações e cruzamentos entre os pares. Nos dois casos, existe variação da frequência alélica e aumento da variabilidade genética.

2. Espera-se que o leitor compreenda que melhoramento genético na espécie humana pode ser conseguido por seleção artificial, como no caso de seleção de características genéticas desejáveis para a espécie, relacionadas aos estudos em genética de populações e em diversos momentos históricos estiveram ligados à eugenia (controle social objetivando a melhoria da espécie humana).

No laboratório

1. Com o jogo Plague Inc., espera-se que o leitor consiga relacionar a teoria da evolução darwinista com a evolução e disseminação de um vírus, como o COVID-19.

CAPÍTULO 4

Rede neural

1. d
2. d
3. e
4. a
5. a

Biologia da mente

Análise biológica

1. Espera-se que o leitor compreenda a importância dos estudos genômicos e as principais técnicas utilizadas, percebendo seu papel tanto para a reconstrução filogenética de espécies e dos estudos taxonômicos quanto para a utilização na prática, visando minimizar os efeitos dos impactos causados pelas mudanças ambientais nas mais diversas espécies.

No laboratório

1. Com o jogo *Evolution never ends*, espera-se que o leitor consiga compreender os conceitos de sopa primordial para a evolução molecular e a formação das primeiras células, além de ter oportunidade de ver as simulações das transições evolutivas dos animais: peixes, répteis e mamíferos.

CAPÍTULO 5

Rede neural

1. d
2. c
3. e
4. a
5. b

Biologia da mente

Análise biológica

1. Os estudos que analisam e comparam o DNA de diversos seres vivos são capazes de determinar o grau de parentesco e a posição que os seres analisados devem ocupar nas árvores filogenéticas.
2. As principais evidências moleculares citadas no capítulo são a presença no DNA universal de pseudogenes, o erro do cromossomo humano 17 e as especificidades de códons e aminoácidos.

No laboratório

1. Ao acessar o livro digital *A Paleontologia na sala de aula*, espera-se que o leitor perceba que está diante de um material de excelente qualidade que pode ser usado para o ensino

de diversos conteúdos relacionados à evolução biológica. Acreditamos que o conteúdo também pode auxiliar o futuro profissional do bacharel, pois a comunicação científica exige uma desenvoltura pedagógica.

CAPÍTULO 6

Rede neural

1. a
2. c

6.4.1 Rede neural

1. b
2. b

6.4.2 Rede neural

1. a

6.4.3 Rede neural

1. b
2. c

No laboratório

1. Espera-se que o leitor, ao fazer a visita virtual e ao ler o artigo, consiga relacionar o conteúdo da evolução humana com a ação antrópica no ambiente e, consequentemente, com a responsabilidade humana pelas alterações climáticas no planeta, permitindo a reflexão sobre a importância dos estudos paleontológicos tanto para reconhecer os eventos passados como para fornecer subsídios para a busca de soluções para a sobrevivência humana na atualidade.

Rede neural

1. c
2. e
3. d
4. e
5. c

Biologia da mente

Análise biológica

1. Espera-se que o leitor reflita sobre a miscigenação ocorrida entre as diversas linhagens de hominídeos e perceba que essa é uma das causas da dificuldade na classificação dos fósseis para a reconstrução da história da humanidade, pois aparentados têm características similares, o que dificulta a classificação das variantes. Espera-se também que perceba que a análise dos genomas pode resolver esse problema.
2. Espera-se que o leitor conclua que a história humana está sendo reescrita e que essas pesquisas apontam evidências com potencial de modificar muito do que se sabe sobre esse tema.

No laboratório

1. Espera-se que o leitor compreenda as dificuldades em encontrar os dados corretos para a linhagem de hominídeos e as constantes alterações nas descrições de cada um deles com base em novas descobertas sobre o tema.

SOBRE A AUTORA

Silmara Terezinha Pires Cordeiro é graduada em Ciências Biológicas (2004) pela Faculdade de Filosofia Ciências e Letras da Universidade Estadual do Paraná (Unespar), especialista em Bioengenharia (2005) pela Unespar, especialista em Psicopedagogia (2014) pela Sociedade Educacional de Santa Catarina (Sociesc), mestre em Ensino de Ciências (2015) pela Universidade Tecnológica Federal do Paraná (UTFPR). Concluinte do Programa de Desenvolvimento Educacional (PDE/2019), aproveitamento *stricto sensu*, da Secretaria da Educação e do Esporte do Paraná. Ministra aulas na modalidade a distância pelo Centro Universitário Internacional de Curitiba (Uninter) na disciplina de Evolução.

Atualmente, é professora do Quadro Próprio do Magistério da Secretaria de Estado da Educação do Paraná (QPM/SEED), renomeada para Secretaria da Educação e do Esporte, além de lecionar Biologia no Colégio Estadual Pedro Stelmachuck e Biologia e Ciências no Colégio Estadual Astolpho Macedo Souza, ambos em União da Vitória (PR). Tem experiência na área de ensino e biologia geral, produção de jogos e materiais didáticos e coordenação disciplinar de biologia (Equipe de Ensino Núcleo Regional de Educação de União da Vitória – NRE/UVA).

Impresso:
Junho/2020